现代数学基础丛书·典藏版 44

Banach 空间中的非线性逼近理论

徐士英　李　冲　杨文善　著

科学出版社
北　京

内 容 简 介

本书在Banach空间中讨论非线性逼近问题的定性理论，全书七章．第一章是基础，介绍了在研究非线性逼近问题所需要的Banach空间理论基础知识．第二至第四章讨论非线性逼近论的基本问题，其中包括特征理论、存在性理论、唯一性理论．最后三章讨论了非线性逼近理论方面的三个专题，即Chebyshev集的凸性、闭集的几乎Chebyshev性、非线性优化的定性理论．本书基本上在每一章都给出了一般理论对具体空间中具体问题的应用．

本书可作为大学基础数学、应用数学、计算数学专业研究生的教材，也可供大学数学教师和数学研究人员参考．

图书在版编目(CIP)数据

Banach空间中的非线性逼近理论/徐士英等著．-北京：科学出版社，1997．5

(现代数学基础丛书·典藏版；44)

ISBN 978-7-03-005517-0

Ⅰ．B… Ⅱ．徐… Ⅲ．巴拿赫空间-非线性-函数逼近论 Ⅳ．O174．41

中国版本图书馆CIP数据核字（96）第12728号

责任编辑：吕 虹／责任校对：钟 洋
责任印制：徐晓晨／封面设计：王 浩

科学出版社 出版
北京东黄城根北街16号
邮政编码：100717
http://www.sciencep.com
北京厚诚则铭印刷科技有限公司印刷
科学出版社发行 各地新华书店经销
*
1997年5月第一版 开本：B5(720×1000)
2015年7月印刷 印张：18
字数：230 000
定价：128.00元
(如有印装质量问题，我社负责调换)

前　言

在一门科学的发展进程中，它的主要结果与有价值的结论，或迟或早都将会有它们的归宿，这就是汇总和包含它们的专著的诞生. 我们这本《Banach 空间中的非线性逼近理论》正是这样一种尝试，将它奉献给读者，承前启后，期望能推动我国的非线性逼近理论的进一步研究，同时也为希望了解和运用这方面有关知识的学者提供一本有益的参考书.

非线性逼近问题的最初研究可以追溯到上一世纪末的数学家 P. L. Chebyshev. 他提出并讨论了有理函数的一致逼近问题，但在问题的处理方法上，仍趋同于多项式逼近. 真正在本质上不同于线性逼近的非线性逼近问题的研究，几乎到本世纪 60 年代才有所突破，并以新姿向前迅速发展.

众所周知，逼近论的研究，由来已久，它的发展方式仍然遵循着"由具体到一般"的认识规律. 开始，在具体的函数空间 $(C(\Omega), Lp(\Omega))$ 中，用具体的线性集（多项式或三角多项式等）来逼近特定的函数. 后来又发展到用非线性集（如有理函数等）进行逼近. 随着 Banach 空间理论、非线性分析和现代拓扑学等近代数学的发展和在逼近论上的应用，一般 Banach 空间中逼近问题的研究势在必行. 内容的不断积累和丰富促成了 I. Singer 的专著"Best Approximation by Elements of Linear Subspaces in Linear Spaces"(Springer - Verlag, 1974) 的问世. 该书系统地总结和讨论了一般空间中的线性逼近理论. 尔后，Springer-Verlag 出版社在 1986 年出版的 D. Braess 的专著"Nonliner Approximation Theory"又总结了具体函数类（有理函数、自由结点样条函数和指数和函数等）的非线性逼近的研究成果，而一般 Banach 空间中的非线性问题的研究只稍加涉及. 近 20 年来，一般 Banach 空间非线性逼近问题的研究得到迅猛发展，无论在内容上还是问题的处理上同线性逼近都有着本质的区别. 但到目前为止，还没有一本专门系统地讨论这一课题的专著出版. 因此，我们认为，出版这样一本专著是有意义的.

本书将在一般的框架下讨论非线性逼近问题，总结了近20年来散见于各种重要期刊上的研究成果，其中也包括了作者自己的许多研究工作. 全书共分七章，第一章不加证明地罗列了Banach空间理论方面的基础知识. 第二到第四这三章分别讨论了非线性逼近理论的三个基本问题——特征、存在性和唯一性理论，其中也包括最近几年来在这方面的最新结果. 第五到第七这三章则介绍了近10多年来在逼近论界相当活跃的三个专题——Chebyshev集的凸性、几乎Chebyshev子集和非线性优化问题. 基本上在每一章都给出了一般理论对具体空间中具体问题的应用.

本书在内容展开上，我们尽量采用近代数学工具来处理非线性逼近问题，同时也非常注重在具体空间中的实际应用，既有理论结果的严密推导，又有计算上的精细功夫. 这样，读者在阅读本书时，一方面获得这一课题的研究结果，同时对问题的背景和处理思想也有所了解，以便尽快地进入这一领域的研究前沿.

由于作者水平有限，错误和不当之处肯定不少，恳请专家和读者给予指正.

本书的初稿是在中国科学院数学研究所访问期间完成的。在此，我们感谢中国科学院数学研究所李炳仁研究员给我们提供这样的机会. 作者的研究工作得到中国科学院数学研究所开放基金和浙江省自然科学基金的部分资助.

作　者

1993年12月

目 录

第一章　Banach 空间理论基础

在一般的 Banach 空间中非线性逼近问题同所在空间的结构有相当密切的关系，同时也是以线性逼近理论为基础．因此，在研究非线性逼近问题的同时，必须对 Banach 空间有关性质及线性逼近理论的有关结果有所了解．为此，我们在本章中介绍在以后各章中所必需的 Banach 空间理论的基本知识和线性逼近理论的最基本的结果．有关它们的详细讨论可在所列的参考文献中找到．

第一节　弱拓扑与自反特征

设 X 是实或复的赋范线性空间，X^* 表示 X 的共轭空间．我们用 $B_X(x,r)$ 和 $S_X(x,r)$ 分别表示以 x 为中心，r 为半径的闭球和闭球面，而对应的 X^* 的闭球和闭球面则记为 $B_X^*(x^*,r)$ 和 $S_X^*(x^*,r)$．在不致于混淆的情况下，则省去下标 X．特别地，当 $x=0$ 或 $r=1$ 时，则在记号中省去 x 或 r．这样，B_X 和 S_X（或 B 和 S）表示 X 的闭单位球和闭单位球面．而 B_X^* 和 S_X^*（或 B^* 和 S^*）则表示 X^* 的闭单位球和闭单位球面．

对集合 $A\subset X$，令 $\mathring{A}$ 或 $\operatorname{int} A$ 表示 A 的内点全体，$\overline{A}$（$\overline{A^W}$，$\overline{A^*}$）表示 A 闭（弱闭，弱*闭）包．COA 表示 A 的凸包．

一、Banach 空间中的弱拓扑

定义1.1　由 X 上的范数诱导出来的拓扑，称为强拓扑或范数拓扑．

定义1.2　设 $x_0\in X$，$\varepsilon>0$，f_1，…，$f_n\in X^*$．定义

$$V(x_0;\varepsilon;f_1,\cdots,f_n)$$

$$= \{x \in X: |f_i(x) - f_i(x_0)| < \varepsilon, i = 1, \cdots, n\}$$

则称 $V(x_0;\varepsilon;f_1,\cdots,f_n)$ 为 x_0 的一个弱邻域. 由 X 上的所有弱邻域诱导出来的拓扑称为 X 的弱拓扑，记为 $\sigma(X,X^*)$.

定义1.3 设 $f_0 \in X^*$，$\varepsilon>0$，x_1，$\cdots$，$x_n \in X$，令

$$V(f_0;\varepsilon;x_1,\cdots,x_n)$$
$$= \{f \in X^*: |f(x_i) - f_0(x_i)| < \varepsilon, i = 1,2,\cdots,n\}$$

则称 $V(f_0;\varepsilon;x_1,\cdots,x_n)$ 为 f_0 的弱 * 邻域. 由 X^* 上的所有弱 * 邻域诱导出来的拓扑，称为 X^* 上的弱 * 拓扑，记为 $\sigma(X^*,X)$.

为简单起见，$X(X^*)$ 中的链 $x_\alpha(x_\alpha^*)$，若 $x_\alpha(x_\alpha^*)$ 按弱（弱 *）拓扑收敛于 $x_0(x_0^*)$，则记为

$$x_\alpha \xrightarrow{w} x_0 (x_\alpha^* \xrightarrow{w^*} x_0^*).$$

显然，X 的强拓扑强于弱拓扑，而 X^* 上的弱拓扑又强于弱 * 拓扑。下面的定理给出了它们的等价条件和进一步的性质.

定理1.1 X 上的强拓扑与弱拓扑等价 $\Longleftrightarrow X$ 是有限维的.

定理1.2 设 X 为 Banach 空间，则 X^* 上的弱拓扑与弱 * 拓扑等价 $\Longleftrightarrow X$ 是自反的.

定理1.3 设 M 是 Banach 空间 X 上的凸子集，则 M 是强闭 $\Longleftrightarrow M$ 是弱闭的.

定理1.4 i）若 M 是 X 的子集，则 M 是范数有界 $\Longleftrightarrow M$ 在弱拓扑下有界；

ii）若 $M \subset X^*$，则 M 在弱 * 拓扑下有界 $\Longleftrightarrow M$ 是范数有界.

二、Banach 空间中的紧性

为给 Banach 空间中的紧性刻划，我们先介绍几种紧性定义.

定义1.4 设 X 是一拓扑空间，M 是 X 中的子集，如果 X 中任一覆盖 M 的开集族皆含有覆盖 M 的有限子集族，称 M 为紧的；如果 M 的闭包是紧的，称 M 为相对紧的；如果 M 中的任何序列皆有收敛于 M 中点的子序列，称 M 是序列紧的.

一般地，紧性与序列紧是不等价的，但当 X 是距离空间时，它们彼此等价．关于 X 和 X^* 中的强拓扑、弱拓扑和弱 * 拓扑的紧性，有下面的事实．

定理1.5 X 的闭单位球 B 是范数紧 $\Longleftrightarrow X$ 是有限维的．

定理1.6（Alaoglu 定理） X^* 的闭子集 M 是弱 * 紧 $\Longleftrightarrow M$ 是有界的弱 * 闭子集．

特别地，X^* 的闭单位球 B^* 是弱 * 紧的．

定理1.7（Eberlein－Smulian 定理） Banach 空间 X 中的子集 M 是弱紧 $\Longleftrightarrow M$ 是弱序列紧的．

一般地，定理1.7对弱 * 拓扑不成立．但当 X 可分时，则定理1.7对弱 * 拓扑也对．事实上，有下面的度量化定理．

定理1.8 i）X^* 的闭单位球 B^* 可度量化 $\Longleftrightarrow X$ 是可分的．

ii）Banach 空间 X 的闭单位球 B 可度量化 $\Longleftrightarrow X^*$ 是可分的．

三、自反 Banach 空间的特征

关于 Banach 空间的自反性，有下面著名的 James 定理．

定理1.9 设 X 是 Banach 空间，则下述论断等价：

i）X 是自反的；

ii）X 的任何有界闭凸集是弱紧的；

iii）X 的闭单位球 B 在 X^{**} 中是弱 * 闭的；

iv）X 上的任何连续线性泛函在 B 上皆达到它的最大值．

对于一般的 Banach 空间，有下面著名的 Goldstine 和 Bishop－Phelps 定理．

定理1.10（Goldstine 定理） Banach 空间 X 的闭单位球 B 在 X^{**} 的闭单位球 B^{**} 上是弱 * 稠的．

定理1.11（Bishop－Phelps 定理） 设 A 是 Banach 空间 X 的任一有界闭凸集，则在 A 上达到最大值的有界线性泛函全体在 X^* 中稠．

第二节　凸性与光滑性

一、端点及其表示定理

在本节中，我们总设 X 是局部凸的拓扑线性空间，特别地，若 X 是赋范线性空间，则 X 关于弱拓扑，X^* 关于弱 * 拓扑皆为局部凸的 Hausdorff 拓扑线性空间.

定义2.1　设 K 为 X 的一个凸子集，A 是 K 的子集，若

$$x,y \in K, z = tx + (1-t)y \in A, t \in (0,1) \Rightarrow x,y \in A$$

则称 A 为 K 的端子集，若 A 为单点集 $\{x\}$，则称 x 为 K 的端点. K 的端点全体记为 $\mathrm{ext}K$ 或 $\varepsilon(K)$.

显然，$x \in \mathrm{ext}K \Longleftrightarrow$ 若存在 $y_1, y_2 \in K$，使 $x = \frac{1}{2}(y_1 + y_2)$，则 $y_1 = y_2 = x$.

关于端子集与端点，有下面简单的性质.

命题2.1　i）设 $K \subset X$ 是凸子集，$A \subset B \subset K$. 若 A 是 B 的端子集，B 是 K 的端子集，则 A 是 K 的端子集.

ii）若 $A \subset K$ 是 K 的端子集，则 $\mathrm{ext}A = (\mathrm{ext}K) \cap A$.

定理2.1(Krein－Milman 定理)　若 K 是 X 的紧凸子集，则 $K = \overline{\mathrm{CO}}(\mathrm{ext}K)$.

定理2.2　设 X, Y 是两个局部凸拓扑线性空间，T 是 X 到 Y 的连续线性映照，则对 X 中的任何紧凸子集 K，有

$$\mathrm{ext}T(K) \subset T(\mathrm{ext}K).$$

二、凸性与光滑性的各种定义

本节中，均设 X 是赋范线性空间.

定义2.2　若

$$\forall\, x,y \in S, x \neq y \Rightarrow \|x + y\| < 2$$

则称 X 是严格凸的.

命题2.2 下述论断等价：

i) X 严格凸；

ii) $\mathrm{ext}B=S$；

iii) $\forall f\in X^*$，f 在 B 上至多在一点达到最大值；

iv) $\forall x, y\in X$，$\|x+y\|=\|x\|+\|y\|\Longleftrightarrow$ 存在常数 k，使 $y=kx$ 或 $x=ky$.

定义2.3 若 $\forall x\in S$，$\forall \varepsilon>0$，存在 $\delta=\delta(x,\varepsilon)>0$，使对 $\forall y\in S_X$，$\left\|\frac{x+y}{2}\right\|>1-\delta$ 时，有 $\|x-y\|<\varepsilon$，则称 X 是局部一致凸(LUR).

命题2.3 X 局部一致凸 $\Longleftrightarrow\forall x\in X, x\neq 0, \{x_n\}\subset x$，$\|x_n\|\to\|x\|$，若 $\|x_n+x\|\to 2\|x\|$，则 $\|x_n-x\|\to 0$.

定义2.4 $\forall \varepsilon>0$，定义

$$\delta x(\varepsilon)=\inf\left\{1-\frac{1}{2}\|x+y\| : x,y\in S, \|x-y\|\geqslant\varepsilon\right\}$$

则称 $\delta_X(\varepsilon)$ 为 X 的凸性模.

定义2.5 若 $\forall \varepsilon>0$，$\delta_X(\varepsilon)>0$，则称 X 是一致凸的(UR).

命题2.4 X 是一致凸 $\Longleftrightarrow\forall \{x_n\}, \{y_n\}\subset X$，若 $\lim\|x_n\|=\lim\|y_n\|\neq 0$，$\lim\left\|\frac{1}{2}(x_n+y_n)\right\|=\lim\|x_n\|$，则 $\lim\|x_n-y_n\|=0$.

定义2.6 若 $\forall \varepsilon>0$，$z\in X\backslash\{0\}$，存在 $\delta=\delta(\varepsilon, z)>0$，使当 x，$y\in S$，$x-y=\lambda z$，$\left\|\frac{x+y}{2}\right\|>1-\delta$ 时，有 $\|x-y\|<\varepsilon$，则称 X 是各向一致凸的(URED).

定义2.7 若 $\forall x_0\in S$，$\{x_n\}\subset S$，$\|x_n+x_0\|\to 2$，则 $\{x_n\}$ 有收敛的子列，那么 X 称为紧局一致凸(CLUR).

定义2.8 若 $\forall x_1, \cdots, x_{k+1}\in S$，必有

$$\|x_1+\cdots+x_{k+1}\|<K+1$$

则称 X 为 k 严格凸（KR）.

定义 2.9 如果 $\forall \varepsilon>0$，$x\in S$，存在 $\delta=\delta(\varepsilon,x)>0$，使得当

$x_1, \cdots, x_k \in S$，$\| x+x_1+\cdots+x_k \| > k+1-\delta$ 时，有

$$A(x,x_1,\cdots,x_k) < \varepsilon$$

则称 X 是局部 k 一致凸(LKUR)，其中

$$A(x_1,\cdots,x_{k+1}) = \sup\left\{ \left| \begin{array}{cccc} 1 & 1 & \cdots & 1 \\ f_1(x_1) & f_1(x_2) & \cdots & f_1(x_{k+1}) \\ \vdots & \vdots & \vdots\vdots\vdots & \vdots \\ f_k(x_1) & f_k(x_2) & \cdots & f_k(x_{k+1}) \end{array} \right| : \begin{array}{l} f_i \in B^* \\ i = 1,2,\cdots,k \end{array} \right\}$$

定义2.10 如果$\forall\ \varepsilon>0$，存在$\delta=\delta(\varepsilon)>0$，使得当$x_1,\cdots,x_{k+1} \in S$，$\| x_1+\cdots+x_{k+1} \| > k+1-\delta$ 时，有

$$A(x_1,\cdots,x_{k+1}) < \varepsilon$$

则称 X 是 K 一致凸(KUR).

设 $x\in S$，$f\in S^*$，若 $f(x)=1$，则称 f 是 x 的支撑泛函.

定义2.11 设 $x\in S$，若在 x 处有唯一的支撑泛函，则称 x 为 B 的光滑点. 若 S 上的每一点皆为 B 的光滑点，则称 X 是光滑的.

定义2.12 如果$\forall\ \varepsilon>0$，存在 $\delta>0$ 使当 x，$y\in X$，$x\in S$，$\| y \| < \delta$ 时，有

$$\| x+y \| + \| x-y \| < 2+\varepsilon \| y \|$$

则称 X 是一致光滑的(US).

定义实函数

$$\rho_X(\tau) = \sup\left\{ \frac{1}{2}(\| x+y \| + \| x-y \|) - 1: \\ x \in S, \| y \| \leqslant \tau \right\}$$

则称 $\rho_X(\tau)$是 X 的光滑模. 易见 X 一致光滑$\Longleftrightarrow \rho_X(\tau)/\tau \to 0 (\tau \to 0)$

定义2.13 若$\forall\ x_n\in S$，$x_0\in S$，$x_n \xrightarrow{w} x_0$，推出 $\| x_n - x_0 \| \to 0$，则称 X 具有 H 性质.

定义2.14 若$\forall\ x_0\in S$，$y\in S$，极限

$$\lim_{\lambda\to 0} \frac{\| x_0+\lambda y \| - \| x_0 \|}{\lambda}$$

存在，则称 X 是 Gateaux 可微空间.

定义2.15 若 $\forall\, x_0\in S$，极限

$$\lim_{\lambda\to 0}\frac{\|x_0+\lambda y\|-\|x_0\|}{\lambda}$$

关于 $y\in S$ 一致成立，则称 X 是 Frechet 可微空间.

三、各种凸性与光滑性之间的关系

命题2.5 i) 一致凸⇒K 一致凸⇒$K+1$ 一致凸⇒X 自反；

ii) 局一致凸⇒局 K 一致凸⇒局 $K+1$ 一致凸；

iii) K 一致凸⇒局 K 一致凸⇒K 严格凸；

iv) 局一致凸⟺严格凸且紧局一致凸.

定理2.3 i) X^* 严格凸⇒X 光滑；

ii) X^* 光滑⇒X 严格凸.

定理2.4 若 X 局 K 一致凸，则 X 有 H 性质.

定理2.5 X 是光滑空间⟺X 是 Gateaux 可微空间.

定理2.6 i) X 一致光滑⟺X^* 一致凸；

ii) X 一致凸⟺X^* 一致光滑.

四、具体空间的端点、凸性和光滑性

具体空间的端点. 凸性和光滑性由表2.1给出.

表2.1

	Banach 空间 X	ext$B$	凸　性	光滑性
数列空间	$l_\infty(w_0)=m=\{(x_n)_{n=1}^\infty: x_n\in\mathbb{R}\}\ \|x\|_\infty=\sup\limits_n\lvert x_n\rvert<+\infty\}$	$x=(x_i)$，其中 $x_i=\pm 1$	不严格凸	不光滑

续表

	Banach 空间 X	ext$B$	凸　性	光滑性
数列空间	$c=c(w_0)=\{(x_n)_{n=1}^{\infty}:x_n\in\mathbb{R}\mid\lim\limits_{n}x_n=a,\ \|x\|_{\infty}=\sup\limits_{n}\|x_n\|<+\infty\}$	$x=(x_n)$，其中 $x_i=\pm1$，且从某项开始为 $+1$，或从某项开始为 -1	不严格凸	不光滑
	$c_0=c_0(w_0)=\{(x_n)_{n=1}^{\infty}:x_n\in\mathbb{R}\mid\lim\limits_{n}x_n=0,\ \|x\|_{\infty}=\sup\limits_{n}\|x_n\|<+\infty\}$	无端点	不严格凸	不光滑
	$l_1=l_1(w_0)=\{(x_n)_{n=1}^{\infty}:x_n\in\mathbb{R}\mid\|x\|_1=\sum\limits_{n=1}^{\infty}\|x_n\|<+\infty\}$	$\pm e_i$，其中 $e_i=(0,\cdots,0,1,0,\cdots)$，(第 i 项为 1)	不严格凸	不光滑
	$l_p=l_p(w_0)=\{(x_n)_{n=1}^{\infty}:x_n\in\mathbb{R}\mid\|x\|_p=(\sum\limits_{n=1}^{\infty}\|x_n\|^p)^{1/p}<+\infty\}(1<p<+\infty)$	S	一致凸	一致光滑
函数空间	Q 为紧 Hausdorff 拓扑空间 $C(\Omega)=\{f:f$ 是 Ω 上实值连续函数，$\|f\|_{\infty}=\max\limits_{w\in\Omega}\|f(w)\|\}$	$f^2=1$	不严格凸	不光滑
	Q 为紧 Hausdorff 拓扑空间 $C(\Omega)^*$	符号点测度，即 $F\in C(\Omega)^*$，使得存在 $x\in\Omega$，使 $F(f)=f(x)$，或 $F(f)=-f(x)$，$\forall f\in C(\Omega)$	不严格凸	不光滑
	$L_1[0,1]=\{f:f$ 是 $[0,1]$ 上实值 Lebegue 可积函数 $\|f\|_1=\int_0^1\|f(x)\|dx<+\infty\}$	无端点	不严格凸	不光滑
	$L_{\infty}[0,1]=\{f:f$ 是 $[0,1]$ 上实值本性有界函数，$\|f\|_{\infty}=\mathrm{Varisup}\|f(x)\|<+\infty\}$	$f^2=1$ a. e.	不严格凸	不光滑

续表

	Banach 空间 X	ext$B$	凸　性	光滑性
函数空间	$L_p[0,1]=\{f:f$ 是$[0,1]$上实值 Lebesgue 可积函数 $\|f\|_p=\left(\int_0^1\|f(x)\|^p dx\right)^{1/p}<+\infty\}(1<p<+\infty)$	S	一致凸	一致光滑

第三节　向量值函数空间

一、连续向量值函数空间

设 Ω 是紧 Hausdorff 拓扑空间，X 是赋范线性空间. 令 $C(\Omega,X)$表示定义在 Ω 上，取值为 X 中元的所有连续函数全体. 在 $C(\Omega,X)$上定义范数

$$\|f\| = \max_{t\in\Omega}\|f(t)\|_X,\qquad \forall f\in C(\Omega,X)$$

则易知，$C(\Omega,X)$是赋范线性空间，且当 X 是 Banach 空间时，$C(\Omega,X)$也是 Banach 空间. 特别地，当 X 是复数域时，$C(\Omega,X)$则简记为 $C(\Omega)$. 当 X 是实数域时，$C(\Omega,X)$记为 $C_R(\Omega)$.

定理3.1　设 $E=C(\Omega,X)$，则 $L\in \text{ext}B_E^*\Longleftrightarrow$存在 $t\in\Omega$，$x^*\in\text{ext}B_X^*$，使

$$L(f) = x^*[f(t)],\qquad \forall f\in C(\Omega,X)$$

二、Bochner 可积函数空间

设(Ω,Σ,μ)表示完备的有限非负测度空间，X 是赋范线性空间.

定义3.1　设 $f:\Omega\to X$ 是向量值函数，若存在定义在 Ω 上，取值为 X 中元的可数值可测函数列$\{f_n\}$，使

$$\| f_n(t) - f(t) \|_X \to 0 \qquad \mu\text{-a.e. 于 } \Omega$$

则称 f 是 μ-可测函数.

注 可数值可测函数是指

$$f = \sum_{i=1}^{\infty} x_i \chi_{E_i}$$

其中 $E_i \in \Sigma$，$\bigcup_{i=1}^{\infty} E_i = \Omega$，$E_i \cap E_j = \Phi \ (i \neq j)$，$\{x_i\} \subset X$.

定义3.2 设可数值可测函数

$$f = \sum_{i=1}^{\infty} x_i \chi_{E_i}$$

若

$$\sum_{i=1}^{\infty} \mu(E_i) \| x_i \| < \infty$$

则称 f 是 Bochner 可积的，且对 $\forall\, E \in \Sigma$，定义

$$\int_E f(t) d\mu = \sum_{i=1}^{\infty} \mu(E_i \cap E) x_i$$

定义3.3 设 f 是可测函数，若存在 Bochner 可积的可数值可测函数列 $\{f_n\}$，使

$$\int_\Omega \| f(t) - f_n(t) \|_X d\mu \to 0$$

则称 f 是 Bochner 可积的，且对 $\forall\, E \in \Sigma$，定义

$$\int_E f(t) d\mu = \lim_n \int_E f_n(t) d\mu$$

对 $1 \leqslant p < \infty$，定义

$$L_p(\mu, X) = \left\{ f: \Omega \to X: \begin{array}{l} f \text{ 是 Bochner 可积，且} \\ \int_\Omega \| f(t) \|_X^p d\mu < \infty \end{array} \right\}$$

在 $L_p(\mu, X)$ 上定义范数

$$\| f \|_p = \left\{ \int_\Omega \| f(t) \|_X^p d\mu \right\}^{\frac{1}{p}}, \quad \forall\, f \in L_p(\mu, X)$$

对 $p = \infty$，$L_\infty(\mu, X)$ 表示定义在 Ω 上，取值于 X 中元的，μ 可测的，本性有界的函数全体，且定义范数为

$$\|f\|_\infty = \text{Varisup}\{\|f(t)\|X; t\in\Omega\}$$

则 $L_p(\mu,X)(1\leqslant p\leqslant\infty)$都是赋范线性空间，且当 X 是 Banach 空间时，$L_p(\mu,X)$也是 Banach 空间. 特别地，若 X 为数域时，$L_p(\mu,X)$记为 $L_p(\mu)$.

命题3.1 设 $1\leqslant p\leqslant\infty$，则 $L_p(\mu,X)$中的简单函数全体在 $L_p(\mu,X)$中稠.

定义3.4 设 $m: \Sigma\to X$ 是一个函数，若 m 满足下述条件：

i) $\forall\ \{E_i\}_{i=1}^{\infty}\subset\Sigma, E_i\cap E_j=\Phi(i\neq j)$，有

$$m(\bigcup_{i=1}^{\infty}E_i)=\sum_{i=1}^{\infty}m(E_i)$$

ii) $|m|(\Omega)=\sup_{\pi}\sum_{E_i\in\pi}\|m(E_i)\|<+\infty$

其中 $\pi=\{E_1,\cdots,E_n\}$是 Ω 的有限剖分；

iii) $\mu(E)=0\Rightarrow m(E)=0, \forall\ E\in\Sigma$

则称 m 是有界变差，μ 连续的向量测度.

定义3.5 若对每个有界变差，μ 连续的向量测度 $m: \Sigma\to X$，都存在 $f\in L_1(\mu,X)$，使

$$m(E)=\int_E f d\mu,\qquad \forall\ E\in\Sigma$$

则称 X 关于(Ω,Σ,μ)有 Radon－Nikodym 性质. 若 X 关于任何(Ω,Σ,μ)有 Radon－Nikodym 性质，则称 X 有 Radon－Nikodym 性质.

下面的命题给出了具体空间的 Radon－Nikodym 性质.

命题3.2 i) 下列空间具有 Radon－Nikodym 性质：

(1) 自反空间；

(2) $\forall$ 集 Γ，$l_1(\Gamma)$；

(3) 若 X 有 Radon－Nikodym 性质，$L_p(\mu,X)$，$1<p<\infty$；

(4) 可分的共轭空间 X^*.

ii) 下列空间不具有 Radon－Nikodym 性质：

(1) c_0，c，l_∞；

(2) $C(\Omega), L_\infty(\mu)$；

(3) 若 μ 不含原子，$L_1(\mu)$.

定理3.2 设 $1\leqslant P<\infty$，则 $[L_p(\mu,X)]^*=L_g(\mu,X^*)\Longleftrightarrow X^*$ 关于 (Ω,Σ,μ) 具有 Radon-Nikodym 性质，其中 $\frac{1}{p}+\frac{1}{q}=1$ ($p=1$ 时，$q=\infty$).

定理3.3 $L_p(\mu,X)$ 一致凸（局一致凸，严格凸，光滑，一致光滑）$\Longleftrightarrow 1<p<\infty$，且 X 一致凸（局一致凸，严格凸，光滑，一致光滑）.

三、向量值序列空间

设 $1\leqslant N\leqslant+\infty$，定义

$$l_p^N(X_i)=\left\{(x_i):x_i\in X_i,\sum_{i=1}^{N}\|x_i\|_{X_i}^p<\infty\right\},p<\infty$$

$$l_\infty^N(X_i)=\left\{(x_i):x_i\in X_i,\sup_{1\leqslant i\leqslant\infty}\|x_i\|_{X_i}<\infty\right\},p=\infty$$

在 $l_p^N(X_i)$ 上定义范数

$$\|(x_i)\|_p=\left\{\sum_{i=1}^{N}\|x_i\|_{X_i}^p\right\}^{\frac{1}{p}},\qquad p<\infty$$

$$\|(x_i)\|_\infty=\sup_{1\leqslant i\leqslant\infty}\|x_i\|_{X_i},\qquad p=\infty$$

则 $l_p^N(X_i)$ 是赋范线性空间. 当 X_i 是 Banach 空间时，$l_p^N(X_i)$ 也是 Banach 空间.

特别地，当 $N=\infty$ 时，则省去上标 N. 当 X_i 都是数域时，则记为 l_p^N 或 l_p. 进一步，当 N 有限，$p=2$ 时，l_p^N 为 N 维欧几里得空间，此时则记为 R^N.

定理3.4 对 $1\leqslant p<\infty$，有

$$[l_p^N(X_i)]^*=l_q^N(X_i^*)$$

其中 $\frac{1}{p}+\frac{1}{q}=1$ ($p=1$ 时，$q=\infty$).

定理3.5 设 $E=l_p^N(X_i)$，$1\leqslant p\leqslant\infty$，则

$$\mathrm{ext}B_E=\{(x_i):(\|x_i\|)\in\mathrm{ext}B_{l_g}^N,x_i/\|x_i\|\in\mathrm{ext}B_{X_i}\}$$

关于 $l_p^N(X_i)$ 的凸性与光滑性，有与定理3.3类似的结果：

定理3.6 $l_p^N(X_i)$一致凸$\Longleftrightarrow 1<p<\infty$，$X_i$一致凸$(i=1,\cdots,N)$且有一致的凸性模，即$\forall\ \varepsilon>0$，

$$\inf_{1\leqslant i\leqslant N}\delta_{X_i}(\varepsilon)>0$$

定理3.7 $l_p^N(X_i)$严格凸（光滑）$\Longleftrightarrow 1<p<\infty$，且$X_i(i=1,2,\cdots,N)$严格凸（光滑）.

第四节 线性逼近的基本定理

一、最佳逼近的基本述语与事实

设G是X的子集，$x\in X$，定义

$$d_G(x)=\inf\{\|x-g\|:g\in G\}$$

则称$d_G(x)$是G的距离函数. 若$g_0\in G$，满足

$$\|x-g_0\|=d_G(x)$$

则称$g_0\in G$是x在G中的最佳逼近（元）或最近点，其全体记为$P_G(x)$. $P_G(\cdot)$称为G上的距离投影或最佳逼近算子，它是X到2^G的一个集值映照.

定义4.1 若$\forall\ x\in X$，$P_G(x)\neq\varnothing$，则称G是近迫的或存在性集. 若$\forall\ x\in X$，$P_G(x)$至多是单点集，则称G是半Chebyshev集或唯一性集. 若$\forall\ x\in X$，$P_G(x)$恰为单点集，则称G是Chebyshev集.

显然，若G是近迫集，则G必闭.

定理4.1 设X是Banach空间，则下述论断等价

i）X自反；

ii）X的每个闭超平面是近迫的；

iii）X的每个闭子空间是近迫的；

iv）X的每个闭凸集是近迫的.

定理4.2 设X是Banach空间，则下述论断等价

i）X严格凸；

ii）X的每个线性子空间是半Chebyshev集；

iii）X 的每个有限维子空间是 Chebyshev 集；

iv）X 的每个凸子集是半 Chebyshev 集.

定理4.3 设 G 是 X 的凸子集，$g_0\in G$，$x\in X\setminus\overline{G}$，则 $g_0\in P_G(x)\Longleftrightarrow$ 存在 $x^*\in B^*$，使

$$x^*(x-g_0)=\|x-g_0\|$$

$$\mathrm{Re}x^*(g_0-g)\geqslant 0,\qquad \forall g\in G$$

特别地，若 G 是子空间，则 $g_0\in P_G(x)\Longleftrightarrow$ 存在 $x^*\in B^*$，使

$$x^*(x-g_0)=\|x-g_0\|$$

$$x^*(g)=0,\quad \forall g\in G$$

定理4.4 （Kolmogorov 条件） 设 G 是 X 的凸子集，$x\in X\setminus\overline{G}$，则 $g_0\in P_G(x)\Longleftrightarrow\forall g\in G$，存在 $x^*\in\mathrm{ext}B^*$ 使

$$x^*(x-g_0)=\|x-g_0\|$$

$$\mathrm{Re}x^*(g_0-g)\geqslant 0$$

定理4.5 设 G 是 X 的 n 维凸子集，$x\in X\setminus\overline{G}$，则 $g_0\in P_G(x)\Longleftrightarrow$ 存在 $x_1^*,\cdots,x_m^*\in\mathrm{ext}B^*$；$\alpha_1>0\cdots,\alpha_m>0$；$1\leqslant m\leqslant n+1$（$X$ 为复空间时，$1\leqslant m\leqslant 2n+1$）使 $\sum\limits_{i=1}^{m}\alpha_i=1$，且

$$x_i^*(x-g_0)=\|x-g_0\|,i=1,2,\cdots,m$$

$$\mathrm{Re}\sum_{i=1}^{m}\alpha_i x_i^*(g_0-g_0)\geqslant 0,\qquad \forall g\in G$$

特别地，当 G 是 n 维子空间时，则 $g_0\in P_G(x)\Longleftrightarrow$ 存在 $x_i^*\in\mathrm{ext}B^*$，实数 $\alpha_i>0(i=1,2,\cdots,m)$，$1\leqslant m\leqslant n+1$ 或 $2n+1$，使 $\sum\limits_{i=1}^{m}\alpha_i=1$，且

$$x_i^*(x-g_0)=\|x-g_0\|,\ i=1,2,\cdots,m$$

$$\sum_{i=1}^{m}\alpha_i x_i^*(g)=0,\quad \forall g\in G$$

二、$C(\Omega)$和 $L_p(\mu)$空间中的线性逼近

（一）$C(\Omega)$中的 Chebyshev 逼近

定义4.2 设G是$C(\Omega)$中的n维子空间，若$\forall\ g\in G$，g至多只有$n-1$个零点，则称G是哈尔子空间.

下面的命题说明并不是所有的紧 Hausdorff 空间Ω，$C(\Omega)$中都有非平凡的哈尔子空间.

命题4.1 $C(\Omega)$中存在$n\geqslant 2$维的哈尔子空间$\Longleftrightarrow\Omega$拓扑同胚于圆周上的一个闭子集.

定义4.3 设$h\in C_R[a,b]$，若存在m个点

$$a\leqslant x_1<x_2<\cdots<x_m\leqslant b$$

使

$$|h(x_i)|=\|h\|,\quad i=1,2,\cdots,m$$

$$h(x_i)=-h(x_{i+1}),\quad i=1,2,\cdots,m-1$$

则称h存在m次 Chebyshev 交错.

定理4.6 设$G\subset C(\Omega)$是凸子集，$f\in C(\Omega)\backslash\overline{G}$，$g_0\in G$，则$g_0\in P_G(f)\Longleftrightarrow\forall\ g\in G$，存在$t\in\Omega_{f-g_0}$，使

$$\mathrm{Resgn}(f-g_0)(t)(g_0-g)(t)\geqslant 0$$

其中

$$\Omega_{f-g_0}=\{t\in\Omega;\ |f(t)-g_0(t)|=\|f-g_0\|\}$$

$$\mathrm{sgn}\alpha=\begin{cases}\bar{\alpha}/|\alpha|, & \alpha\neq 0\\ 0, & \alpha=0\end{cases}$$

定理4.7（交错定理） 设G是$C_R[a,b]$的n维哈尔子空间，$f\in C_R[a,b]\backslash G$，$g_0\in G$，则$g_0\in P_G(f)\Longleftrightarrow f-g_0$至少存在$n+1$次 Chebyshev 交错.

定理4.8 设G是$C(\Omega)$的有限维子空间，则G是 Chebyshev 集$\Longleftrightarrow G$是哈尔子空间.

（二）L_p-线性逼近

由于$L_p(\mu)(1<p<\infty)$是自反严格凸，故有下面的唯一存在性定理.

定理4.9 设$1<p<\infty$，则$L_p(\mu)$中的任何闭凸子集是 Chebyshev 子集.

$L_1(\mu)$中线性逼近的唯一性较差：

定理4.10 若μ是无原子测度，则$L(\mu)$中不存在有限维的Chebyshev子空间.

但在$C_R[a,b]$上，有下面的唯一性定理.

定理4.11 设G是$C_R[a,b]$的哈尔子空间，则G是$C_R[a,b]$在$L(\mu)$(μ为Lebegue测度)中的Chebyshev子空间.

定理4.12 设$G\subset L_p(\mu)$是凸子集，$f\in L_p(\mu)\backslash\overline{G}$，则$g_0\in P_G(f)\Longleftrightarrow\forall g\in G$

$$\begin{aligned}&\mathrm{Re}\int_\Omega |f(t)-g_0(t)|^{p-1}\mathrm{sgn}(f-g_0)(t)\\&\cdot(g_0-g)(t)d\mu\geqslant 0, p>1\\&\mathrm{Re}\int_\Omega \mathrm{sgn}(f-g_0)(t)(g_0-g)(t)d\mu\\\geqslant -&\int_{Z(f-g_0)}|(g-g_0)(t)|d\mu \qquad p=1\end{aligned}$$

其中

$$Z(f-g_0)=\{t\in\Omega:f(t)-g_0(t)=0\}$$

第五节 评注与参考文献

本章中关于Banach空间几何理论的定理可在俞鑫泰的专著[6]中找到，而关于线性逼近理论的结果则取自Singer的专著[5]. 其它的定理则从其余的参考文献中收集而来，如，定理2.2[4]，定理3.6[2]，定理3.7[1]，定理3.2[3]，定理3.3[7]等.

参考文献

[1] M. M. Day(1941), Reflexive Banach spaces not isomorphic to uniformly convex spaces, Bull. AMS, 47, 313—317.

[2] M. M. Day(1943), Uniform convexity, Bull. AMS, 49, 745—750.

[3] J. Diestel and J. J. Jr. Uhl (1977), Vector Measures, Math. Surveys, No. 15.

[4] G. Köthe (1967), Topological Vector Spaces I, Springer-Verlag, New York.

[5] I. Singer (1970), Best Approximation in Normed Linear Spaces by Elements of

Linear Subspaces, Springer - Verlag, Berlin - Heidelberg - New York.
[6] 俞鑫泰（1986），Banach 空间几何理论，华东师范大学出版社，上海.
[7] 俞鑫泰（1992），Banach 空间选论，华东师范大学出版社，上海.

第二章　非线性逼近的特征理论

在线性逼近理论中，当刻划最佳逼近的特征时，有著名的 Kolmogorov 特征定理. 因此，一个很自然的问题就是能否将 Kolmogorov 特征定理推广到非线性情形. 本章将研究这个问题.

首先，我们引入太阳集概念，并在第一和第二节中讨论太阳集的性质和特征，从而给出使 Kolmogorov 特征定理成立的逼近集 G 的特征刻划. 在第三节中，我们介绍最佳逼近的另一特征刻划——Papini 特征定理. 最后，在第四和第五节中分别讨论一般空间中的特征理论在连续函数空间与“多元”逼近中的应用.

第一节　太阳集及其性质

本节我们讨论太阳集概念和有关的性质.

定义1.1　设 G 是 X 的子集，$g_0\in G$，若

$$\forall\ x\in X, g_0\in P_G(x)\Rightarrow g_0\in P_G(x_\alpha), \forall\ \alpha\geqslant 0$$

则称 g_0 是 G 的太阳点，其中 $x_\alpha=g_0+\alpha(x-g_0)$. 若 G 中每一点都是 G 的太阳点，则称 G 是太阳集.

命题1.1　设 G 是 X 的任一子集，$x\in X$，$g_0\in G$. 若 $g_0\in P_G(x)$，则$\forall\ 0\leqslant\alpha\leqslant 1$，$g_0\in P_G(x_\alpha)$.

证　反设存在 $\alpha\in[0,1]$，使 $g_0\overline{\in} P_G(x_\alpha)$，则存在 $\bar{g}\in G$ 使

$$\|x_\alpha-\bar{g}\|<\|x_\alpha-g_0\|=\alpha\|x-g_0\|$$

从而

$$\begin{aligned}\|x-\bar{g}\|&=\|x-x_\alpha+x_\alpha-\bar{g}\|\\&\leqslant\|x-x_\alpha\|+\|x_\alpha-\bar{g}\|\\&<\|x-x_\alpha\|+\|x_\alpha-g_0\|\\&=\|x-g_0\|\end{aligned}$$

与 $g_0 \in P_G(x)$ 矛盾. 证毕.

命题1.2 设 $G \subset X$，$g_0 \in G$，则 g_0 是 G 的太阳点 $\Longleftrightarrow \forall\, x \in X$. 若 $g_0 \in P_G(x)$，则 $g_0 \in P_G(2x-g_0)$.

证 必要性显然，故我们只需证充分性. 由命题1.1，我们只要证明：

$$\forall\, x \in X, g_0 \in P_G(x) \Rightarrow g_0 \in P_G(x_\alpha), \forall\, \alpha \geqslant 1.$$

由归纳法，不难证得，若 $g_0 \in P_G(x)$，则

$$g_0 \in P_G(2^n x - (2^n - 1)g_0), \forall\, n = 1,2,\cdots.$$

对 $\forall\, \alpha > 1$，取 n 使 $2^n \geqslant \alpha$，则 $\frac{\alpha}{2^n} \leqslant 1$，故由命题1.1知

$$g_0 \in P_G\left(\frac{\alpha}{2^n}[2^n x - (2^n - 1)g_0 - g_0] + g_0\right)$$

即

$$g_0 \in P_G(x_\alpha)$$

故 g_0 是 G 的太阳点. 证毕.

例1.1 设 G 是 X 中的凸子集，则 G 是太阳集.

事实上，$\forall\, x \in X$，$g_0 \in G$，若 $g_0 \in P_G(x)$，则

$$\| x - g_0 \| \leqslant \left\| x - \frac{g_0 + g}{2} \right\|, \quad \forall\, g \in G$$

即

$$\begin{aligned} \| 2x - g_0 - g_0 \| &= 2 \| x - g_0 \| \\ &\leqslant \| 2x - g_0 - g \|, \quad \forall\, g \in G \end{aligned}$$

故 $g_0 \in P_G(2x-g_0)$，即 G 是太阳集.

命题1.3 设 $G \subset X$，$g_0 \in G$，则 g_0 是 G 的太阳点 $\Longleftrightarrow \forall\, x \in X \backslash \overline{G}$，$g_0 \in P_G(x)$ 当且仅当 $\forall\, g \in G$，$g_0 \in P_{[g_0,g]}(x)$，其中

$$[g_0, g] = \{\alpha g_0 + (1-\alpha)g : 0 \leqslant \alpha \leqslant 1\}$$

证 由于

$$\forall\, g \in G, g_0 \in P_{[g_0,g]}(x)$$

$$\Longleftrightarrow \| x - g_0 \| \leqslant \left\| x - \frac{g_0 + g}{2} \right\|, \quad \forall\, g \in G$$

$$\Longleftrightarrow \| 2x - g_0 - g_0 \| \leqslant \| 2x - g_0 - g \|, \quad \forall\, g \in G$$

$$\Longleftrightarrow g_0 \in P_G(2x - g_0)$$

故由命题1.2知，命题1.3成立. 证毕.

推论1.1 设G是X的子集，则下述论断等价：

i) G是太阳集；

ii) $\forall\, x\in X$，$g_0\in G$，$g_0\in P_G(x)\Rightarrow g_0\in P_G\ (2x-g_0)$；

iii) $\forall\, x\in X$，$g_0\in G$，$g_0\in P_G(x)\Longleftrightarrow g_0\in P_{[g_0,g]}(x)$，$\forall\, g\in G$.

定义1.2 设G是X的子集，$g_0\in G$，$x\in X$，若存在g_0的一个开邻域$U(g_0)$，使$g_0\in P_{G\cap U(g_0)}(x)$，则称$g_0$是$x$的局部最佳逼近.

对$\forall\, y\in X$，定义

$$M_y = \{x^* \in B^* : x^*(y) = \| y \| \}$$

则易见，M_y是B^*的弱*紧凸子集.

定义1.3 设$G\subset X$，$g_0\in G$，若$\forall\, x\in X\backslash \overline{G}$

$$G \cap K(g_0,x) \neq \Phi \Rightarrow g_0 \in \overline{G \cap K(g_0,x)}$$

则称g_0是G的月亮点，其中

$$K(g_0,x) = \{g_0 + y \in X : \mathrm{Re}\,x^*(y) > 0, \forall\, x^* \in M_{x-g_0}\}$$

若G中的每一点都是月亮点，则称G是月亮.

定理1.1 设G是X的子集，$g_0\in G$. 考虑下述论断：

i) g_0是G的太阳点；

ii) $\forall\, x\in X$，g_0是x的局部最佳逼近，则$g_0\in P_G(x)$；

iii) g_0是G的月亮点

则 i)$\Rightarrow$ii)$\Rightarrow$iii).

证 i)$\Rightarrow$ii).

$\forall\, x\in X$，若g_0是x的局部最佳逼近，则存在g_0的开邻域$U(g_0,\delta)=\dot{B}\ (g_0,\delta)$使

$$\| x - g_0 \| \leqslant \| x - g \| , \qquad \forall\, g \in G \cap U(g_0,\delta)$$

令

$$\alpha = \min\{1,\quad \delta/3 \| x - g_0 \| \}$$

则易证$g_0\in P_G(x_\alpha)$. 事实上，$\forall\, g\in G\backslash U(g_0,\delta)$，则 $\| g-g_0 \|$

$\geqslant\delta$，从而

$$\begin{aligned}\|x_\alpha-g\| &= \|x_\alpha-g_0+g_0-g\| \\ &\geqslant \|x_\alpha-g_0\| - \|x_\alpha-g_0\| \\ &\geqslant \delta-\frac{\delta}{3} \\ &> \|x_\alpha-g_0\|\end{aligned}$$

另一方面，$\forall\ g\in G\cap U(g_0,\delta)$，若

$$\|x_\alpha-g\| < \|x_\alpha-g_0\|$$

则

$$\begin{aligned}\|x-g\| &= \|x-x_\alpha+x_\alpha-g\| \\ &\leqslant \|x-x_\alpha\| + \|x_\alpha-g\| \\ &<(1-\alpha)\|x-g_0\| + \|x_\alpha-g_0\| \\ &= \|x-g_0\|\end{aligned}$$

与 $g_0\in P_{G\cap U(g_0,\delta)}(x)$ 矛盾. 由 g_0 是 G 的太阳点知 $g_0\in P_G(x)$. 故 i)⇒ii).

ii)⇒iii).

反设 g_0 不是 G 的月亮点，则存在 $x\in X$ 使

$$K(g_0,x)\cap G\neq\Phi$$

但

$$g_0\ \overline{\in}\ \overline{K(g_0,x)\cap G}$$

从而存在 $\varepsilon>0$，及开球 $\dot{B}\ (g_0,\varepsilon)$，使

$$\dot{B}(g_0,\varepsilon)\cap K(g_0,x)\subset X\backslash G$$

事实上，令 $\varepsilon>0$ 使

$$\dot{B}\ (g_0,\varepsilon)\subset X\backslash(K(g_0,x)\cap G)$$

则

$$\dot{B}\ (g_o,\varepsilon)\cap k(g_o,x)\subset X\backslash G$$

令 $g\in G\cap K(g_0,x)$. 下证，当 λ 充分大时有

$$g\in\dot{B}(g_0+\lambda(x-g_0),\lambda\|x-g_0\|)$$

事实上，因 $g\in K(g_0,x)$，故

$$\max_{x^* \in M_{x-g_0}} \mathrm{Re}x^*(g_0 - g) \leqslant -\beta < 0$$

其中$\beta>0$是某实数. 从而，存在弱*开子集$W \supset M_{x-g_0}$，使

$$\mathrm{Re}x^*(g_0 - g) \leqslant -\frac{1}{2}\beta, \qquad \forall\, x^* \in W$$

这样，当$\lambda>0$时，

$$\begin{aligned}
&\sup_{x^* \in W} \mathrm{Re}x^*(g_0 + \lambda(x - g_0) - g) \\
&\leqslant \lambda \| x - g_0 \| + \sup_{x^* \in W} \mathrm{Re}x^*(g_0 - g) \\
&\leqslant \lambda \| x - g_0 \| - \frac{1}{2}\beta \\
&< \lambda \| x - g_0 \|
\end{aligned}$$

另一方面，因$H = B^* \backslash W$是紧子集，故存在$\alpha>0$，使

$$\sup_{x^* \in H} \mathrm{Re}x^*(x - g_0) \leqslant \| x - g_0 \| - \alpha$$

从而，当$\lambda > \| g - g_0 \| / \alpha$时

$$\begin{aligned}
&\sup_{x^* \in H} \mathrm{Re}x^*(g_0 + \lambda(x - g_0) - g) \\
&\leqslant \lambda \sup_{x^* \in H} \mathrm{Re}x^*(x - g_0) + \| g - g_0 \| \\
&\leqslant \lambda \| x - g_0 \| - \lambda\alpha + \| g - g_0 \| \\
&< \lambda \| x - g_0 \|
\end{aligned}$$

故

$$\begin{aligned}
&\| g_0 + \lambda(x - g_0) - g \| \\
&= \sup_{x^* \in B^*} \mathrm{Re}x^*(g_0 + \lambda(x - g_0) - g) \\
&< \lambda \| x - g_0 \|
\end{aligned}$$

即

$$g \in \mathring{B}(g_0 + \lambda(x - g_0), \lambda \| x - g_0 \|)$$

现在，记$x_\lambda = g_0 + \lambda(x - g_0)$，则当$\lambda$充分大时，有$g \in \mathring{B}(x_\lambda, \| x_\lambda - g_0 \|)$. 而

$$\mathring{B}(x_\lambda, \| x_\lambda - g_0 \|) \subset K(g_0, x)$$

故

$$\dot{B}(g_0,\varepsilon) \cap \dot{B}(x_\lambda, \| x_\lambda - g_0 \|) \subset X \backslash G$$

即 g_0 是 x_λ 的局部最佳逼近，由 ii) 知，$g_0 \in P_G(x_\lambda)$.

但由 $g \in \dot{B}(x_\lambda, \| x_\lambda - g_0 \|)$知

$$\| x_\lambda - g \| < \| x_\lambda - g_0 \|$$

即 $g_0 \overline{\in} P_G(x_\lambda)$，矛盾. 故 ii)⇒iii). 证毕.

注 1.1 在定理 1.1 中，iii)⇒ii),ii)⇒i),一般不真.

例1.2 在欧几里得空间 R^2 中，令

$$G = \{(x,y) \in R^2: \quad x^2 + y^2 \geqslant 1\}$$

易见 G 不是太阳. 但对$\forall$ $g_0=(x_0,y_0)\in G$，定理1.1 中 ii)成立.

例1.3 在 R^2 中，令

$$G = \{(x,y) \in R^2: \quad \frac{1}{4}x^2 + y^2 \geqslant 1\}$$

则易验证，G 是月亮. 又 $g_0=(0,1)$是 $x=\left(0,-\frac{1}{2}\right)$ 的局部最佳逼近，但 $g_0 \overline{\in} P_G(x)$.

推论1.2 设 G 是 X 的子集，对下述论断：

i) G 是太阳集；

ii) $\forall$ $x\in X$, G 对 x 的局部最佳逼近必是 G 对 x 的最佳逼近；

iii) G 是月亮.

成立 i)⇒ii)⇒iii).

注1.2 Braess 在他的专著[3]中给出了太阳集的另一种定义(为区别起见，我们称之为 B -太阳)：设 G 是 X 中的近迫集，如果$\forall$ $x\in X$，存在 $g_0\in P_G(x)$，使对$\forall$ $\alpha\geqslant 0$，有 $g_0\in P_G(x_\alpha)$，则称 G 是 B -太阳. 易知，当 G 是存在性集时，太阳集必是 B -太阳. 当 G 是 Chebyshev 子集时，太阳集与 B -太阳是一致的. 一般地，B -太阳集未必是太阳集. 同时，在推论1.2中，将太阳集换成 B -太阳集，则结论不真.

例1.4 设 $X=l^2_\infty$，令

$$G = \{(x,y) \in l^2_\infty, x \geqslant 0 \text{ 或 } y \geqslant 0\}$$

则 G 是 B -太阳，但 G 不是太阳. 事实上，G 也不是月亮

见图 1.1).

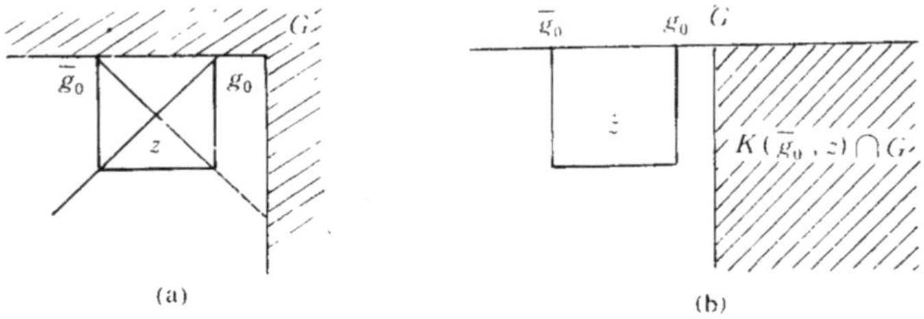

图 1.1

设 $\bar{g}_0=(\bar{x}_0,0)$，如图1.1(a). $z\in X\backslash G$，如图1.1(b)，则 $\bar{g}_0\in P_G(Z)$，且

$$K(\bar{g}_0,z)=\{(x,y)\in l_\infty^2;\quad x>\bar{x}_0,y<0\}$$

$$K(\bar{g}_0,z)\cap G=\{(x,y)\in l_\infty^2:x\geqslant 0,y<0\}$$

但 $\bar{g}_0\overline{\in}\overline{K(\bar{g}_0,Z)\cap G}$,如图1.1(b). 故 G 不是月亮.

第二节 Kolmogorov 条件与正则集

定义2.1 设 $G\subset X$，$x\in X$，$g_0\in G$. 若

$$\max_{x^*\in E_{x-g_0}}\operatorname{Re}x^*(g_0-g)\geqslant 0,\qquad \forall g\in G$$

则称 (x,g_0) 满足 Kolmogorov 条件，其中

$$E_{x-g_0}=\operatorname{ext}M_{x-g_0}=(\operatorname{ext}B^*)\cap M_{x-g_0}$$

引理2.1(Ascoli - Mazur 定理) $\forall x$，$y\in X$，定义

$$\tau(x,y)=\lim_{t\to 0+}\frac{\|x+ty\|-\|x\|}{t}$$

则

$$\tau(x,y)=\max_{x^*\in M_x}\operatorname{Re}x^*(y)$$

证 由于 $\forall x^*\in M_x$

$$\tau(x,y) \geqslant \lim_{t \to 0+} \frac{\operatorname{Re}x^*(x+ty) - \operatorname{Re}x^*(x)}{t}$$

$$= \operatorname{Re}x^*(y)$$

故

$$\tau(x,y) \geqslant \max_{x^* \in M_x} \operatorname{Re}x^*(y)$$

另一方面，$\forall\ t>0$，取 $x_t^* \in M_{x+ty}$，则

$$\tau(x,y) \leqslant \varliminf_{t \to 0+} \frac{\operatorname{Re}x_t^*(x+ty) - \operatorname{Re}x_t^*(x)}{t}$$

$$= \varliminf_{t \to 0+} \operatorname{Re}x_t^*(y)$$

因 B^* 是弱 * 紧，故可设 $x_t^* \xrightarrow{w^*} x_0^*\ (t \to 0+)$. 由于

$$x + ty \xrightarrow{\|\cdot\|} x \qquad (t \to 0+)$$

则易证 $x_0^* \in M_x$. 从而

$$\tau(x,y) \leqslant \varliminf_{t \to 0+} \operatorname{Re}x_t^*(y)$$

$$= \operatorname{Re}x_0^*(y)$$

$$\leqslant \max_{x^* \in M_x} \operatorname{Re}x^*(y)$$

故引理成立. 证毕.

命题2.1 设 G 是 X 中的子集，$x \in X$，$g_0 \in G$，则下述论断等价：

i) (x, g_0) 满足 Kolmogorov 条件；

ii) $\max\limits_{x^* \in M_{x-g_0}} \operatorname{Re}x^*(g_0 - g) \geqslant 0, \quad \forall\ g \in G$

iii) $\tau(x - g_0, g_0 - g) \geqslant 0 \qquad \forall\ g \in G$

证 ii)$\Longleftrightarrow$iii) 由引理2.1给出. 由于 $E_{x-g_0} \subset M_{x-g_0}$，故 i)$\Rightarrow$ii) 显然. 下证 ii)$\Rightarrow$i).

$\forall\ g \in G$，令

$$a = \max_{x^* \in M_{x-g_0}} \operatorname{Re}x^*(g_0 - g)$$

$$Tx^* = \operatorname{Re}x^*(g_0 - g), \qquad \forall\ x^* \in X^*$$

则 T 是 X^* 上的连续线性泛函．由 ii）知，a 是 M_{x-g_0} 在 T 下的象 TM_{x-g_0} 的一个端点，从而由第一章定理2.2知，存在 $x_0^* \in \text{ext}M_{x-g_0} = E_{x-g_0}$，使 $Tx_0^* = a$，故

$$\max_{x^* \in E_{x-g_0}} \text{Re}x^*(g_0 - g) \geqslant \text{Re}x_0^*(g_0 - g) \geqslant 0$$

由 $g \in G$ 的任意性知 i）成立．证毕．

注2.1 ii)⇒i)也可不用第一章定理2.2，而直接证得．事实上，令

$$a = \max_{x^* \in M_{x-g_0}} \text{Re}x^*(g_0 - g) \geqslant 0$$

$$M_0 = \{x^* \in M_{x-g_0}:\ \text{Re}x^*(g_0 - g) = a\}$$

则易证 M_0 是非空的弱*闭、凸端子集．从而由 Krein－Milman 定理知，$\text{ext}M_0 \neq \Phi$，且

$$\text{ext}M_0 = M_0 \cap \text{ext}M_{x-g_0}$$

故存在 $x^* \in \text{ext}M_{x-g_0} = E_{x-g_0}$ 使

$$\text{Re}x^*(g_0 - g) = a \geqslant 0$$

因而(x, g_0)满足 Kolmogorov 条件．

命题2.2 设 G 是 X 的任一子集，$x \in X$，$g_0 \in G$，若(x, g_0)满足 Kolmogorov 条件，则 $g_0 \in P_G(x)$．

证 由(x, g_0)满足 Kolmogorov 条件知，$\forall\ g \in G$，存在 $x^* \in E_{x-g_0}$ 使

$$\text{Re}x^*(g_0 - g) \geqslant 0$$

从而

$$\begin{aligned}\|x - g_0\| &= \text{Re}x^*(x - g_0) \\ &= \text{Re}x^*(x - g) + \text{Re}x^*(g - g_0) \\ &\leqslant \|x - g\|\end{aligned}$$

故 $g_0 \in P_G(x)$．证毕．

定义2.2 设 $G \subset X$，$g_0 \in G$，若$\forall\ x \in X$，$g \in G$，及满足

$$\min_{x^* \in A} \text{Re}x^*(g - g_0) > 0$$

$$E_{x-g_0} \subset A \subset \overline{\text{ext}B^*}^{*}$$

的弱*-闭子集A，存在$\{g_n\}\subset G$，使$\|g_n-g_0\|\to 0$且

$$\mathrm{Re}x^*(g_n-g_0)>\mathrm{Re}x^*(x-g_0)-\|x-g_0\|,\quad \forall x^*\in A$$

则称g_0是G的正则点. 若G中每一点都是正则点，则称G是正则集.

定理2.1 设$G\subset X$，$g_0\in G$，则下述论断等价：

i) g_0是G的太阳点；

ii) $\forall x\in X$，$g_0\in P_G(x)\Longleftrightarrow(x,g_0)$满足Kolmogorov条件；

iii) g_0是G的正则点.

证 i)$\Rightarrow$ii).

反设g_0是G的太阳点，但存在$x\in X$，$g_0\in P_G(x)$，使(x,g_0)不满足Kolmogorov条件. 这样，存在$\bar{g}\in G$，使

$$\max_{x^*\in M_{x-g_0}}\mathrm{Re}x^*(g_0-\bar{g})=-\varepsilon<0.$$

令

$$U=\left\{x^*\in B^*:\ \mathrm{Re}x^*(g_0-\bar{g})<-\frac{\varepsilon}{2}\right\}$$

则U是含M_{x-g_0}的B^*上的弱*开子集，且$\forall\alpha>0$，$x_\alpha=g_0+\alpha(x-g_0)$

$$\begin{aligned}\sup_{x^*\in U}\mathrm{Re}x^*(x_\alpha-\bar{g})&\leqslant\alpha\|x-g_0\|+\sup_{x^*\in U}\mathrm{Re}x^*(g_0-\bar{g})\\&\leqslant\|x_\alpha-g_0\|-\frac{\varepsilon}{2}\\&<\|x_\alpha-g_0\|\end{aligned}$$

另一方面，由于$K=B^*\backslash U$是B^*中的弱*紧子集，故存在$\delta>0$，使

$$\max_{x^*\in K}\mathrm{Re}x^*(x-g_0)\leqslant\|x-g_0\|-\delta$$

取 $\alpha>\|\bar{g}-g_0\|/\delta$，则

$$\begin{aligned}&\max_{x^*\in K}\mathrm{Re}x^*(x_\alpha-\bar{g})\\&\leqslant\max_{x^*\in K}\mathrm{Re}x^*(x_\alpha-g_0)+\max_{x^*\in K}\mathrm{Re}x^*(g_0-\bar{g})\\&\leqslant\alpha\|x-g_0\|-\alpha\delta+\|g_0-\bar{g}\|\\&<\alpha\|x-g_0\|\end{aligned}$$

$$= \|x_\alpha - g_0\|$$

故

$$\|x_\alpha - \bar{g}\| = \max_{x^* \in B^*} \mathrm{Re}\, x^*(x_\alpha - \bar{g})$$
$$< \|x_\alpha - g_0\|$$

即 $g_0 \overline{\in} P_G(x_\alpha)$. 由 i) 知，$g_0 \overline{\in} P_G(x)$. 矛盾. 由命题2.2知 i)⇒ii)成立.

ii)⇒i).

对∀ $x \in X$，$g_0 \in P_G(x)$，由 ii) 知

$$\max_{x^* \in E_{x-g_0}} \mathrm{Re}\, x^*(g_0 - g) \geq 0, \quad \forall\, g \in G$$

由于 $x_\alpha - g_0 = \alpha(x - g_0)$，故

$$E_{x_\alpha - g_0} = E_{x-g_0}, \quad \forall\, \alpha > 0$$

故(x_α, g_0)满足 Kolmogorov 条件，从而 $g_0 \in P_G(x_\alpha)$. 所以，ii)⇒i)成立.

ii)⇒iii).

对∀ $g \in G$，$x \in X$，及满足

$$E_{x-g_0} \subset A \subset \overline{\mathrm{ext} B^*}^{*}$$

$$\min_{x^* \in A} \mathrm{Re}\, x^*(g - g_0) > 0$$

的弱*闭子集 A，由 ii) 知，$g_0 \overline{\in} P_G(x)$. 令

$$D_n = \left\{ g \in G:\ \|g - g_0\| < \frac{2}{n} \|x - g_0\| \right\}$$

由 i⇔ii)及定理1.1知，∀ $n=1，2，\cdots$，$g_0 \overline{\in} P_{D_n}(x)$. 因此，存在 $g_n \in D_n$，使

$$\|x - g_n\| < \|x - g_0\|, \quad n = 1, 2, \cdots$$

由此可得$\|g_n - g_0\| \to 0$，且

$$\mathrm{Re}\, x^*(g_n - g_0) > \mathrm{Re}\, x^*(x - g_0) - \|x - g_0\|, \quad \forall\, x^* \in A$$

故 iii) 成立.

iii)⇒ii).

由命题2.2，我们仅需证明，∀ $x \in X$，$g_0 \in P_G(x)$，则(x, g_0)

满足 Kolmogorov 条件.

反设存在 $x \in X, g_0 \in P_G(x)$，但 (x, g_0) 不满足 Kolmogorov 条件，则存在 $g \in G$，使

$$\max_{x^* \in E_{x-g_0}} \operatorname{Re} x^*(g_0 - g) = -\varepsilon < 0$$

令

$$U = \left\{ x^* \in \overline{\operatorname{ext} B^*}^* : \operatorname{Re} x^*(g_0 - g) < \frac{\varepsilon}{2} \right\}$$

取 $A = \overline{U}^*$，则 A 弱*闭，$E_{x-g_0} \subset A \subset \overline{\operatorname{ext} B^*}^*$，且

$$\min_{x^* \in A} \operatorname{Re} x^*(g - g_0) \geqslant \frac{\varepsilon}{2} > 0$$

从而由 iii)知，存在 $\{g_n\}_1^\infty \subset G$，使 $\|g_n - g_0\| \to 0$，且

$$\operatorname{Re} x^*(g_n - g_0) > \operatorname{Re} x^*(x - g_0) - \|x - g_0\|, \quad \forall x^* \in A$$

由此可得

$$\max_{x^* \in A} \operatorname{Re} x^*(x - g_n) < \|x - g_0\|, \quad \forall n = 1, 2, \cdots$$

另一方面，由于 $K = \overline{\operatorname{ext} B^*}^* \setminus U$ 是弱*紧子集，且 $K \cap E_{x-g_0} = \Phi$，故存在 $\delta > 0$，使

$$\max_{x^* \in K} \operatorname{Re} x^*(x - g_0) \leqslant \|x - g_0\| - \delta$$

故当 n 充分大时，有

$$\max_{x^* \in K} \operatorname{Re} x^*(x - g_n) < \|x - g_0\|$$

从而

$$\|x - g_n\| = \max_{x^* \in \overline{\operatorname{ext} B^*}^*} \operatorname{Re} x^*(x - g_n) < \|x - g_0\|$$

与 $g_0 \in P_G(x)$ 矛盾，故 iii)$\Rightarrow$ii)成立. 证毕.

推论2.1 设 G 是 X 的子集，则下述论断等价：

i) G 是太阳集；

ii) G 是正则集；

iii) $\forall x \in X, g_0 \in G$，$g_0 \in P_G(x) \Longleftrightarrow (x, g_0)$ 满足 Kolmogorov

条件.

注2.2 推论中 i)$\Longleftrightarrow$iii)也可由命题1.3及线性逼近的 Kolmogorov 特征定理(第一章定理4.4)证得.

定义2.3 设 G 是 X 的子集，如果对$\overline{\text{ext}B^{**}}$中的任何弱*闭子集 A 及满足

$$\min_{x^*\in A}\text{Re}x^*(g-g_0)>0$$

的 g，$g_0\in G$，都存在$\{g_n\}_1^\infty\subset G$，使$\|g_n-g_0\|\to 0$，且

$$\min_{x^*\in A}\text{Re}x^*(g_n-g_0)>0\qquad n=1,2,\cdots$$

则称 G 有弱中间性质.

命题2.3 设$G\subset X$，则 G 有弱中间性质$\Longleftrightarrow$对$\overline{\text{ext}B^{**}}$中的任何弱*闭子集 A，$\forall\ g$，$g_0\in G$，若

$$\min_{x^*\in A}|\text{Re}x^*(g-g_0)|>0$$

则存在$\{g_n\}_1^\infty\subset G$，使$\|g_n-g_0\|\to 0$，且

$$\min_{x^*\in A}\text{Re}x^*(g-g_n)\cdot\text{Re}x^*(g_n-g_0)>0,n=1,2,\cdots$$

证 “$\Rightarrow$”

对满足上述条件的 A，及 g，$g_0\in G$，令

$$\lambda(x^*)=\text{sgn Re}x^*(g-g_0)$$

$$A_0=\{\lambda(x^*)x^*:x^*\in A\}$$

则 A_0是$\overline{\text{ext}B^{**}}$的弱*闭子集，且

$$\min_{x^*\in A_0}\text{Re}x^*(g-g_0)>0$$

因 G 有弱中间性质，故存在$\{g_n\}_1^\infty\subset G$，使$\|g_n-g_0\|\to 0$，且

$$\min_{x^*\in A_0}\text{Re}x^*(g_n-g_0)>0$$

由于 $\|g_n-g_0\|\to 0$，故当 n 充分大时，有

$$\lambda(x^*)=\text{sgn Re}x^*(g-g_n),\quad\forall\ x^*\in A$$

从而，

$$\min_{x^*\in A}\lambda(x^*)\text{Re}x^*(g_n-g_0)>0$$

由此可得必要性成立.

"$\Leftarrow$" 显然. 证毕.

推论2.2 若 $G\subset X$ 有弱中间性质，则 G 是太阳集.

例2.1 设 $G\subset X$，若 $\forall\ g_0, g\in G$，$[g_0,g]\cap G$ 在 $[g_0,g]$ 中稠，则称 G 是拟凸集；如果，$G=D\backslash C$，其中 D 凸，C 闭，则称 G 是伪凸集.

X 中的拟凸集和伪凸集都有弱中间性质，从而都是太阳集.

事实上，当 G 是拟凸集时，结论显然. 下面考虑 G 是伪凸集情形. $\forall\ g$，$g_0\in G$，记

$$(g_0,g)=\{\alpha g_0+(1-\alpha)g:\quad \alpha\in(0,1)\}$$

由于 $g_0\overline{\in}C$，C 闭，故有 $B(g_0,\delta)\cap C=\varnothing$. 而由 D 凸知，$(g_0,g)\subset D$，从而 $(g_0,g)\cap B(g_0,\delta)\subset G$. 所以，存在 $g_n=\alpha_n g_0+(1-\alpha_n)g\in G$，使 $\lim\|g_n-g_0\|=0$. 由于

$$\mathrm{Re}x^*(g-g_n)\cdot\mathrm{Re}x^*(g_n-g_0)=\alpha_n(1-\alpha_n)[\mathrm{Re}(g-g_0)]^2$$

故对 $\overline{\mathrm{ext}B^{**}}$ 中的任何弱*闭子集 A，若

$$\min_{x^*\in A}|\mathrm{Re}x^*(g-g_0)|>0$$

则

$$\mathrm{Re}x^*(g-g_n)\cdot\mathrm{Re}x^*(g_n-g_0)>0,\quad \forall\ x^*\in A$$

即 G 有弱中间性质，故结论成立.

例2.2 非线性 $L_p(\mu)$-最佳逼近的特征定理.

设 G 是 $L_p(\mu)$ 的子集，则 G 是太阳 $\Longleftrightarrow\forall\ f\in L_p(\mu)\backslash\overline{G}$，$g_0\in P_G(f)$ 当且仅当 $\forall\ g\in G$

$$\int_\Omega|f(t)-g_0(t)|^{p-1}\mathrm{Re}\ \mathrm{sgn}(f-g_0)(t)\cdot(g_0-g)(t)d\mu\geqslant 0,\quad p>1$$

$$\int_\Omega\mathrm{Re}\ \mathrm{sgn}(f-g_0)(t)(g_0-g)(t)d\mu>-\int_{Z(f-g_0)}|g_0(t)-g(t)|d\mu,\quad p=1$$

证 若 $x^*(\cdot)\in L_q(\mu)$，$\|x^*(\cdot)\|_q=1$，使

$$\int_\Omega(f-g_0)(t)x^*(t)d\mu=\|f-g_0\|_p$$

则由 Hölder 不等式知

$$\int_\Omega (f-g_0)(t)x^*(t)d\mu \leqslant \int_\Omega |(f-g_0)(t)||x^*(t)|d\mu$$

$$\leqslant \left\{\int_\Omega |(f-g_0)(t)|^p d\mu\right\}^{\frac{1}{p}} \cdot \left\{\int_\Omega |x^*(t)|^q d\mu\right\}^{\frac{1}{q}}$$

$$= \|f-g_0\|_p$$

这样，我们有

$$x^*(t)=\begin{cases}\|f-g_0\|^{1-p}\cdot|(f-g_0)(t)|^{p-1}\operatorname{sgn}(f-g_0)(t), p>1\\ \operatorname{sgn}(f-g_0)(t),\quad t\overline{\in} Z(f-g_0),\quad p=1\end{cases}$$

从而 $x^*(t)\in E_{f-g_0}\Longleftrightarrow$

$$x^*(t)=\|f-g_0\|^{1-p}|(f-g_0)(t)|^{p-1}\operatorname{sgn}(f-g_0)(t), p>1$$

$$x^*(t)=\begin{cases}\operatorname{sgn}(f-g_0)(t)\quad \text{a.e.}\ t\overline{\in} Z(f-g_0)\\ \beta(t)\quad \text{a.e.}\ t\in Z(f-g_0)\end{cases}\qquad p=1$$

其中$|\beta(t)|=1,\dfrac{1}{p}+\dfrac{1}{q}=1(p=1\text{时},q=\infty)$.

因此，当 $p>1$时，由定理2.1可得结果. 而当 $p=1$时，对$\forall\ g\in G$. 取

$$x_g^*=\begin{cases}\operatorname{sgn}(f-g_0)(t),\qquad t\overline{\in} Z(f-g_0)\\ \operatorname{sgn}(g_0-g)(t),\qquad t\in Z(f-g_0)\end{cases}$$

则

$$\max_{x^*\in E_{f-g_0}} \operatorname{Re}x^*(g_0-g)=\operatorname{Re}\int_\Omega (g_0-g)(t)\cdot x_g^*(t)d\mu$$

故由定理2.1得所证结果.

例2.3 非线性 Peak 范数逼近的特征定理.

设（Ω，Σ，μ）是无原子测度空间，且 μ（Ω）$=1$. 定义

$$\|f\|_p^\alpha=\sup_{\mu(A)=\alpha}\left\{\frac{1}{\alpha}\int_A|f(t)|^p\right\}^{\frac{1}{p}},\quad \forall\ f\in L_p(\mu)$$

其中$0<\alpha<1$，L_p（μ）是所有 p 方 μ-可积的实函数组成的空间，设$G\subset L_p$（μ），$g_0\in G$，$f\in L_p$（μ），若

$$\|f-g_0\|_p^\alpha=\inf_{g\in G}\|f-g\|_p^\alpha$$

则称 g_0 是 f 的 peak 范数最佳逼近. 则我们有

论断 $G\subset L_p(\mu)$ 是空间 $(L_p(\mu), \|\cdot\|_p^\alpha)$ 的太阳集 $\Longleftrightarrow \forall f\in L_p(\mu), g_0\in G, g_0$ 是 f 的 peak 范数最佳逼近当且仅当 $\forall g\in G$，存在范数集 $A(g)$ 使

$$\int_{A(g)}|f(t)-g_0(t)|^{p-1}\mathrm{sgn}(f-g_0)(t)(g_0-g)(t)d\mu$$
$$\geqslant 0,\quad p>1$$
$$\int_{A(g)}\mathrm{sgn}(f-g_0)(t)(g_0-g)(t)d\mu$$
$$\geqslant -\int_{A(g)\cap Z(f-g_0)}|g(t)-g_0(t)|d\mu,\quad p=1$$

其中范数集 A 是指 $A\subset\Omega, \mu(A)=\alpha$，且

$$\left\{\frac{1}{\alpha}\int_A|(f-g_0)(t)|^p d\mu\right\}^{\frac{1}{p}}=\|f-g_0\|_p^\alpha$$

证 令

$$D_0=\{\chi_E: E\subset\Omega, \mu(E)=\alpha\}$$
$$D=\left\{f\in L_1(\mu): 0\leqslant f(t)\leqslant 1, \int_\Omega f(t)d\mu=\alpha\right\}$$

则 $D\subset L_\infty(\mu)$ 是弱*紧子集，且

$$\mathrm{ext}D=D_0,\quad D=\overline{\mathrm{CO}\,D_0}^*$$

事实上，由于 $D\subset L_1(\mu)$，且 D 是凸的闭子集，故 D 是 $L_1(\mu)$ 中的弱闭子集，又因 D 是一致有界的，故 D 也是 $L_\infty(\mu)$ 的弱*紧子集，因此，由 Krein－Milman 定理，只需证 $\mathrm{ext}D=D_0$.

显然：$D_0\subset\mathrm{ext}D$，下证 $\mathrm{ext}D\subset D_0$.

对 $\forall f\in D\backslash D_0$，则存在 $\varepsilon>0$，$A\in\Sigma$，$\mu(A)>0$，使

$$\varepsilon<f(t)<1-\varepsilon, \forall t\in A$$

因 (Ω, Σ, μ) 是无原子，故存在 $B\subset A$，使

$$\mu(B)=\mu(A\backslash B)=\frac{1}{2}\mu(A)$$

定义

$$f_i=f+(-1)^i\varepsilon(\chi_{A\backslash B}-\chi_B), i=1,2$$

则 $f_i \in D$ ($i=1, 2$)，$f_1 \neq f_2$，且 $f=\frac{1}{2}(f_1+f_2)$，故 $f \overline{\in} \mathrm{ext} D$. 从而 $\mathrm{ext} D = D_0$.

由定理2.1及命题2.1，我们只需证明：

$$\tau(f,g)=\begin{cases}\frac{1}{\alpha}\max\limits_{E\in E(f)}\left\{\int_E g(t)\mathrm{sgn}f(t)d\mu\right. \\ \quad\left.+\int_{E\cap Z(f)}|g(t)|d\mu\right\}, p=1 \\ \frac{1}{\alpha}\max\limits_{E\in E(f)}\left\{(\|f(t)\|_p^\alpha)^{1-p}\int_E g(t)|f(t)|^{p-1}\right. \\ \left.\cdot \mathrm{sgn}f(t)d\mu\right\}, p>1\end{cases}$$

其中

$$E(f)=\left\{E\in\Sigma: \mu(E)=\alpha, \left\{\frac{1}{\alpha}\int_E|f(t)|^p d\mu\right\}^{\frac{1}{p}}=\|f\|_p^\alpha\right\}.$$

首先，$\forall\ E\in E(f)$

$$\tau(f,g)=\lim_{\lambda\to 0+}\frac{\|f+\lambda g\|_p^\alpha-\|f\|_p^\alpha}{\lambda}$$

$$\geqslant\left(\frac{1}{\alpha}\right)^{\frac{1}{p}}\lim_{\lambda\to 0+}\frac{\left[\int_E|f(t)+\lambda g(t)|^p d\mu\right]^{\frac{1}{p}}-\left[\int_E|f(t)|^p d\mu\right]^{\frac{1}{p}}}{\lambda}$$

$$=\begin{cases}\left(\frac{1}{\alpha}\right)^{\frac{1}{p}}\left[\int_E|f(t)|^p d\mu\right]^{\frac{1-p}{p}}\int_E g(t)|f(t)|^{p-1}\mathrm{sgn}f(t)d\mu \quad p>1 \\ \left(\frac{1}{\alpha}\right)\left[\int_E g(t)\mathrm{sgn}f(t)d\mu+\int_{E\cap Z(f)}|g(t)|d\mu\right], p=1\end{cases}$$

由 $E\in E(f)$ 的任意性知，所需证的等式的左边大于或等于右边. 下证相反的不等式.

对 $\forall\ E_\lambda\in E(f+\lambda g)$，则

$$\tau(f,g)=\frac{1}{\alpha}\cdot\frac{1}{p}(\|f\|_p^\alpha)^{1-p}$$

$$\cdot\lim_{\lambda\to 0+}\frac{\max\limits_{\mu(E)=\alpha}\int_E|f(t)+\lambda g(t)|^p d\mu-\max\limits_{\mu(E)=\alpha}\int|f(t)|^p d\mu}{\lambda}$$

$$\leqslant\frac{1}{\alpha\cdot p}(\|f\|_p^\alpha)^{1-p}\lim_{\lambda\to 0+}\int_\Omega\chi_{E_\lambda}\left\{\frac{|f(t)+\lambda g(t)|^p-|f(t)|^p}{\lambda}\right\}d\mu$$

$$= \frac{1}{\alpha \cdot p}(\|f\|_p^\alpha)^{1-p}\left[\lim_{\lambda \to 0+}\int_\Omega \chi_{E_\lambda}\left\{\frac{|f(t)+\lambda g(t)|^p - |f(t)|^p}{\lambda} - F(t)\right\}d\mu + \lim_{\lambda \to 0+}\int_\Omega \chi_{E_\lambda}F(t)d\mu\right]$$

其中

$$F(t) \doteq \lim_{\lambda \to 0+}\frac{|f(t)+\lambda g(t)|^p - |f(t)|^p}{\lambda}$$

从而由 $F(\cdot) \in L_1(\mu)$，及 Lebesgue 控制定理得

$$\tau(f,g) \leqslant \frac{1}{\alpha \cdot p}(\|f\|_p^\alpha)^{1-p}\int_\Omega hF(t)d\mu$$

且 $h \in M(f)$，其中

$$M(f) = \left\{h \in D: \left\{\frac{1}{\alpha}\int_\Omega h|f(t)|^p d\mu\right\}^{\frac{1}{p}} = \|f\|_p^\alpha\right\}$$

故由 Krein－Milman 定理得

$$\tau(f,g) \leqslant \frac{1}{\alpha}\frac{1}{p}(\|f\|_p^\alpha)^{1-p}\max_{h \in M(f)}\int_\Omega hF(t)d\mu = \frac{1}{\alpha}\frac{1}{p}(\|f\|_p^\alpha)^{1-p}\max_{E \in E(f)}\int_E F(t)d\mu$$

因

$$F(t) = \begin{cases} p|f(t)|^{p-1}\mathrm{sgn}f(t)g(t), & p > 1 \\ \begin{cases} \mathrm{sgn}f(t)g(t), t \overline{\in} Z(f) \\ |g(t)|, \quad t \in Z(f), \end{cases} & p = 1 \end{cases}$$

将 $F(t)$ 代入上式，则可得

$$\tau(f) \leqslant \begin{cases} \frac{1}{\alpha}(\|f\|_p^\alpha)^{1-p}\max_{E \in E(f)}\int_E g(t)|f(t)|^{p-1}\mathrm{sgn}f(t)d\mu, & p > 1 \\ \frac{1}{\alpha}\max_{E \in E(f)}\int_E \mathrm{sgn}f(t)g(t)d\mu + \int_{E \cap Z(f)}|g(t)|d\mu, p = 1 \end{cases}$$

故所需证等式成立，至此例2.3证毕.

注2.3 由例2.1知，在任何 Banach 空间中都存在非凸的太阳集，以后还会看到 $C(\Omega)$ 中存在近迫的非凸太阳集，但若 X 光滑，则太阳集与凸集相差无几. 事实上，我们有：

命题2.4 Banach 空间 X 光滑 $\Longleftrightarrow$ B－太阳集必是凸集.

证 “$\Rightarrow$”

设 G 是 X 的 B-太阳集，$\forall\, g_1$，$g_2\in G$，令 $x=\frac{1}{2}(g_1+g_2)$. 因 G 是 B-太阳集，则存在 $g_0\in P_G(x)$ 是关于 x 的太阳点，即对 $\forall\, \alpha>1, g_0\in P_G(x_\alpha)$，从而由定理2. 1知，存在 $x_1^*, x_2^*\in E_{x-g_0}$，使

$$\mathrm{Re}x_i^*(g_0-g_i)\geqslant 0, i=1,2$$

因 X 光滑，则 $x_1^*=x_2^*=x^*$. 因此

$$\begin{aligned}\mathrm{Re}x^*(x-g_0)&=\frac{1}{2}\mathrm{Re}x^*(g_1-g_0)+\frac{1}{2}\mathrm{Re}x^*(g_2-g_0)\\&\leqslant 0\end{aligned}$$

故

$$\|x-g_0\|=0$$

即 $\frac{1}{2}(g_1+g_2)\in G$，由此证得 G 凸.

“$\Leftarrow$”

反设 X 不光滑，则存在 $x_0\in S$，使 x_0 处有两个不同的支撑泛函 x_1^*，x_2^*，且 $\|x_1^*\|=\|x_2^*\|=1$. 为简单起见，我们设 X 是实空间，定义

$$G_i=\{x\in X: x_i^*(x)\geqslant 0\}, i=1,2$$

$$G=G_1\cup G_2$$

易见 G 非凸.

由 $\forall\, x\in X\backslash G$，$x_i^*(x)<0$ 知

$$d_{G_i}(x)\geqslant\inf_{g\in G_i}|x_i^*(x-g)|\,|x_i^*(x)|,$$

$$x-x_i^*(x)x_0\in G_i, i=1,2$$

故

$$d_{G_i}(x)=-x_i^*(x), i=1,2$$

无妨可设

$$c=d_{G_1}(x)\leqslant d_{G_2}(x)$$

则

$$g_0=x+cx_0\in P_G(x).$$

另一方面，$\forall\ t>0, x_t=t(x-g_0)+g_0$，有

$$x_1^*(x_t)\geqslant x_2^*(x_t)$$

故

$$d_G(x_t)=d_{G_1}(x_t)\leqslant d_{G_2}(x_t)$$

因 G_1 凸，故 $g_0\in P_{G_1}(x_t)$，从而

$$g_0\in P_G(x_t),\qquad t>0$$

即 G 是非凸的 B-太阳集．矛盾．证毕．

推论2.2 设 X 光滑，$G\subset X$ 是近迫的太阳集，则 G 是凸集．

证 由近迫的太阳集必是 B-太阳集知，结论成立，证毕．

第三节 Papini 特征定理

对任何 $G\subset X$，$g_0\in G$，若 $g_0\in P_G(x)$，则直接计算可知

$$\max_{x^*\in E_{x-g}}\operatorname{Re}x^*(g-g_0)\leqslant 0,\qquad\forall\ g\in G$$

因此，自然考虑上述条件是否为 $g_0\in P_G(x)$ 的充分条件，本节来研究这个问题．

定义3.1 设 $G\subset X$，$x\in X$，$g_0\in G$，若

$$\tau(x-g,g-g_0)\leqslant 0,\qquad\forall\ g\in G$$

则称 (x, g_0) 满足 Papini 条件．

由引理2.1及命题2.1知，(x, g_0) 满足 Papini 条件$\Longleftrightarrow$

$$\max_{x^*\in E_{x-g}}\operatorname{Re}x^*(g-g_0)\leqslant 0,\qquad\forall\ g\in G$$

且

$g_0\in P_G(x)\Rightarrow(x, g_0)$ 满足 Papini 条件．

定义3.2 $G\subset X$，$g_0\in G$．若$\forall\ g\in G$，$g\neq g_0$，及满足

$$E_{x-g_0}\subset A\subset\overline{\operatorname{ext}B^{**}}$$

$$\min_{x^*\in A}\operatorname{Re}x^*(g-g_0)>0$$

的弱*闭集 A，存在 $\{g_n\}_1^\infty\subset G$，使$\|g_n-g_0\|\to 0$，且

$$\min_{x^*\in A}\operatorname{Re}x^*(g_n-g_0)>0,\quad n=1,2,\cdots$$

则称 g_0 是 G 的强正则点. 若 G 中每一点都是强正则点，则称 G 是强正则集.

由定义不难看出，G 有弱中间性质 $\Rightarrow G$ 是强正则集 $\Rightarrow G$ 是正则集.

定理3.1 设 $G\subset x$，$g_0\in G$，考虑下述论断：

i）g_0 是 G 的强正则点；

ii）$\forall\ x\in X$，$(x,\ g_0)$ 满足 Papini 条件 $\Rightarrow$ $(x,\ g_0)$ 满足 Kolmogorov 条件；

iii）g_0 是 G 的太阳点.

则 i）$\Rightarrow$ii）$\Rightarrow$iii）.

证 i）$\Rightarrow$ii）.

反设 $(x,\ g_0)$ 不满足 Kolmogorov 条件，则存在 $g\in G$，使

$$\max_{x^*\in E_{x-g_0}} \operatorname{Re}x^*(g_0-g)=-\varepsilon<0$$

其中 $\varepsilon>0$. 令

$$U=\left\{x^*\in\overline{\operatorname{ext}B^{*}}^{*}:\ \operatorname{Re}x^*(g_0-g)<-\frac{1}{2}\varepsilon\right\}$$

则 $A=\overline{U}^*$ 是 $\overline{\operatorname{ext}B^{*}}^{*}$ 中的弱 * 闭子集，且 $A\supset E_{x-g_0}$. 由 i）知，存在 $\{g_n\}_1^\infty\subset G$，使 $\|g_n-g_0\|\to 0$，且

$$\min_{x^*\in A}\operatorname{Re}x^*(g_n-g_0)>0,\quad n=1,2,\cdots$$

令

$$K=\overline{\operatorname{ext}B^{*}}^{*}\backslash U$$

$$\beta=\max_{x^*\in K}\operatorname{Re}x^*(x-g_0)$$

则 $\beta<\|x-g_0\|$. 取

$$\beta_0=\frac{1}{2}(\|x-g_0\|-\beta)$$

则存在 N，使当 $n>N$ 时，有

$$\|g_n-g_0\|<\beta_0$$

$$\begin{aligned}\|x-g_n\|&\geqslant\|x-g_0\|-\|g_0-g_n\|\\&>\|x-g_0\|-\beta_0\end{aligned}$$

由于

$$\begin{aligned}
&\max_{x^*\in K}\mathrm{Re}x^*(x-g_n)\leqslant\beta+\|g_n-g_0\|\\
&=\|x-g_0\|+\beta-\|x-g_0\|+\|g_n-g_0\|\\
&=\|x-g_0\|-2\beta_0+\|g_n-g_0\|\\
&<\|x-g_n\|
\end{aligned}$$

故 当$n>N$时，$E_{x-g_n}\subset U$，且

$$\max_{x^*\in E_{x-g_n}}\mathrm{Re}x^*(g_n-g_0)\geqslant\inf_{x^*\in U}\mathrm{Re}x^*(g_n-g_0)>0$$

与（x，g_0）满足 Papini 条件矛盾，故 i）⇒ii）.

ii）⇒iii）.

由于$\forall\ x\in X$，$g_0\in P_G$（x）⇒（x，g_0）满足 Papini 条件．从而由 ii）知，（x，g_0）满足 Kolmogorov 条件．这样由定理2．1知，g_0是G的太阳点．证毕．

定理3．2 若g_0是G的强正则点，则$\forall\ x\in X$，$g_0\in P_G(x)\Longleftrightarrow$（$x$，$g_0$）满足 Papini 条件.

推论3．1 若G是强正则集，则$\forall\ x\in X$，$g_0\in G$，$g_0\in P_G$（x）$\Longleftrightarrow$（x，g_0）满足 Papini 条件.

定理3．3 设X是内积空间，G是X的太阳集，则$\forall\ x\in X$，$g_0\in G$，$g_0\in P_G(x)\Longleftrightarrow(x,g_0)$满足 Papini 条件.

证 由于对任何集G，必要性总是成立，故我们只需证充分性．由于

$$\tau(x,y)=\mathrm{Re}\langle x,y\rangle/\|x\|$$

其中$\langle x,y\rangle$表示x与y的内积．这样在X中，(x,g_0)满足 Papini 条件等价于

$$\mathrm{Re}\langle x-g,g-g_0\rangle\leqslant 0,\qquad\forall\ g\in G$$

从而 $\forall\ g\in G$

$$\begin{aligned}
&\left\|\frac{x+g_0}{2}-g\right\|^2-\left\|\frac{x+g_0}{2}-g_0\right\|^2\\
&=\frac{1}{4}\langle x-g+g_0-g,x-g+g_0-g\rangle
\end{aligned}$$

$$-\frac{1}{4}\langle x-g+g-g_0, x-g+g-g_0\rangle$$

$$=-\mathrm{Re}\langle x-g, g-g_0\rangle \geqslant 0$$

故 $g_0 \in P_G\left(\frac{1}{2}(x+g_0)\right)$. 因 G 是太阳集，故 $g_0 \in P_G(x)$. 证毕.

例3.1 强正则集，但既不是伪凸集，又不是拟凸集的例.

在 l_∞^2 中取

$$G=\{(x,y)\in l_\infty^2 : x^2+y^2=1, x\geqslant 0, y\geqslant 0\}$$

则 G 是强正则集，但易见既不是伪凸集又不是拟凸集.

事实上，由于 $(l_\infty^2)^*=l_1^2$，故对 l_1^2 的单位球 B^* 有

$$\mathrm{ext}B^*=\{(1,0),(0,1),(-1,0),(0,-1)\}$$

对 $\forall\ g$，$g_0\in G$，$g\neq g_0$，不妨设 g 在 g_0 的上方. 记

$$g=(x(g),y(g))$$
$$g_0=(x(g_0),y(g_0))$$

则(图3.1).

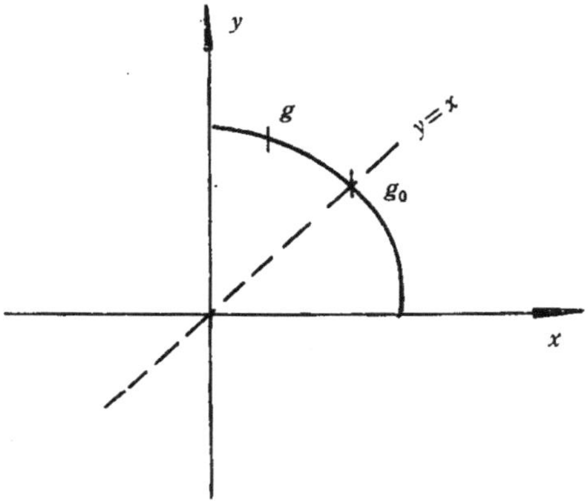

图3.1

$$x(g-g_0)=x(g)-x(g_0)<0$$
$$y(g-g_0)=y(g)-y(g_0)>0$$

故　$\forall A\subset \mathrm{ext}B^*$，若 $\inf\limits_{x^*\in A} x^*\ (g-g_0)\ >0$，则

$$A\subset \mathrm{ext}B^*\backslash\{(1,0),(0,-1)\}$$

这样取 g_n 落在弧$\overset{\frown}{gg_0}$上，且 $g_n\to g_0$，则 $\{g_n\}$ 满足强正则集定义中 $\{g_n\}$ 的要求，故 G 是强正则集（其实是有弱中间性质）.

第四节　$C_R(\Omega)$中的太阳集与交错类

本节将在实连续函数空间 C_R（Ω）上给出太阳集的一些等价条件，另外还将讨论 $C_R[a,b]$中的 Chebyshev 交错类.

一、$C_R(\Omega)$中的太阳集

设 $f\in C_R(\Omega)$，记

$$\Omega_f=\{t\in\Omega:\quad |f(t)|=\|f\|\}$$

则

$$E_f=\{\mathrm{sgn}f(t)e_t: t\in\Omega_f\}$$

其中 e_t 是点，值泛函，即

$$e_t(f)=f(t),\quad \forall f\in C_R(\Omega)$$

这样，$\forall f\in C_R(\Omega), g\in C_R(\Omega)$

$$\tau(f,g)=\max_{x^*\in E_f} x^*(g)=\max_{t\in\Omega_f}\mathrm{sgn}f(t)\cdot g(t)$$

命题4.1　设 $G\subset C_R(\Omega)$，则 G 有弱中间性质$\Longleftrightarrow\forall g,g_0\in G$，闭子集 $D\subset\Omega$，若

$$\min_{t\in D}|g(t)-g_0(t)|>0$$

则存在$\{g_n\}\subset G$，使$\|g_n-g_0\|\to 0$，且

$$\min_{t\in D}\mathrm{sgn}(g-g_n)(t)\cdot\mathrm{sgn}(g_n-g_0)(t)>0, n=1,2,\cdots$$

证　由于当 $X=C_R(\Omega)$时

$$\mathrm{ext}B^*=\{\sigma e_t: t\in\Omega,\sigma=1\text{ 或 }-1\}$$

是 B^* 中的弱 * 闭子集，且 Ω 中拓扑与 $\mathrm{ext}B^*$ 中的弱 * 拓扑是等价

的，故由弱中间性质的等价定义，可知命题成立. 证毕.

定理4.1 设G是$C_R(\Omega)$中的子集，则下述论断等价：

i) G有弱中间性质；

ii) $\forall f\in C_R(\Omega), g_0\in G, (f,g_0)$满足 Papini 条件$\Rightarrow(f,g_0)$满足 Kolmogorov 条件；

iii) G是太阳集；

iv) $\forall f\in C_R(\Omega), f$的局部最佳逼近必是$G$对$f$的最佳逼近；

v) G是月亮.

证 i)⇒ii)⇒iii)⇒iv)⇒v). 由推论1.2、推论2.1及定理3.1可得. 下证 v)⇒i).

对G中的任何两个不同的元g_1, g_0，闭子集$D\subset\Omega$，若

$$\min_{t\in D}|g_1(t)-g_0(t)|=a>0$$

则定义

$$\rho(t)=\max\{a,|g_1(t)-g_0(t)|\}$$
$$h(t)=[g_1(t)-g_0(t)]/\rho(t)+g_0(t)$$

则$\Omega_{h-g_0}\supset D$. 由于

$$K(g_0,h)=\{g_0+g\in C_R(\Omega): x^*(g)>0, \forall x^*\in E_{h-g_0}\}$$
$$=\{g_0+g\in C_R(\Omega): \operatorname{sgn}(h-g_0)(t)\cdot g(t)>0, \forall t\in\Omega_{h-g_0}\}$$

故

$$K(g_0,h)\subset\{g_0+g\in C_R(\Omega): \operatorname{sgn}(h-g_0)(t)g(t)>0, \forall t\in D\}$$

由

$$h-g_0=[g_1-g_0]/\rho$$

知

$$K(g_0,h)\subset\{g_0+g\in C_R(\Omega): \operatorname{sgn}(g_1-g_0)(t)\cdot g(t)>0, \forall t\in D\}$$

而

$$g_1\in K(g_0,h)\cap G$$

故由 v)知，

$$g_0 \in \overline{K(g_0,h) \cap G}$$

即

$$g_0 \in \overline{\{g \in G: \operatorname{sgn}(g_1 - g_0)(t) \cdot (g - g_0)(t) > 0; \quad \forall\, t \in D\}}$$

从而存在 $g_n \in G$，使 $\|g_n - g_0\| \to 0$ 且

$$\operatorname{sgn}(g_1 - g_0)(t) \cdot (g_n - g_0)(t) > 0,$$
$$\forall\, t \in D, n = 2,3,\cdots$$

再由 $\|g_n - g_0\| \to 0$ 知，当 n 充分大时，有

$$\operatorname{sgn}(g_1 - g_n)(t)(g_n - g_0)(t) > 0, \quad \forall\, t \in D$$

即 G 有弱中间性质．证毕．

注4.1 若将 $C_R(\Omega)$ 改为 $C(\Omega)$，即对复空间 $C(\Omega)$，上述定理未必成立．事实上．取 $\Omega=\{t\}$ 为单点集，则 $C(\Omega)$ 等距同构于 R^2．这样由例1.2和例1.3知，存在 G 是月亮，但 G 不是太阳．

推论4.1 设 G 是 $C_R(\Omega)$ 中的太阳集，$g_0 \in G, f \in C_R(\Omega)$，则下述论断等价：

i）$g_0 \in P_G(f)$；

ii）(f, g_0) 满足 Kolmogorov 条件；

iii）(f, g_0) 满足 Papini 条件．

例4.1 P，Q 是 $C_R(\Omega)$ 中的两个凸子集，令

$\mathscr{R}(P,Q)=\{p/q: p \in P, q \in Q, q(t)>0, \forall\, t \in \Omega\}$

则 $R(P,Q)$ 有弱中间性质，事实上，对满足弱中间性质定义要求的 $D \subset \Omega, g=\dfrac{p}{q}, g_0=\dfrac{p_0}{q_0} \in \mathscr{R}(P,Q)$，取

$$g_n = \frac{p + \dfrac{1}{n}p_0}{q + \dfrac{1}{n}q_0} \in \mathscr{R}(P,Q)$$

则 $\{g_n\}$ 即满足要求．

二、$C_R[a,b]$ 中的 Chebyshev 交错类

在本小节中，我们总设 $\Omega=[a,b]$ 是 $(-\infty,+\infty)$ 的有限闭区

间，首先我们引入下列概念.

定义4.1 设G是$C_R[a,b]$中的子集，$g\in G$，若存在$n_g>0$使对$\forall\ h\in G\backslash\{g\}$，$Z(h-g)$至多含有$n_g-1$个点，则称$G$在$g$处有次数为$n_g$的性质$Z$.

定义4.2 设$G\subset C_R[a,b]$，$g\in G$，如果存在$n_g>0$，使对任何给定的

i）整数m：$0\leqslant m<n_g$

ii）子集$\{t_1,\ t_2,\ \cdots,\ t_m\}$：$a=t_0<t_1<t_2<\cdots<t_m<t_{m+1}=b$

iii）实数ε：$0<\varepsilon<\frac{1}{2}\min\{t_{j+1}-t_j:j=0,1,\cdots,m\}$

iv）符号$\sigma\in\{-1,1\}$

存在$h\in G$，使$\|h-g\|<\varepsilon$，且

$$\operatorname{sgn}(h-g)(t)=\begin{cases}\sigma, & a\leqslant t\leqslant t_1-\varepsilon\\(-1)^i\sigma, & t_i+\varepsilon\leqslant t\leqslant t_{i+1}-\varepsilon,\\ & \quad i=1,\cdots,m-1\\(-1)^m\sigma, & t_m+\varepsilon\leqslant t\leqslant b\end{cases}$$

这里，当$m=0$时，则表示

$$\operatorname{sgn}(h-g)(t)=\sigma,\quad \forall\ t\in[a,b]$$

则称G在g处有次数n_g的性质A.

定义4.3 设$G\subset C_R[a,b]$，$g\in G$，若存在$n_g>0$，使G在g处有次数为n_g的性质Z和性质A，则称G在g处有次数n_g. 若对$\forall\ g\in G$，G在g处都有次数n_g（与g有关），则称G有次数.

例4.2 设G为$C_R[a,b]$中的n维哈尔子空间，则G有次数，且$\forall\ g\in G$，次数$n_g=n$.

证 由哈尔子空间的定义（见第一章），我们只需证明，$\forall\ g\in G$，G在g处有次数为n的性质A.

对由定义4.2所给定的m，$\{t_1,\cdots,t_m\}$，ε及σ，不妨设$m>0$（$m=0$时取$\bar{g}\in G$，$\bar{g}>0$，$h=g+t\bar{g}$，$|t|<\varepsilon/\|\bar{g}\|$）. 令$k=n-1-m$，下面分$k$为奇数和偶数来讨论.

i）若k为偶数，则取$\bar{t}_i\in$（$t_1-\varepsilon$，$t_1+\varepsilon$），且

$$\bar{t}_1 < \bar{t}_2 < \cdots < \bar{t}_k$$

将 $t_1, \bar{t}_1, \cdots, \bar{t}_k, t_2, \cdots, t_m$ 重新编号并记为

$$z_1 < z_2 < \cdots < z_{n-1}$$

由 G 是哈尔子空间知，存在 $h_0 \in G$ 使

$$h_0(z_i) = 0, \qquad i = 1, 2, \cdots, n-1$$

且 z_i 全是 h_0 的变号零点.

ii) 若 k 是奇数，则取 $\bar{t}_1 = a, \bar{t}_i \in (t_1 - \varepsilon, t_1 + \varepsilon), i = 2, \cdots, k$，且满足

$$\bar{t}_1 < \bar{t}_2 < \cdots < \bar{t}_k$$

同理，由 G 是哈尔子空间知，可取 $h_1 \in G$，使 $t_1, \cdots, t_m, \bar{t}_1, \cdots, \bar{t}_k$ 都是 h_1 的变号零点，再取 $\bar{t}_1 = b, \bar{t}_i (i = 2, \cdots, k)$ 同前，则存在 $h_2 \in G$，使 $t_1, \cdots, t_m, \bar{t}_1, \cdots, \bar{t}_k$ 都是 h_2 的变号零点，则

$$h_0 = h_1 + h_2 \quad 和 \quad h_0 = h_1 - h_2$$

中必有一 $h_0 \in G$，使 $t_1, \cdots, t_m, \bar{t}_2, \cdots, \bar{t}_m$ 都是 h_0 的变号零点.

在 i) 和 ii) 两种情形下，取

$$h = t h_0 + g, \qquad |t| < \varepsilon / \|h_0\|$$

则适当地选取 t 的符号，可使 h 满足定义4.2的要求，故 G 在 g 处有次数 n. 证毕.

命题4.2 设 $G \subset C_R[a,b]$ 有次数，则 G 有弱中间性质.

证 $\forall\, h \neq g \in G$，$D \subset [a, b]$ 满足

$$\min_{t \in D} |h(t) - g(t)| > 0$$

由于 $Z(h-g)$ 至多只有 $n_g - 1$ 个点，无妨设

$$t_1 < t_2 < \cdots < t_m$$

为 $h-g$ 的 m 个变号零点，其中 $m < n_g$. 取 $\varepsilon > 0$，使

$$D \subset [a, t_1 - \varepsilon] \cup [\bigcup_{i=1}^{m-1} [t_i + \varepsilon, t_{i+1} - \varepsilon]] \cup [t_m + \varepsilon, b]$$

记

$$I_0 = [a, t_1 - \varepsilon],$$
$$I_i = [t_i + \varepsilon, t_{i+1} - \varepsilon], i = 1, 2, \cdots, m-1,$$
$$I_m = [t_m + \varepsilon, b]$$

由 $h-g$ 在 I_i 上不变号，且

$$\operatorname{sgn}(h-g)(t)=-\operatorname{sgn}(h-g)(\bar{t}),\forall\ t\in I_i\cap D,$$
$$\bar{t}\in I_{i+1}\cap D,i=0,1,\cdots,m-1$$

及 G 在 g 处有次数 n_g 的性质 A 知，存在 $h_\varepsilon\in G$，使 $\|h_\varepsilon-g\|<\varepsilon$，且

$$\operatorname{sgn}(h_\varepsilon(t)-g(t))=\operatorname{sgn}(h-g)(t),\forall\ t\in D$$

令 $g_n=h_{\frac{1}{n}}\in G$，则 $\|g_n-g\|\to 0$，且

$$\operatorname{sgn}(g_n-g)(t)\cdot\operatorname{sgn}(h-g)(t)>0,\forall\ t\in D$$

从而 G 有弱中间性质．证毕．

命题4.3 设 $G\subset C_R[a，b]$ 有弱中间性质，G 在 $g\in G$ 处有次数 n_g，$h\in G$，若存在

$$a\leqslant t_0<t_1<\cdots<t_{n_g}\leqslant b$$

使

$$(-1)^i\sigma(h-g)(t_i)\geqslant 0,\forall\ i=0,1,\cdots,n_g$$

则 $h\equiv g$，其中 $\sigma\in\{-1，1\}$.

证 反设 $h\not\equiv g$，因 G 在 g 处有次数 n_g，从而至少存在 t_j，使

$$(-1)^j\sigma(h-g)(t_j)>0$$

取

$$\bar{t}_{i+1}\in(t_i,t_{i+1}),\quad i=0,1,\cdots,j-2$$
$$\bar{t}_{i-1}\in(t_i,t_{i+1}),\quad i=j+1,\cdots,n_g-1$$

记 $m=n_g-2$，则

$$\bar{t}_1<\bar{t}_2<\cdots<\bar{t}_m$$

记 $I_0=[a，\bar{t}_1-\varepsilon]$，$I_m=[\bar{t}_m+\varepsilon，b]$，及

$$I_i=[\bar{t}_i+\varepsilon,\bar{t}_{i+1}-\varepsilon],\quad i=1,\cdots,m-1$$

其中 $\varepsilon>0$，充分小．这样，存在 $g_\varepsilon\in G$，使

$$\|g_\varepsilon-g\|<\varepsilon$$

且

$$\operatorname{sgn}(g_\varepsilon-g)(t)=(-1)^i\sigma,\quad\forall\ t\in I_i,i=1,2,\cdots,m$$

由于 $\varepsilon>0$充分小，故

$$t_i\in I_i,\quad i=0,1,\cdots,j-1$$

$$t_{i+2} \in I_i, \quad i = j-1, \cdots, m$$
$$t_j \in I_{j-1}$$

故

$$\operatorname{sgn}(g_\varepsilon - g)(t_i) = (-1)^i \sigma, \quad i = 0,1,\cdots,j-1,j+1,\cdots,n_g$$

这样，$\forall\ t_i$，$i=0$，1，…，n_g，若 $t_i \in Z(h-g)$，则

$$(-1)^i \sigma(g_\varepsilon - h)(t_i) = (-1)^i \sigma(g_\varepsilon - g)(t_i) = 1$$

若 $t_i \overline{\in} Z(h-g)$，则由

$$|g_\varepsilon(t_i) - g(t_i)| < \frac{1}{2}|h(t_i) - g(t_i)|$$

知

$$(g_\varepsilon - h)(t_i)(g - h)(t_i) > 0$$

从而

$$\min_{0 \leqslant i \leqslant n_g} |g_\varepsilon(t_i) - h(t_i)| > 0$$

因 G 有弱中间性质，存在 $h_n \in G$，使$\|h_n - h\| \to 0$且

$$(h - h_n)(t_i)(h - g_\varepsilon)(t_i) > 0, i = 0,1,\cdots,n_g$$

而$\forall\ t_i \in Z(h-g)$

$$(-1)^i \sigma(h_n - g)(t_i) = (-1)^i \sigma(h_n - h)(t_i)$$

故

$$(-1)^i \sigma \operatorname{sgn}(h_n - g)(t_i) = (-1)^i \sigma(g_\varepsilon - h)(t_i) = 1,$$
$$\forall\ t_i \in Z(h - g), i = 0,\cdots,n_g$$

而当 $t_i \overline{\in} Z(h-g)$，$i=0,1,\cdots,n_g$ 时，则当 n 充分大时

$$\operatorname{sgn}(h_n - g)(t_i) = \operatorname{sgn}(h - g)(t_i)$$

所以

$$(-1)^i \sigma(h_n - g)(t_i) > 0, i = 0,1,\cdots,n_g$$

由此可得 $h_n - g$ 在$[a,b]$上至少有 n_g 个零点，矛盾．证毕.

命题4.4　设 $G \subset C_R\ [a,\ b]$ 有弱中间性质，$g_0 \in G$，G 在 g_0 处有次数 n_{g0}，$D \subset\ [a,\ b]$，$\sigma\ (\cdot)\ \in C_R\ [a,\ b]$，满足 $Z(\sigma(\cdot)) \cap D = \Phi$，则下述论断等价：

i) σ 在 D 中至少存在 $n_{g_0}+1$ 次符号交错，即存在 $t_0 < t_1 < \cdots t_{n_g}$，

$t_i \in D$，$i=0$，1，…，n_g，使

$$\operatorname{sgn}\sigma(t_i) = -\operatorname{sgn}\sigma(t_{i+1}), i = 0,1,\cdots,n_{g_0}-1$$

ii) $\max\limits_{t\in D}\sigma(t)(g_0-g)(t)\geqslant 0, \forall\ g\in G$

iii) $\max\limits_{t\in D}\sigma(t)(g_0-g)(t)>0, \forall\ g\in G\backslash\{g_0\}$

证 i)⇒iii).

反设存在 $g\in G, g\neq g_0$，使

$$\sigma(t)(g_0-g)(t)\leqslant 0, \forall\ t\in D$$

由 i)知，存在 $t_0<t_1<\cdots<t_{n_g}$，$t_i\in D$，$i=0$，1，…，n_g，使

$$\sigma(t_i) = (-1)^i\sigma(t_0),\quad i = 1,2,\cdots,n_g$$

从而

$$(-1)^i\sigma(t_0)(g-g_0)(t_i)\geqslant 0,\quad i = 0,1,\cdots,n_{g_0}$$

由命题4.3知，$g\equiv g_0$，矛盾.

iii)⇒ii). 显然

ii)⇒i).

反设 $\sigma(\cdot)$在 D 中至多有 $m\leqslant n_{g_0}$次符号交错，则存在 $a<t_1<t_2<\cdots<t_{m-1}<b$，使

$$D\subset\bigcup_{i=0}^{m-1}I_i$$

且

$$\sigma(t) = -\sigma(\bar{t}), \forall\ t\in I_i\cap D, \bar{t}\in I_{i+1}\cap D, i = 1,\cdots,m-2$$

其中

$$I_0 = [a_0, t_1-\varepsilon], I_i = [t_i+\varepsilon, t_{i+1}-\varepsilon]$$
$$i = 1,\cdots,m-2,$$
$$I_{m-1} = [t_{m-1}+\varepsilon, b]$$

因 G 在 g_0处有次数 n_{g_0}，故存在 $g\in G$，使

$$\operatorname{sgn}(g-g_0)(t) = (-1)^i\sigma(t_0), \forall\ t\in I_i\cap D,$$
$$i = 0,1,\cdots,m-1$$

其中 $t_0\in I_0\cap D$. 故

$$\sigma(t)(g-g_0)(t) = (-1)^i\sigma(t_0)\sigma(t) > 0, \forall\ t\in D$$

与ii）矛盾．故i）成立．证毕．

定义4.4 设$G\subset C_R(\Omega)$，$g\in G$，如果$\forall\ h\in G$，$h\neq g$，及$Z\ (h-g)$中的任何闭子集D，$\forall\ s\in C_R(\Omega)$，满足

$$\|s\|\leqslant 1,|s(t)|=1,\forall\ t\in D$$

存在$p\in G$，使

$$\operatorname{sgn}(p-g)(t)=s(t),\forall\ t\in D$$

则称G在g处是符号相容的．若G在G中的每一点处都是符号相容，则称G是符号相容的．

引理4.1 设Ω是紧Hausdorff空间，$G\subset C_R(\Omega)$，$g\in G$，若$\forall\ f\in C_R(\Omega)$，$g\in P_G(f)\Rightarrow P_G(f)=\{g\}$，则$G$在$g$处是符号相容的．

证 对$\forall\ h\in G$，$h\neq g$，$D\subset Z(h-g)$是闭集，$S\in C_R(\Omega)$，$\|s\|=1$，$|s(t)|=1$，$\forall\ t\in D$，定义

$$f(t)=g(t)+s(t)(\|g-h\|-|g(t)-h(t)|)$$

则易证

$$\|f-g\|=\|g-h\|,D\subset\Omega_{f-g}$$

且$g\ \overline{\in}\ P_G\ (f)$．事实上，若$g\in P_G\ (f)$，则由

$$\begin{aligned}&|(f-h)(t)|\\&\leqslant|g(t)-h(t)|+(\|g-h\|-|g(t)-h(t)|)\\&=\|g-h\|,\forall\ t\in\Omega\end{aligned}$$

知$h\in P_G\ (f)$，因$h\neq g$，矛盾．

从而由命题2.2知，存在$p\in G$使

$$\max_{t\in\Omega_{f-g}}\operatorname{sgn}(f-g)(t)(g-p)(t)<0$$

即

$$\operatorname{sgn}(p-g)(t)=s(t),\forall\ t\in D$$

证毕．

定理4.2 设$G\subset C_R\ [a,b]$，G有弱中间性质$g_0\in G$，则G在g_0处有次数$n_{g_0}\Longleftrightarrow\forall\ f\in C_R\ [a,b]\ \backslash\overline{G}$，下述四论断等价：

i）$g_0\in P_G\ (f)$

ii）$\max\limits_{t\in\Omega_{f-g_0}}\operatorname{sgn}(f-g_0)(t)(g_0-g)(t)\geqslant 0$，$\forall\ g\in G$

iii) $\max\limits_{t\in\Omega_{f-g_0}} \operatorname{sgn}(f-g_0)(t)(g_0-g)(t)>0, \forall\ g\in G\backslash\{g_0\}$

iv) $f-g_0$至少有$n_{g_0}+1$次 Chebyshev 交错（见第一章）.

证 必要性由推论4.1及命题4.4可得. 下证充分性.

首先证G在g_0处有次数为n_{g_0}的性质Z，$\forall\ h\in G$，$h\neq g_0$，反设$Z(h-g_0)$至少有n_{g_0}个点，取$\bar{t}\in Z(h-g_0)$，并记$\bar{t}=t_{i_0}$使

$$t_0<t_1<\cdots<t_{i_0-1}<t_{i_0}<t_{i_0+1}<\cdots<t_{n_{g_0}}$$

其中$t_i\in Z(h-g_0)$，$i\neq i_0$是$Z(h-g_0)$中的n_{g_0}个点，定义$s\in C_R[a,b]$，满足$\|S\|\leqslant 1$，$|s(t)|<1\quad t\neq t_i$且

$$s(t_i)=(-1)^{i+i_0}\operatorname{sgn}(h-g_0)(t_{i0}), i=0,1,\cdots,n_{g_0}$$

由引理4.1及$t_i\in Z\ (h-g_0)$，$(i\neq i_0)$知，存在$p\in G$使

$$\operatorname{sgn}(p-g_0)(t_i)=s(t_i),\quad i=0,1,\cdots,n_g, i=i_0$$

故由$g_0\ (t_i)\ =h\ (t_i)$知

$$\operatorname{sgn}(p-h)(t_i)=s(t_i),\quad i=0,1,\cdots,n_g, i\neq i_0$$

因G有弱中间性质，则存在$\{g_n\}\subset G$，使

$$\|g_n-h\|\to 0$$

$$\operatorname{sgn}(g_n-h)(t_i)=\operatorname{sgn}(p-h)(t_i), i\neq i_0$$

从而

$$\operatorname{sgn}(g_n-g_0)(t_i)=\operatorname{sgn}(p-h)(t_i), i\neq i_0$$

再由

$$(g_n-g_0)(t_{i_0})\to(h-g_0)(t_{i_0})$$

知，当h充分大时，有

$$\operatorname{sgn}(g_n-g_0)(t_i)=s(t_i), i=0,1,\cdots,n_g$$

定义

$$f=s+g_0$$

则

$$\Omega_{f-g_0}=\{t_0,\cdots,t_{n_{g_0}}\}$$

且$f-g_0$有$n_{g_0}+1$次 Chebyshev 交错，但

$$\max_{t\in\Omega_{f-g_0}}\operatorname{sgn}(f-g_0)(g_0-g_n)<0$$

与ii)$\Longleftrightarrow$iv)矛盾，故G在g_0处有次数为n_{g_0}的性质Z.

再证G在g_0处有次数为n_{g_0}的性质A. 对由定义4.2所给定的$\{t_i\}_{i=1}^m$，m，ε. 令

$$I_0=[a,t_1-\varepsilon]$$
$$I_i=[t_i+\varepsilon,t_{i+1}-\varepsilon],i=1,\cdots,m-1$$
$$I_m=[t_m+\varepsilon,b]$$

并定义$s\in C_R[a,b]$，满足

$$|s(t)|<1,\forall\ x\overline{\in}\bigcup_{i=0}^{m}I_i$$
$$s(t)=(-1)^i\sigma,\quad \forall\ t\in I_i,i=0,1,\cdots,m$$

则对$f=s+g_0$有

$$\|f-g_0\|=1,\quad \Omega_{f-g_0}=\bigcup_{i=0}^{m}I_i$$

因$f-g_0$只有$m+1\leqslant n_g$次Chebyshev交错，故$g_0\overline{\in}P_G(f)$. 从而，存在$p\in G$，使

$$\max\{\mathrm{sgn}(f-g_0)(t)(g_0-p)(t):t\in\bigcup_{i=0}^{m}I_i\}<0$$

由G有弱中间性质知，存在$h\in G$，$\|h-g\|<\varepsilon$，且

$$\mathrm{sgn}(h-g_0)(t)=\mathrm{sgn}(p-g_0)(t)=(-1)^i\sigma,\quad \forall\ t\in I_i$$

即G在g_0处有次数n_g. 证毕.

注4.2 若定理4.2中四条件等价，则$g_0\in P_G(f)\Rightarrow P_G(f)=\{g_0\}$，由此立即得，若$G$有次数，则$G$是半Chebyshev子集.

由于G有次数，则G有弱中间性质. 故由定理4.2立即可得

推论4.2 设$G\subset C_R[a,b]$，则G有次数$\Longleftrightarrow\forall\ f\in C_R[a,b]\setminus\overline{G}$，$g_0\in G$，定理4.2中四条等价.

三、有理函数和指数和函数逼近的Chebyshev交错定理

作为§4.2节的结果的应用和例，本小结将讨论有理函数和指数和逼近的交错定理.

（一）有理函数的 Chebyshev 交错定理

设 P,Q 是 $C_R[a,b]$ 中的两个有限维子空间，则广义有理函数定义为

$$\mathscr{R}(P,Q)=\{p/q: p\in P, q\in Q, q(t)>0, \forall\, t\in[a,b]\}$$

引理4.2 $R_0\in\mathscr{R}(P,Q)$，若

$$G_{R_0}=P+R_0Q=\{p+R_0q: p\in P, q\in Q\}$$

是 n_{R_0} 维哈尔子空间，则 $\mathscr{R}(P,Q)$ 在 R_0 处有次数 n_{R_0}.

证 $\forall\, R_1\in\mathscr{R}(P,Q)$，因

$$p_1-R_0q_1\in G_{R_0}$$

故 $p_1-R_0q_1$ 至多只有 $n_{R_0}-1$ 个零点，其中 $R_1=p_1/q_1$. 从而

$$R_1-R_0=\frac{1}{q_1}(p_1-R_0q_1)$$

至多只有 $n_{R_0}-1$ 个零点，即 $\mathscr{R}(P,Q)$ 在 R_0 处有次数 n_{R_0} 的性质 Z.

另一方面，由于哈尔子空间有次数（例4.2），故对由定义4.2所给定的 m，ε，$\{t_1, \cdots, t_m\}$，及 σ 存在 $p_1-R_0q_1\in G_{R_0}$ 使

$$\operatorname{sgn}(p_1-R_0q_1)(t)=(-1)^i\sigma, \forall\, t\in I_i, i=0,1,\cdots,m$$

其中 I_i（$i=0, \cdots, m$）同定理4.2之证明. 令

$$R_\lambda=\frac{\lambda p_1+p_0}{\lambda q_1+q_0},\quad \lambda\geqslant 0$$

则 $R_\lambda\in\mathscr{R}(P,Q)$，且当 $\lambda>0$ 充分小时，有

$$\|R_\lambda-R_0\|<\varepsilon$$

由于

$$R_\lambda-R_0=\frac{\lambda}{\lambda q_1+q_0}(p_1-R_0q_1)$$

故

$$\operatorname{sgn}(R_\lambda-R_0)(t)=(-1)^i\sigma, \forall\, t\in I_i, i=0,1,\cdots,m$$

即 $\mathscr{R}(P,Q)$ 在 R_0 处有次数 n_{R_0} 的性质 A. 故 $\mathscr{R}(P,Q)$ 在 R_0 处有次数 n_{R_0}. 证毕.

特别地，若 $P=\pi_m$，$Q=\pi_n$，分别为次数不超过 m 和 n 的实系数多项式，则 $\mathscr{R}(P,Q)$ 为普通有理函数. 此时，我们记为 $\mathscr{R}_{m,n}$，即

$$\mathscr{R}_{m,n} = \{p/q : p \in \pi_m, q \in \pi_n, q(t) > 0 \quad \forall t \in [a,b]\}$$

对 $R=p/q\in\mathscr{R}_{m,n}$，若 p 与 q 没有公因子，则称 R 是不可约的.

命题4.5 设 $\mathscr{R}=p/q\in\mathscr{R}_{m,n}$，$R$ 不可约，则 $\mathscr{R}_{m,n}$ 在 R 处有次数

$$n_R = 1 + \max\{m + \partial q, n + \partial p\}$$

其中 ∂p 与 ∂q 分别为多项式 p 与 q 的次数.

证 由引理4.2知，只需证明 $\pi_m+R\pi_n$ 是 n_R 维哈尔子空间，由于

$$\dim(\pi_m + R\pi_n) = \dim\pi_m + \dim\pi_n - \dim(\pi_m \cap R\pi_n)$$

其中

$$R\pi_n = \{p/q \cdot q_1 : q_1 \in \pi_n\}$$

由于 $\forall\ q_1\in\pi_n$，$p/q\cdot q_1\in\pi_m \Longleftrightarrow$ 存在 q_2 使 $q_1=q\cdot q_2$，且

$$\partial q_2 \leqslant \min\{m - \partial p, n - \partial q\}$$

故

$$\dim(\pi_m \cap R\pi_n) = 1 + \min\{m - \partial p, n - \partial q\}$$

这样，

$$\begin{aligned}\dim(\pi_m + R\pi_n) &= m + n + 1 - \min\{m - \partial p, n - \partial q\} \\ &= 1 + \max\{m + \partial q, n + \partial p\}\end{aligned}$$

又因为对任何 $p_1+Rq_1\in\pi_m+R\pi_n$

$$p_1 + Rq_1 = \frac{1}{q}(qp_1 + pq_1)$$

而

$$\partial(qp_1 + pq_1) \leqslant \max\{m + \partial q, n + \partial p\}$$

故 p_1+Rq_1 至多只有 $\max\{m+\partial q,n+\partial p\}=n_R-1$ 个零点，至此我们证得 $\pi_m+R\pi_n$ 是 n_R 维哈尔子空间. 证毕.

由于 $\mathscr{R}(P,Q)$ 有弱中间性质，从而由引理4.2及命题4.5，立即可得下面的推论：

推论4.3 设 $R_0=p_0/q_0\in\mathscr{R}(P,Q)$ 使 $P+R_0Q$ 是 n_{R_0} 维哈尔子空间，则 $\forall\ f\in C_R[a,b]\backslash\mathscr{R}(P,Q)$，$R_0\in P_{\mathscr{R}(P,Q)}(f)\Longleftrightarrow f-R_0$ 至少有 $n_{R_0}+1$ 次 Chebyshev 交错.

推论4.4 设 $R_0=p_0/q_0\in\mathscr{R}_{m,n}$是不可约，则$\forall\ f\in C_R[a,b]\setminus\mathscr{R}_{m,n}$, $R_0\in P_{\mathscr{R}_{m,n}}(f)\Longleftrightarrow f-R_0$至少有$2+\max\{m+\partial q_0,n+\partial p_0\}$次 Chebyshev 交错.

（二）指数和函数逼近的 Chebyshev 交错定理

n 阶指数和函数类定义为

$$E_n^0=\left\{g:g=\sum_{i=1}^{k}\alpha_i e^{\beta_i t}:\beta_i\in R,\alpha_i\in R,k\leqslant n\right\}$$

易验证，$E_n^0\subset C_R[a,b]$是不闭的，E_n^0 在 $C_R[a,b]$中的闭包 E_n，称为广义指数和函数类：

$$E_n=\left\{g:g=\sum_{i=1}^{l}p_i(t)e^{\beta_i t}:p_i\in\pi_n,\beta_i\in R,\sum_{i=1}^{l}(1+\partial p_i)\leqslant n\right\}$$

由常系数常微分方程的知识知，$g\in E_n\Longleftrightarrow g$ 是某常系数 k 阶齐次常微分方程的解，且其特征多项式的根都是实的，而$(1+\partial p_i)$就是特征根 t_i 的重数.

对$\forall\ g\in E_n,g=\sum_{i=1}^{l}p_i(t)e^{\beta_i t},\beta_i\neq\beta_j(i\neq j)$，定义

$$k\ (g)\ =\sum_{i=1}^{l}\ (1+\partial p_i)$$

称为广义指数和 g 的阶.

引理4.3 $\forall\ g\in E_n$，g 在 $(-\infty,+\infty)$ 上至多只有 $k(g)-1$个零点（含重数）.

证 我们对 $k=k(g)$用归纳法证明：

i)当 $k=k(g)=1$时，结论显然成立；

ii)假设对 $k(g)\leqslant k-1$的 g 引理成立；

iii)现证对 $k(g)=k$ 的 g 引理成立. $\forall\ g\in E_n,k(g)=k$，由

$$\begin{aligned}\frac{d}{dt}(e^{-\beta_1 t}g)&=p'(t)+\sum_{i=2}^{l}[p_i'(t)+(\beta_i-\beta_1)p_i]e^{(\beta_i-\beta_1)t}\\&=\bar{g}\end{aligned}$$

知

$$k(\bar{g})=(1+\partial p_1'(x))+\sum_{i=2}^{l}(1+\partial p_i)$$

$$< (1 + \partial p_1) + \sum_{i=2}^{p} (1 + \partial p_i) = k$$

由归纳假设，$\bar{g}$ 至多只有 $k-2$ 个零点，由 Roll 定理知，$e^{-\beta_1 t}g(x)$ 至多只有 $k-1$ 个零点，故引理成立. 证毕.

引理4.3说明 $\forall\ g \in E_n$，E_n 在 g 处有次数为 $n+k(g)$ 的性质 Z，为说明 E_n 在每一点 $g \in E_n^0$ 处有次数为 $n+k(g)$ 的性质 A，我们要求 $0 \in [a, b]$，所以本节均设 $0 \in [a, b]$. 另外，我们还需要下面的 Brouwer 值域不变定理：

引理4.4(Brouwer 值域不变定理) 设 A 是 R^n 的开子集，$F: A \to R^n$ 是连续的且一对一的映射，则 $F(A)$ 在 R^n 中是开集.

命题4.6 对 $\forall\ g \in E_n^0$，则 E_n^0 在 g 处有次数 $n+k(g)$.

证 由引理4.3知，我们只需证明 E_n^0 在 g 处有次数为 $n+k(g)$ 的性质 A，为此，我们令

$$g = \sum_{i=1}^{l} \alpha_i e^{\beta_i t}, \quad \bar{n} = n + k(g) = n + l$$

对由定义4.2所给定的 m，$\{t_1, \cdots, t_m\}$，ε 及 σ，取

$$b < t_{m+1} < \cdots < t_{\bar{n}-1} < c < +\infty, t_{\bar{n}} \in (a, t_1).$$

并定义映射 $H: E_n^0 \to R^{\bar{n}}$：

$$H(g) = (g(t_1), \cdots, g(t_{\bar{n}})) \in R^{\bar{n}}, \forall\ g \in E_n^0$$

则 H 是连续的. 由引理4.3知，H 是一对一的.

取 $\beta_v (v = l+1, l+2, \cdots, n)$ 满足

$$\beta_l < \beta_{l+1} < \cdots < \beta_n$$

定义

$$A = \{b = (b_1, \cdots, b_{\bar{n}}) \in R^{\bar{n}}:$$
$$b_v \neq 0, b_{n+1} < b_{n+2} < \cdots < b_{n+l} < \beta_{l+1}\}$$

和映照 $J: A \to E_n^0$：

$$J(b) = \sum_{v=1}^{l} b_v e^{b_{n+v} t} + \sum_{v=l+1}^{n} b_v e^{\beta_v t}$$

则 J 是连续的且是一对一的，记

$$F(b) = H \cdot J(b), \forall\ b \in A$$

则 F 是 $A\subset R^{\bar{n}}$ 到 $R^{\bar{n}}$ 的连续的且一对一的映照而 A 是 $R^{\bar{n}}$ 的开集．由引理4.4知，存在 $h\in E_n^0$ 使 $\|h-g\|<\varepsilon$ 且

$$h(t_i)=g(t_i),i=1,2,\cdots,\bar{n}-1$$

$$h(t_{\bar{n}})\neq g(t_{\bar{n}}),\mathrm{sgn}(h-g)(t_{\bar{n}})=\sigma$$

由于 $t_i(i=1,2,\cdots,\bar{n}-1)$ 都是 $h-g$ 的变号零点，故

$$\mathrm{sgn}(h-g)(t)=\begin{cases}\sigma, & a\leqslant t\leqslant t_i-\varepsilon\\ (-1)^i, & t_i+\varepsilon\leqslant t\leqslant t_{i+1}-\varepsilon,\\ & \quad i=1,2,\cdots,m-1\\ (-1)^m, & t_m+\varepsilon\leqslant t\leqslant b\end{cases}$$

即 E_n^0 在 g 处有次数 $n+k(g)$，证毕．

由引理4.3及命题4.6立即可得下述命题：

命题4.7 $\forall\, g\in E_n^0$，则 E_n 在 g 处有次数 $n+k(g)$．

由命题4.6及定理4.2立即可得下面的推论：

推论4.5 $\forall\, f\in C_R\,[a,\,b]\setminus E_n^0$，$g_0\in E_n^0$，则 $g_0\in P_{E_n^0}(f)\Longleftrightarrow$ $f-g_0$ 至少有 $n+k(g_0)+1$ 次 Chebyshev 交错．

推论4.6 $\forall\, f\in C_R\,[a,\,b]\setminus E_n$，$g_0\in E_n^0$，则 $g_0\in P_{E_n}(f)\Longleftrightarrow$ $f-g$ 至少有 $n+k(g_0)+1$ 次 Chebyshev 交错．

证 $\forall\, f\in C_R[a,b]\setminus E_n,g_0\in E_n^0$，若 $g_0\in P_{E_n}(f)$，则 $g_0\in P_{E_n^0}(f)$．故由推论4.5知，$f-g_0$ 至少有 $n+k(g_0)+1$ 次 Chebyshev 交错．反之，若 $f-g_0$ 有 $n+k(g_0)+1$ 次 Chebyshev 交错，则 $g_0\in P_{E_n^0}(f)$，由于 $\overline{E_n^0}=E_n$ 故 $g_0\in P_{E_n}(f)$．证毕．

注4.3 一般地，若 $g\in E_n\setminus E_n^0$，则 E_n 在 g 处未必有次数．事实上，若 E_n 有次数，则由推论4.2知，对 $G=E_n$，定理4.2中四条中对 $\forall\, f\in C_R[a,b]\setminus E_n$ 等价．而由注4.2知，此时 E_n 必是半 Chebyshev 子集，下面的例说明此事实不成立．

例4.3 设 $E_2\subset C_R[-1,1]$，$f\in C_R[-1,1]$ 是一正的且在 $[0,1]$ 上严格下降的偶函数，则 $P_{E_2}(f)$ 至少含有两个元．

反设，$P_{E_2}(f)$ 是单点集 $\{g_0\}$，注意到 $\forall\, g\in E_2,h(t)=g(-t)$，

则有 $h\in E_2$. 由 f 是偶函数，$\bar{g}_0\in P_G(f)$，其中 $\bar{g}_0(t)=g_0(-t)$，$\forall\ t\in[-1,]$，故 g_0 也是偶函数. 这样，必有

$$g_0(t)=\alpha\cosh\lambda t,\lambda\geqslant 0$$

显然 $\alpha>0, k(g_0)\geqslant 1$. 因 $g_0\in E_2^0$，从而由推论4.6知，$f-g_0$ 至少有 $n+k(g_0)+1\geqslant 2+1+1=4$ 次 Chebyshev 交错. 但由 $f-g_0$ 在 $[0,1]$ 上是严格下降函数知，$f-g_0$ 在 $[-1,1]$ 上至多有两个零点. 矛盾.

第五节　在联合逼近与同时逼近中的应用

本节，我们利用一般 Banach 空间的特征理论来讨论联合逼近和同时逼近的特征，其主要思想是将所研究的问题转化成某空间的最佳逼近问题，从而给出所研究问题的特征定理. 值得指出的是这样的思想和技巧在研究某些“多元”逼近问题时是相当有效的.

一、C_p-联合逼近的特征定理

设 N 是自然数或为 $+\infty$，$\lambda_i>0(i=1,2,\cdots,N)$，满足 $\sum_{i=1}^{N}\lambda_i=1$. 对 $1\leqslant p<+\infty$，定义

$$\mathscr{F}_p=\{(f_1,\cdots,f_N):f_i\in C(\Omega),\sum_{i=1}^{N}\lambda_i|f_i(\cdot)|^p\in C(\Omega)\}$$

设 $G\subset C(\Omega)$，$F=(f_1,\cdots,f_N)\in\mathscr{F}_p$，若存在 $g_0\in G$ 使

$$\left\|\left\{\sum_{i=1}^{N}\lambda_i|f_i(\cdot)-g_0(\cdot)|^p\right\}^{\frac{1}{p}}\right\| =\inf_{g\in G}\left\|\left\{\sum_{i=1}^{N}\lambda_i|f_i(\cdot)-g(\cdot)|^p\right\}^{\frac{1}{p}}\right\|$$

则称 g_0 是 G 对 F 的 C_p-联合最佳逼近，其全体我们仍用 $P_G(F)$ 来记.

显然，$\forall\ f\in C(\Omega)$，若视 f 为 $(f,\cdots,f)$，则可认为 $C(\Omega)\subset$

$\mathscr{F}_p$. 这样，我们令

$$\|F\|_p = \left\| \left\{ \sum_{i=1}^{N} \lambda_i |f_i(\cdot)|^p \right\}^{\frac{1}{p}} \right\|, \forall F = (f_1, \cdots, f_N) \in \mathscr{F}_p$$

则 $g_0 \in P_G(F) \Longleftrightarrow g_0$是 G 对 F 在范数$\|\cdot\|_p$ 下的最佳逼近.

下面定义 $\mathscr{F}_p$ 到 $C(\Omega, l_p^N)$的一个映照，Φ：

$$\Phi(F)(t) = (\lambda_i^{\frac{1}{p}} f_i(t)) \in l_p^N, \ \forall t \in \Omega, F \in \mathscr{F}_p$$

由 $\mathscr{F}_p$ 的定义，及$\sum_{i=1}^{N} \lambda_i |f(\cdot)|^p \in C(\Omega)$ 等价于$\sum_{i=1}^{N} \lambda_i |f(\cdot)|^p$ 一致收敛($N=+\infty$时)，故不难验证，$\Phi(F) \in C(\Omega, l_p^N)$.

命题5.1 Φ 是$(\mathscr{F}_p, \|\cdot\|_p)$到 $C(\Omega, l_p^N)$的等距同构.

证 显然，Φ 是 $\mathscr{F}_p$ 到 $C(\Omega, l_p^N)$的线性映照. 下证 Φ 是等距的. 事实上，$\forall F \in \mathscr{F}_p$

$$\begin{aligned} \|\Phi(F)\| &= \max_{t \in \Omega} \left\{ \sum_{i=1}^{N} \lambda_i |f_i(t)|^p \right\}^{\frac{1}{p}} \\ &= \left\| \left\{ \sum_{i=1}^{N} \lambda_i |f_i(\cdot)|^p \right\}^{\frac{1}{p}} \right\| \\ &= \|F\|_p \end{aligned}$$

证毕.

推论5.1 $G \subset C(\Omega), F \in \mathscr{F}$，则 $g_0 \in G$ 是 G 对 F 的 C_p-联合最佳逼近$\Longleftrightarrow \Phi(g_0)$是 $\Phi(G)$对 $\Phi(F)$的最佳逼近.

由于$C(\Omega, l_p^N)^*$的单位球的端点表示是熟知的，这样，我们可以利用一般空间的逼近特征定理给出 C_p-联合最佳逼近的 Kolmogorov 特征定理和 Chebyshev 交错定理.

定义5.1 设$G \subset C(\Omega), g_0 \in G$，若$\forall F \in \mathscr{F}_p, g_0 \in P_G(F) \Rightarrow g_0 \in P_G(F_\alpha), \forall \alpha > 0$，则称 g_0是 G 的 C_p-联合太阳点，其中

$$F_\alpha = \alpha(F - g_0) + g_0, \forall \alpha > 0$$

若$\forall g \in G$, g 是 G 的 C_p-联合太阳点，则称 G 是 C_p-联合太阳.

由于 Φ 是 $\mathscr{F}_p$ 到 $C(\Omega, l_p^N)$的满射，故$G \subset C(\Omega)$是 C_p-联合太阳$\Longleftrightarrow \Phi(G)$是 $C(\Omega, l_p^N)$中的太阳.

记

$$\Omega^p_{F-g_0} = \left\{ t \in \Omega : \left\{ \sum_{i=1}^{N} \lambda_i \, | f_i(t) - g_0(t) |^p \right\}^{\frac{1}{p}} = \| F - g_0 \|_p \right\}$$

$$\sigma_p(t) = \sum_{i=1}^{N} \lambda_i \, | f_i(t) - g_0(t) |^{p-1} \operatorname{sgn}(f_i - g_0)(t) \quad p \geqslant 1$$

$$\sigma(t,g) = \sum_{t \in z(f_i g_0)} \lambda_i \operatorname{sgn}(f_i - g_0)(t) + \sum_{t \in Z(f_i - g_0)} \lambda_i \operatorname{sgn}(g_0 - g)(t)$$

定理5.1 设$G \subset C(\Omega)$，则下述论断等价.

i）G 是 $C(\Omega)$的 C_p -联合太阳.

ii）$\forall \, g_0 \in G$，$F \in \mathscr{F}_p$，$g_0 \in P_G(F) \Longleftrightarrow \forall \, g \in G$

$$\max_{t \in \Omega^p_{F-g_0}} \operatorname{Re} \sigma_p(t) \cdot (g_0 - g)(t) \geqslant 0, p > 1$$

$$\max_{t \in \Omega'_{F-g_0}} \operatorname{Re} \sigma(t,g)(g_0 - g)(t) \geqslant 0, p = 1$$

若将$C(\Omega)$换为$C_R(\Omega)$，则还与下面的 iii）等价：

iii）G 有弱中间性质.

证 i)$\Longleftrightarrow$ii).

由于G 是 C_p -联合太阳等价于$\Phi(G)$是$C(\Omega, l_p^N)$中的太阳，故由推论1.2知，i）等价于$\forall \, F \in \mathscr{F}_p$.

$$\max_{L \in E_{\Phi(F) - \Phi(g_0)}} \operatorname{Re} L(\Phi(g_0) - \Phi(g)) \geqslant 0, \quad \forall \, g \in G$$

由于

$$L \in E_{\Phi(F) - \Phi(g_0)} \Longleftrightarrow \text{存在} \, t \in \Omega, x_t^* \in \operatorname{ext} B_{l_q^N}$$

使

$$L(Q) = x^*(Q(t)), \quad \forall \, Q \in C(\Omega, l_p^N)$$

且

$$x_t^*(\Phi(F)(t)) - x^*(\Phi(g_0)(t)) = \| F - g_0 \|_p$$

令

$$x_t^* = (a_1, \cdots, a_N)$$

则

$$\| F - g_0 \|_p = \sum_{i=1}^{N} \lambda_i^{\frac{1}{p}} a_i (f_i(t) - g_0(t))$$

$$\leqslant \sum_{i=1}^{N} \lambda_i^{\frac{1}{p}} |a_i| |f_i(t) - g_0(t)|$$

$$\leqslant \left\{ \sum_{i=1}^{N} \lambda_i |f_i(t) - g_0(t)|^p \right\}^{\frac{1}{p}} \cdot \left\{ \sum_{i=1}^{N} |a_i|^q \right\}^{\frac{1}{q}}$$

$$\leqslant \|F - g_0\|_p$$

故 $L \in E_{\Phi(F)-\Phi(g_0)} \Longleftrightarrow$ 存在 $t \in \Omega_{F-g_0}^p, x_t^* = (a_i)$ 满足

$$a_i = d_p \lambda_i^{1-\frac{1}{p}} |f_i(t) - g_0(t)|^{p-1} \operatorname{sgn}(f - g_0)(t), p > 1$$

$$a_i = \begin{cases} \operatorname{sgn}(f_i - g_0)(t), \text{若 } t \overline{\in} Z(f_i - g_0), \\ \beta_i, |\beta_i| = 1, \text{若 } t \in Z(f_i - g_0), \end{cases} p = 1,$$

其中 $d_p > 0$ 使

$$\sum_{i=1}^{N} |a_i|^q = 1$$

特别地，当 $t \in Z(f_i - g_0)$ 时，取

$$\beta_i = \operatorname{sgn}(g - g_0)(t), \forall\ g \in G$$

则对$\forall\ g \in G$ 有

$$\max_{L \in E_{\Phi(F)-\Phi(g_0)}} \operatorname{Re} L(\Phi(g_0) - \Phi(g))$$

$$= \begin{cases} \max\limits_{t \in \Omega_{F-g_0}} \operatorname{Re} \sigma_p(t)(g_0 - g)(t), p > 1 \\ \max\limits_{t \in \Omega_{F-g_0}} \operatorname{Re} \sigma(t,g)(g_0 - g)(t), p = 1 \end{cases}$$

故 i)$\Longleftrightarrow$ii).

i)$\Longleftrightarrow$iii)：

当 $G \subset C_R(\Omega)$ 时，由于 C_p -联合太阳必是太阳，从而由定理 4.1可得 i)$\Rightarrow$iii)，为证 iii)$\Rightarrow$i)，我们只需证明，若 G 有弱中间性质．则 $\Phi(G)$ 在 $C(\Omega, l_p^N)$ 中有弱中间性质.

由于对 $X = C(\Omega, l_p^N)$，有

$$\overline{\operatorname{ext} B_X^*}^* = \left\{ (t, x^*) : t \in \Omega, x^* \in \overline{\operatorname{ext} B_{l_q^N}}^* \right\}$$

其中

$$(t, x^*)(Q) = x^*(Q(t)), \forall\ Q \in C(\Omega, l_p^N)$$

从而对$\forall$ 弱*闭子集 $D \subset \overline{\operatorname{ext} B_X^*}^*$，$g$，$g_0 \in G$，满足

$$\min_{(t,x^*)\in D} |x^*((g-g_0)(t))| > 0$$

令

$$D_1 = \{t \in \Omega: 存在 x^*, 使\langle t, x^*\rangle \in D\}$$

$$D_2 = \{x^* \in \overline{B_{l_q^N}}: 存在 t \in \Omega, 使(t, x^*) \in D\}$$

则 D_1，D_2分别为 Ω 和$\overline{\mathrm{ext}B_{l_q^N}}$的闭子集. 令 $x^*=(a_i)$，则由

$$\min_{(t,x^*)\in D} \left|\sum_{i=1}^{N} \lambda_i^{\frac{1}{p}} a_i\right| |(g-g_0)(t)|$$
$$= \min_{(t,x^*)\in D} |x^*((g-g_0)(t))| > 0$$

知

$$\min_{t\in D_1} |(g-g_0)(t)| > 0, \min_{x^*\in D_2} \left|\sum_{i=1}^{N} \lambda_i^{\frac{1}{p}} a_i\right| > 0$$

由 G 有弱中间性质知，存在$\{g_n\}\subset G$，使$\|g_n-g_0\|\to 0$且

$$\min_{t\in D_1}(g_n-g)(t)(g(t)-g_0(t)) > 0, n=1,2,\cdots$$

从而

$$\min_{(t,x^*)\in D} x^*((\Phi(g_n)-\Phi(g))(t)) \cdot x^*(\Phi(g)(t)-\Phi(g_0)(t))$$
$$= \min_{(t,x^*)\in D} \left(\sum_{i=1}^{N} \lambda_i^{\frac{1}{p}} a_i\right)^2 (g_n-g)(t) \cdot (g-g_0)(t)$$
$$\geqslant \min_{x^*\in D_2} \left|\sum_{i=1}^{N} \lambda_i^{\frac{1}{p}} a_i\right|^2 \cdot \min_{t\in D_1}(g_n-g)(t)(g-g_0)(t)$$
$$> 0 \qquad\qquad n=1,2,\cdots$$

故由弱中间性质的定义知，$\Phi(G)$在$C(\Omega, l_p^N)$中有弱中间性质，从而 iii)$\Rightarrow$i). 证毕.

为给出$C_R[a,b]$中 C_p-联合逼近的Chebyshev 交错定理，需要用到下述两条件：

$(*)$ $\Omega^1_{F-g_0} \cap (\bigcup_{i=1}^{N} Z(f_i-g_0)) = \Phi$

$(**)$ $\Omega^p_{F-g_0} \cap Z\ (\sigma_p\ (\cdot)) = \Phi$, $\quad p\geqslant 1$

定理5.2 设$G\subset C_R[a,b]$有弱中间性质，$g_0\in G$，则G 在 g_0 处有次数 $n_{g_0} \Longleftrightarrow \forall F\in \mathscr{F}_p \backslash G$，若

$p=1$时　条件（∗）和（∗ ∗）满足

$p>1$时　条件（∗ ∗）满足

则下述四论断等价：

i）$g_0\in P_G(F)$

ii）$\max\limits_{t\in\Omega_{F-g_0}^p}\sigma_p(t)(g_0-g)(t)\geqslant 0$，$\forall\ g\in G$

iii）$\max\limits_{t\in\Omega_{F-g_0}^p}\sigma_p(t)(g_0-g)(t)>0$，$\forall\ g\in G\setminus\{g_0\}$

iv）$\sigma_p(\cdot)$在$\Omega_{F-g_0}^p$上至少有$n_{g_0}+1$次符号交错.

证　由定理5.1及命题4.4可得必要性，而充分性则由$C_R[a,b]\subset\mathscr{F}_p$可得.

二、l_p-联合逼近的特征定理

本小结中，对$1\leqslant p<\infty$，定义

$$\mathscr{F}_p(X)=\left\{(x_1,\cdots,x_N):x_i\in X,\ i=1,2,\cdots,N,\ \sum_{i=1}^{N}\lambda_i\|x_i\|^p<\infty\right\}$$

其中N，λ_i，$i=1,\cdots,N$同前述. 设$G\subset X$，$F=(x_1,\cdots,x_N)\in\mathscr{F}_p(X)$，$g_0\in G$，若

$$\sum_{i=1}^{N}\lambda_i\|x_i-g_0\|^p=\inf_{g\in G}\sum_{i=1}^{N}\lambda_i\|x_i-g\|^p$$

则称g_0是$F=(x_i)$的l_p-联合最佳逼近，其全体仍记为$p_G(F)$.

对$F=(x_i)\in\mathscr{F}_p(X)$，由于$g_0\in p_G(F)\Longleftrightarrow$

$$\left\{\sum_{i=1}^{N}\lambda_i\|x_i-g_0\|^p\right\}^{\frac{1}{p}}=\inf_{g\in G}\left\{\sum_{i=1}^{N}\lambda_i\|x_i-g\|^p\right\}^{\frac{1}{p}}$$

$\Longleftrightarrow$

$$\|(\lambda_i^{\frac{1}{p}}x_i)-(\lambda_i^{\frac{1}{p}}g_0)\|_p=\inf_{g\in G}\|(\lambda_i^{\frac{1}{p}}x_i)-(\lambda_i^{\frac{1}{p}}g)\|_p$$

其中$\|\cdot\|_p$是$l_p^N(X)$上的范数. 若令

$$G(\lambda_i)=\{(\lambda_i^{\frac{1}{p}}g):g\in G\}$$

则有

命题5.2 设$G\subset X$，$F=(x_i)\in\mathscr{F}_p(X)$，$g_0\in G$，则 $g_0\in P_G(F)\Longleftrightarrow$在$l_p^N(X)$中，$\tilde{g}_0=(\lambda_i^{\frac{1}{p}}g_0)$是$G(\lambda_i)$对$\tilde{F}=(\lambda_i^{\frac{1}{p}}x_i)$的最佳逼近.

运用$l_p^N(X)$空间中的逼近定理，则可证明l_p-联合最佳逼近的特征定理. 为此，我们引进p阶联合太阳的概念.

定义5.2 设$G\subset X$，$g_0\in G$，若$\forall\ F\in\mathscr{F}_p(X)$，$g_0\in P_G(F)\Rightarrow g_0\in P_G(F_\alpha)$，$\forall\ \alpha>0$，则称$g_0$是$G$的$p$阶联合太阳点，其中$F_\alpha=\alpha(F-g_0)+g_0=(\alpha(x_i-g_0)+g_0)$. 若$G$中每一点都是$G$的$p$阶联合太阳点，则$G$是$p$阶联合太阳.

定理5.3 设$G\subset X$，则下述论断等价：

i) G是p阶联合太阳；

ii) $\forall\ g_0\in G$，$F=(x_i)\in\mathscr{F}_p(X)$，$g_0\in P_G(F)\Longleftrightarrow\forall\ g\in G$，有

$$\sum_{i=1}^{N}\lambda_i\|x_i-g_0\|^{p-1}\max_{x_i^*\in E_{x_i-g_0}}\mathrm{Re}\,x_i^*(g_0-g)\geqslant 0,\quad p>1$$

$$\sum_{x_i\neq g_0}\lambda_i\max_{x_i^*\in E_{x_i-g_0}}\mathrm{Re}\,x_i^*(g_0-g)\geqslant-\sum_{x_i=g_0}\lambda_i\|g-g_0\|,\quad p=1$$

证 易知映照，$\Phi:\mathscr{F}_p(X)\to l_p^N(X)$：

$$\Phi(F)=(\lambda_i^{\frac{1}{p}}x_i)\in l_p^N(X),\forall\ F=(x_i)\in\mathscr{F}_p(X)$$

是一对一的到上的等距映照，故G是X的p阶联合太阳$\Longleftrightarrow G(\lambda_i)$是$l_p^N(X)$的太阳集.

由于对$(x_i^*)\in(l_p^N(X))^*$，$(x_i^*)\in E_{(\lambda_i^{\frac{1}{p}}x_i)-(\lambda_i^{\frac{1}{p}}g_0)}\Longleftrightarrow(\|x_i^*\|)\in\mathrm{ext}B_{l_q^N}$，$x_i^*/\|x_i^*\|\in\mathrm{ext}B_X^*$且

$$\sum_{i=1}^{N}\lambda_i^{\frac{1}{p}}x_i^*(x_i-g_0)=\left\{\sum_{i=1}^{N}\lambda_i\|x_i-g_0\|^p\right\}^{\frac{1}{p}}$$

故由

$$\left\{\sum_{i=1}^{N}\lambda_i\|x_i-g_0\|^p\right\}^{\frac{1}{p}}=\sum_{i=1}^{N}\lambda_i^{\frac{1}{p}}x_i^*(x_i-g_0)$$

$$\leqslant\sum_{i=1}^{N}\lambda_i^{\frac{1}{p}}\|x_i^*\|\|x_i-g_0\|$$

$$\leqslant \left\{ \sum_{i=1}^{N} \lambda_i \|x_i - g_0\|^p \right\}^{\frac{1}{p}} \cdot \left\{ \sum_{i=1}^{N} \|x_i^*\|^q \right\}^{\frac{1}{q}}$$

$$= \left\{ \sum_{i=1}^{N} \lambda_i \|x_i - g_0\|^p \right\}^{\frac{1}{p}}$$

知，(x_i^*) 必满足

i） $x_i^*(x_i - g_0) = \|x_i^*\| \|x_i - g_0\|$，若$\|x_i - g_0\| \neq 0$

ii） $\|x_i^*\| = d_p \lambda_i^{1-\frac{1}{p}} \|x_i - g_0\|^{p-1}, \qquad p > 1$

$\|x_i^*\| = 1, \qquad p = 1$

其中 $d_p > 0$使

$$\sum_{i=1}^{N} \|x_i^*\|^q = 1, \quad p > 1$$

这样，由推论2.1可得定理5.3成立

特别地，当 $X = L_p(\mu)$时，有

推论5.2 设$G \subset L_p(\mu)$，则下述论断等价

i) G 是 L_p (μ) 的 p 阶联合太阳.

ii) $\forall\ g_0 \in G, F = (f_1, \cdots, f_N) \in \mathscr{F}_p(L_p(\mu))$，则 $g_0 \in P_G(F) \Leftrightarrow$ $\forall\ g \in G$

$$\mathrm{Re} \int_\Omega \sum_{i=1}^{N} \lambda_i |(f_i - g_0)(t)|^{p-1} \cdot \mathrm{sgn}(f_i - g_0)(t)(g_0 - g)(t) d\mu \geqslant 0, \quad p > 1$$

$$\mathrm{Re} \int_\Omega \sum_{i=1}^{N} \lambda_i \mathrm{sgn}(f_i - g_0)(t)(g_0 - g)(t) d\mu \geqslant - \sum_{i=1}^{N} \int_{Z(f_i - g_0)} |g_0 - g| d\mu, \quad p = 1$$

证 由例2.2知，当 $X = L_p(\mu)$时

$$x_i^* \in E_{f_i - g_0} \Leftrightarrow$$

$$x_i^*(t) = \|f_i - g_0\|^{1-p} |(f_i - g_0)(t)|^{p-1} \mathrm{sgn}(f_i - g_0)(t), p > 1$$

$$x_i^*(t) = \begin{cases} \mathrm{sgn}(f_i - g_0)(t), t \bar{\in} Z(f_i - g_0), \\ \beta(t), |\beta(t)| = 1, t \in Z(f_i - g_0), \end{cases} p = 1$$

代入定理5.3，并类似于例2.2的计算，可得推论5.1. 证毕.

注5.1 当$X=L_p(\mu)$时，l_p-联合逼近问题也可转化成其它空间的逼近问题.

事实上，对$\forall\ F=(f_1, \cdots, f_N)\in\mathscr{F}_p(X)$，定义

$$\widetilde{F}(t)=(\lambda_i^{\frac{1}{p}}f_i(t)),\forall\ t\in\Omega$$

则易证$\widetilde{F}(\cdot)\in L_p(\mu,l_p^N)$，且由于

$$\begin{aligned}\sum_{i=1}^N\lambda_i\|f_i-g\|^p&=\sum_{i=1}^N\lambda_i\int_\Omega|f_i(t)-g(t)|^pd\mu\\&=\int_\Omega\left\{\sum_{i=1}^N\lambda_i|f_i-g|^p\right\}d\mu\\&=\|\widetilde{F}(\cdot)-\widetilde{g}(\cdot)\|_p^p\end{aligned}$$

其中$\|\cdot\|_p$是$L_p(\mu,l_p^N)$上的范数，则$g_0\in P_G(F)\Longleftrightarrow\widetilde{g}_0\in P_{\widetilde{G}}(\widetilde{F})$，其中

$$\widetilde{G}=\{\widetilde{g}:g\in G\}$$

而l_p^N $(p\geqslant1)$都有Radon-Nikodym性质，从而利用$L_p(\mu,l_p^N)^*$的表示及定理2.1或推论2.1可得推论5.1的证明.

另一方面，若令

$$I=\{1,2,\cdots,N\},\lambda(i)=\lambda_i,i=1,2,\cdots,N$$

则(I,Σ_1,λ)是有限测度空间，其中Σ_1是I的所有子集组成的σ环. $\forall\ F\in\mathscr{F}_p(L_p(\mu))$，定义

$$\widetilde{F}(t,i)=f_i(t),\forall\ (t,i)\in\Omega\times I$$

则$\widetilde{F}(\cdot,\cdot)$是$(\Omega\times I,\mu\times\lambda)$上的可测函数，且

$$\begin{aligned}\|\widetilde{F}\|_p&=\left\{\int_{\Omega\times I}|\widetilde{F}(t,i)|^pd\mu\times d\lambda\right\}^{\frac{1}{p}}\\&=\left\{\int_\Omega\sum_{i=1}^N\lambda_i|f_i(t)|^pd\mu\right\}^{\frac{1}{p}}\\&=\left\{\sum_{i=1}^N\lambda_i\|f_i\|_p^p\right\}^{\frac{1}{p}}\end{aligned}$$

由此可得$g_0\in P_G(F)\Longleftrightarrow\widetilde{g}\in P_{\widetilde{G}}(\widetilde{F})$，其中

$$\widetilde{G}=\{\widetilde{g}(t,i)=g(t):g\in G\}$$

由例2.2立即可得推论5.1之证明.

由此可知，为使所研究的“多元”逼近问题处理更为简单，如何选取适当的空间，并将所研究的问题转化成普通的逼近问题是相当重要的.

三、紧集的最佳同时逼近的特征定理

这一小节来讨论另一类“多元”逼近问题，即同时逼近. 为运用本章的特征定理，我们只研究紧集的最佳同时逼近问题，更一般的关于有界集的同时逼近问题将在第七章中讨论.

设 F 是 X 的紧集或全有界集，$G\subset X$，若 $g_0\in G$ 满足

$$\sup_{f\in F}\|f-g_0\|=\inf_{g\in G}\sup_{f\in F}\|f-g\|$$

则称 $g_0\in G$ 是 G 对 F 的最佳同时逼近，或 F 关于 G 的相对（限制）Chebyshev 中心，其全体记为 $P_G(F)$.

定义5.3 设 $G\subset X$，$g_0\in G$，若对 X 的任何紧子集 F，$g_0\in P_G(F)\Rightarrow g_0\in P_G(F_\alpha)$，$\forall\ \alpha>0$，则称 g_0 是 G 的紧同时太阳点，其中 $F_\alpha=\{\alpha(f-g_0)+g_0:f\in F\}$. 若 G 中每一点，都是 G 的紧同时太阳点，则称 G 是紧同时太阳集.

定理5.4 设 $G\subset X$，则下述论断等价：

i）G 是紧同时太阳集；

ii）对 X 中的任何紧集 F，$g_0\in G$，则 $g_0\in P_G(F)\Longleftrightarrow\forall\ g\in G$，存在 $x_g\in F$，$x_g^*\in\mathrm{ext}B_x^*$ 使

$$x_g^*(x_g-g_0)=\sup_{f\in F}\|f-g_0\|$$

$$\mathrm{Re}x_g^*(g_0-g)\geqslant 0$$

iii）对 X 中的任何全有界集 F，$g_0\in G$，则 $g_0\in P_G(F)\Longleftrightarrow$

$$\max_{x^*\in E_{F-g_0}}\mathrm{Re}x^*(g_0-g)\geqslant 0,\forall\ g\in G$$

其中

$$E_{F-g_0} = \{x^* \in \mathrm{ext}B_X^* : \sup_{x\in F}\mathrm{Re}x^*(x-g_0) = \sup_{x\in F}\|x-g_0\|\}$$

证 i)$\Leftrightarrow$ii).

由于 G 是紧同时太阳$\Leftrightarrow \forall\ g_0\in G$，$F\subset X$ 是紧子集，若 $g_0\in P_G(F)$，则 $g_0\in P_G(F_\alpha)$，$\forall\ \alpha>0$.

因此，我们只需证明，$\forall\ g_0\in G$，$F\subset X$ 紧子集，下述两论断等价：

a) $g_0\in P_G(F)\Rightarrow g_0\in P_G(F_\alpha)$，$\forall\ \alpha>0$

b) $g_0\in P_G(F)\Leftrightarrow\forall\ g\in G$，存在 $x_g\in F$，$x_g^*\in\mathrm{ext}B_X^*$ 使

$$\mathrm{Re}x_g^*(x_g-g_0) = \sup_{x\in F}\|x-g_0\|$$

$$\mathrm{Re}x_g^*(g_0-g)\geqslant 0$$

定义 $f_F\in C(F,X)$.

$$f_F(x) = x,\qquad \forall\ x\in F$$

易知，$f_F(\cdot)\in C(F,X)$，令

$$G_F = \{f_g(\cdot) = g : g\in G\}$$

则 $G_F\subset C(F,X)$，且 $g_0\in P_G(F)\Leftrightarrow f_{g_0}$ 是在 $C(F,X)$ 的范数下，G_F 对 f_F 的最佳逼近. 由于

$$f_{F_\alpha} = \alpha(f_F-g_0)+g_0 = (f_F)_\alpha$$

故

$$g_0\in P_G(F)\Leftrightarrow f_{g_0}\in P_{G_F}((f_F)_\alpha)$$

从而由定理2.1中 i)$\Leftrightarrow$ii)之证明可得 a)$\Leftrightarrow$b). 因此，i)$\Leftrightarrow$ii).

ii)$\Leftrightarrow$iii).

iii)$\Rightarrow$ii)显然，下证 ii)$\Rightarrow$iii).

令 $\widetilde{X}$ 是 X 的完备化空间，F 在 $\widetilde{X}$ 中的闭包为 $\widetilde{F}$，则由 F 是全有界集知，$\widetilde{F}$ 在 $\widetilde{X}$ 中是紧集.

由于 $g_0\in P_{\widetilde{G}}(F)\Leftrightarrow g_0\in P_G(\widetilde{F})$，故由 ii) 知，$g_0\in P_G(F)\Leftrightarrow\forall\ g\in G$，存在 $x_g\in\widetilde{F}$，$x_g^*\in\mathrm{ext}B_{\widetilde{X}}^*$. 使

$$x_g^*(x_g-g_0) = \sup_{x\in F}\|x-g_0\|$$

$$\mathrm{Re}x_g^*(g_0-g)\geqslant 0$$

由 $\widetilde{X}^*=X^*$，不难证明 iii)成立. 证毕.

命题5.3 若 G 在 X 中有弱中间性质，则 G 是紧同时太阳.

证 由于 $g_0\in P_G(F)\Longleftrightarrow f_{g_0}\in P_{G_F}(f_F)$ 对 X 中任何紧集成立，因此，我们只要对任何紧子集 F，证明 G_F 在 $C(F,X)$ 中有弱中间性质，则由推论2.2及定理5.4的证明知，证明 G 是紧同时太阳.

由于，$\forall\ g$，$g_0\in G$，$\forall\ x^*\in\overline{\mathrm{ext}B_x^*}^*$，$x\in F$，

$$\mathrm{Re}x^*(f_g(x)-f_{g_0}(x))=\mathrm{Re}x^*(g-g_0)$$

故依定义立即可证得 G 在 $C(F,X)$ 中有弱中间性质. 证毕.

特别地，当 $X=C_R(\Omega)$ 时，定义

$$f^+(t)=\sup_{f\in F}f(t),\qquad \forall\ t\in\Omega$$

$$f^-(t)=\inf_{f\in F}f(t),\qquad \forall\ t\in\Omega$$

令

$$\Omega_+=\{t:f^+(t)-g_0(t)=\sup_{f\in F}\|f-g_0\|,t\in\Omega\}$$

$$\Omega_-=\{t:f^-(t)-g_0(t)=\sup_{f\in F}\|f-g_0\|,t\in\Omega\}$$

则易证

$$E_{F-g_0}=\{e_t:t\in\Omega_+\}\cup\{-e_t:t\in\Omega_-\}$$

若定义

$$\Omega_0=\Omega_+\cap\Omega_-$$

$$\sigma(t)=\begin{cases}1, & t\in\Omega_+\setminus\Omega_0\\ -1, & t\in\Omega_-\setminus\Omega_0\\ 0, & t\in\Omega_0\end{cases}$$

则有

推论5.3 设 $G\subset C_R(\Omega)$，则下述论断等价：

i) G 是紧同时太阳集；

ii) G 有弱中间性质；

iii) 对 $C_R(\Omega)$ 中的任何紧子集，$g_0\in G$，

则 $g_0\in P_G(F)\Longleftrightarrow$

$$\max_{t\in\Omega_{F-g_0}}\sigma(t)(g_0-g)(t)\geqslant 0,\quad \forall\ g\in G$$

其中

$$\Omega_{F-g_0} = \Omega_+ \cup \Omega_-$$

证 i)$\Leftrightarrow$ii).

由于紧同时太阳必是太阳，故 i)$\Rightarrow$ii)成立. 反之，由命题5.3知，ii)$\Rightarrow$i)成立.

ii)$\Leftrightarrow$iii).

由于$\forall\ x^* = \pm e_t \in E_{F-g_0}$.

$$\sup_{f\in F} x^*(f-g_0) = \begin{cases} f^+(t) - g_0(t), & t \in \Omega_+ \\ g_0(t) - f^-(t), & t \in \Omega_- \end{cases}$$

当$\Omega_0 \neq \Phi$时，易证$g_0 \in P_G(F)$，故此时 iii) 成立. 若$\Omega_0 = \Phi$，则由定理5.4知，iii) 成立. 反之，若 iii) 成立，则G必是太阳，故G有弱中间性质. 证毕.

由推论5.2和命题4.4则立即可得下面的推论

推论5.3 设$G \subset C_R[a, b]$，则G有次数$\Leftrightarrow$对$C_R[a, b]$中的任何紧子集F，$g_0 \in G$. 若$\Omega_0 = \Phi$，则下述论断等价：

i) $g_0 \in P_G(F)$

ii) $\max\limits_{t\in \Omega_{F-g_0}} \sigma(t)\ (g_0 - g)(t) \geqslant 0$，$\forall\ g \in G$

iii) $\max\limits_{t\in \Omega_{F-g_0}} \sigma(t)\ (g_0 - g)(t) > 0$，$\forall\ g \in G \setminus \{g_0\}$

iv) $\sigma(\cdot)$ 在Ω_{F-g_0}中至少有$n_{g_0}+1$次符号交错.

第六节 评注与参考文献

第一节和第二节中的太阳集概念是由 Efimov，Stechkin 首先引入的[33]. 这两节是非线性逼近特征的基本理论，大部分结果已被 Braess 的专著[3]收入. 这里的内容由 Brosowski，Deutsch[7]，Brosowski，Wegmann[8]，Brosowski[6]，Breckner[4]及 Braess[3]中的结果综合而成. 其中引理2.1，可在 Dunford，Schwartz 的专著[10]中找到. 例2.2则属于李冲和 Watson[20].

第三节中的最佳逼近特征的Papini条件刻划首先由Papini[21]

提出，并对G是凸集证明了定理3.2. 推广到一般情形的结果由何国龙[12]给出.

第四节中的实连续函数空间$C_R(\Omega)$中的弱中间性质也称为有闭符号性质或正则集，$C_R(\Omega)$中的太阳集的特征刻划由Brosowski[5]，Dunham[11]和Amir，Deufsch[1]等所得到，也可参看Braess的专著和文献[2].

次数概念由Rice[22]引入，这里的定理4.2及有关的命题取自Rice[22]，Smàrzewski[23,24]. 而有理函数和指数和逼近的结果则可参看Cheney和Braess的专著[9,3].

第五节中的一般情形的C_p-联合逼近首先由史应光[25,26]讨论. 这里稍有不同的结果和证明均由李冲[13,14]所得到. 这一问题的进一步研究可参看李冲的文章[17—18]. 最近，徐士英和李冲将其结果推广到所谓"混合范数"逼近情形[31].

当$X=L_p(\mu)$时的l_p-联合逼近的结果属于史应光[27]. 这里简洁的证明由徐士英[29]所给. 这一问题的不同的处理则取自李冲的论文[15—16]，一般情形的l_p-联合逼近的其它研究可参看文献[19].

紧集的同时逼近问题是Chebyshev中心的推广，七八十年代有大量的研究，这一问题将在第七章作进一步研究. 这里定理的证明由徐士英和李冲[30]所给.

参 考 文 献

[1] D. Amir and F. Deutsch (1972), Suns, moons and quasi-polyhedra, J. Approx. Theory, 6, 176—201.

[2] D. Braess (1974), Geometrical characterization for nonlinear uniform approximation, J. Approx. Theory, 11, 260—274.

[3] D. Braess (1986), Nonlinear Approximation Theory, Springer-Verlag.

[4] W. Breckner (1970), Zur charakterisierung von minimallösungen, Mathematica (Cluj), 12 (35), 25—38.

[5] B. Brosowski (1968), Nicht-liueure Tschebyscheff-approximationen, Bibliographisches Institut, Mannheim.

[6] B. Brosowski (1969), Einige bemerkungen zum verallgemeinerten Kolmogoroffschen Kriterium, In "Funktionalanalytische Methoden der numerischen Mathematik" (L. Collatz and H. Unger, eds), ISNM, 12, 25—34, Birkhäuser, Basel-Stuttgart.

[7] B. Brosowski and F. Deutsch (1974), Radial continuity of set - valued metric projection, J. Approx. Theory, 11, 236—250.
[8] B. Brosowski and R. Wegmann(1970), Charakterisierung bester approximationen in normierten Vektorräumen, J. Approx. Theory, 3, 369—397.
[9] E. W. Cheney (1966), Introduction to Approximation Theory, McGraw - Hill, New York - London.
[10] N. Dunford and J. T. Schwartz(1958), Linear Operator, Part I. General Theory, Wiley, New York, 445—453.
[11] C. Dunham(1969), Characterizability and uniqueness in real Chebyshev approximation, J. Approx. Theory, 2, 374—383.
[12] 何国龙 (1991), 最佳逼近与太阳集, 浙江师范大学硕士论文.
[13] 李冲 (1985), 非线性同时 Chebyshev 逼近, 数学杂志, 5, 231—240.
[14] 李冲 (1987), 同时 Chebyshev 逼近的特征, 数学杂志, 7, 335—338.
[15] 李冲 (1985), 非线性同时 L 逼近, 浙江师范大学学报（自然）, 8 (2), 69—76.
[16] 李冲 (1987), 非线性联合 L_p 逼近, 浙江师范大学学报（自然）, 10 (2), 14—22.
[17] 李冲 (1990), 限制同时 Chebyshev 逼近, 计算数学, 12, 9—16.
[18] 李冲 (1992), 有理同时 Chebyshev 逼近的一致强唯一性, 数学学报, 35, 460—471.
[19] 李冲 (1993), RS 联合最佳逼近, 高校计算数学学报, 15, 62—71.
[20] Li Chong (李冲) and G. A. Watson (1994), On approximation using a peak norm, J. Approx. Theory, 77, 266—275.
[21] P. L. Papini (1982), Approximation and norm derivatives in real normed spaces, Resulate de Math, 5, 81—94.
[22] J. R. Rice (1969), The Approximation of Functions, Vol. Ⅱ, Nonlinear and Multivariate Theory, Addison - Wesley, Redding, Mass..
[23] R. Smarzewski (1977), On characterization of Chebyshev optimal starting and transformed approximations by families having a degree, Ann UMCS, 14, 111—118.
[24] R. Smarzewski (1982), Chebyshev additive weight approximation by maximal families, J. Approx. Theory, 35, 195—202.
[25] Y. G. Shi (史应光) (1981), Weighted simultaneous Chebyshev approximation, J. Approx. Theory, 32, 305-315.
[26] 史应光 (1980), 联合最佳有理逼近, 数学年刊, 1, 477—484.
[27] 史应光 (1980), 联合最佳 L_p 逼近, 数学年刊, 1, 235—244.
[28] 史应光 (1981), 联合最佳 L_p 逼近的唯一性, 数学学报, 24, 211—216.
[29] 徐士英 (1986), 关于联合最佳逼近定理的一个证明, 数学学报, 29, 32—35.
[30] 徐士英, 李冲 (1987), 最佳同时逼近的特征, 数学学报, 30, 528—535.
[31] S. Y., Xu and C, Li (徐士英, 李冲) (1992), The best mixed - norm approximation for nonlinear cases, J. of Zhejiang Normal University, 15 (1), 1—5.

[32] 徐士英 (1993)，非线性共同逼近的特征，浙江师范大学学报 (自然)，16 (4)，1—7.

[33] N. V. Efimov and S. B. Stechkin (1958), Some properties of Chebyshev sets, Dokl. Akad. Nauk. SSSR, 118, 17—19.

[34] C. Li (李冲) and G. A. Watson (1996), On a class of best simultaneous approximation problems, Computers Math. Applic., 31, 45—53.

[35] C. Li (李冲) and G. A. Watson (1996), On best simultaneous approximation, J. Approx. Theory, to appear.

第三章 非线性逼近的存在性理论

众所周知，在任何赋范线性空间中，每个有限维子空间都是近迫的，而在自反 Banach 空间中，每个闭凸子集都是存在性集．为保证最佳逼近的存在，有限维空间的有界紧和自反空间有界弱紧起了关键的作用．事实上，最佳逼近的存在性往往同某种“紧性”联系在一起．本章首先讨论紧性同存在性的关系，然后研究距离函数的可导性同存在性的关系，最后给出某些非线性函数类的最佳逼近的存在性．

第一节 逼近紧性与存在性

一、紧性定义与其间的关系

定义1.1 设 $\{x_n\}$ 是 X 的序列，$x_0\in X$，若存在 $\mathrm{ext}B^*$ 的稠子集 $A\subset B^*$，即 $\overline{A}^*\supset \mathrm{ext}B^*$，使

$$x^*(x_n)\to x^*(x_0),\quad \forall\, x^*\in A$$

则称 x_n 是 aw 收敛于 x_0．记作

$$x_n\xrightarrow{aw}x_0,\quad (n\to\infty)$$

显然，aw 收敛是弱于弱收敛的．

令 τ-收敛表示下列四种收敛中的任何一种收敛：

i）强收敛，ii）弱收敛，iii）弱*收敛，iv）aw 收敛．

下面给出逼近紧与有界紧的概念：

定义1.2 设 G 是 X 的子集，$x\in X$，若对 x 的任何极小化序列（即满足 $\lim\limits_n\|x-g_n\|=d_G(x)$ 的序列 $\{g_n\}\subset G$），均有 τ-收敛于

G 中元的子列，则称 G 在 x 处是 τ-逼近紧. 若对$\forall\ x\in X$，G 在 x 处 τ-逼近紧，则称 G 是 τ-逼近紧. 如果对 G 中的任何有界序列，均有 τ-收敛于 G 中元的子列，则称 G 是 τ-有界序列紧的.

特别地，当 τ-收敛表示强收敛，则 τ-逼近紧和 τ-有界序列紧就简称为逼近紧和有界序列紧. 显然，各种逼近紧与有界序列紧有下述关系：

$$
\begin{array}{ccc}
\text{有界序列紧} & \Rightarrow & \text{逼近紧} \\
\Downarrow & & \Downarrow \\
\text{弱有界序列紧} & \Rightarrow & \text{弱逼近紧} \\
\Downarrow & & \Downarrow \\
\text{弱}^*\text{有界序列紧} & \Rightarrow & \text{弱}^*\text{逼近紧} \\
\Downarrow & & \Downarrow \\
aw\ \text{有界序列紧} & \Rightarrow & aw\ \text{逼近紧}
\end{array}
$$

例1.1 自反空间中的任何弱闭子集是弱有界序列紧，共轭空间中的任何弱*闭子集是弱*有界序列紧的.

命题1.1 局一致凸赋范线性空间中的任何 aw 逼近紧集是逼近紧的.

证 设 X 是局一致凸，$G\subset X$ 是 aw 逼近紧子集，$\forall\ x\in X$，$\{g_n\}\subset G$ 是 x 的极小化序列. 因 G 是 aw 逼近紧，故存在子列 $\{g_{n_k}\}\subset\{g_n\}$，$g_0\in G$，$\mathrm{ext}B^*$ 的稠子集 $A\subset B^*$，使

$$x^*(g_{n_k})\to x^*(g_0),\forall\ x^*\in A$$

从而

$$x^*(x-g_{n_k})\to x^*(x-g_0),\forall\ x^*\in A$$

取 $x_0^*\in\mathrm{ext}B^*$ 使

$$x_0^*(x-g_0)=\|x-g_0\|$$

则对$\forall\ \varepsilon>0$，存在 $x_\varepsilon^*\in A$ 使

$$x_\varepsilon^*(x-g_0)\geqslant x_0^*(x-g_0)-\varepsilon=\|x-g_0\|-\varepsilon$$

因

$$\|x-g_{n_k}+x-g_0\|\geqslant x_\varepsilon^*(x-g_{n_k})+x_\varepsilon^*(x-g_0)$$

故

$$\begin{aligned}&\lim_k \|x-g_{n_k}+x-g_0\|\\ \geqslant\ &\lim_k x_\varepsilon^*(x-g_{n_k})+x_\varepsilon^*(x-g_0)\\ \geqslant\ &2\|x-g_0\|-2\varepsilon\end{aligned}$$

由 $\varepsilon>0$是任意的知

$$\lim_k \|x-g_{n_k}+x-g_0\|=2\|x-g_0\|$$

另一方面,因

$$\lim\|x-g_{n_k}\|=d_G(x)\leqslant\|x-g_0\|$$

故

$$\lim_k\|x-g_{n_k}\|=\|x-g_0\|$$

这样,由 X 的局一致凸性知

$$\lim\|g_{n_k}-g_0\|=0$$

即 G 是逼近紧的. 证毕.

注1.1 命题1.1中可将局一致凸的条件改为紧局一致凸.

推论1.1 若 X 是紧局一致凸，G 是 X 的子集，则下述论断等价.

i) G 是 aw 逼近紧;

ii) G 是弱逼近紧;

iii) G 是逼近紧.

推论1.2 若 X 是紧局一致凸的自反空间，则 X 的任何弱闭子集是逼近紧的.

命题1.2 设 G 是 X 的逼近紧集，则最佳逼近算子 $P_G(\cdot)$ 是上半连续的，即，$\forall\ x_0\in X$,$P_G(x)$的任何开邻域 W，必存在 $\delta>0$，使当$\|x-x_0\|<\delta$ 时，有 $P_G(x)\subset W$.

特别地，当 G 是逼近紧 Chebyshev 集时，$P_G(\cdot)$是连续的.

证 反设 $P_G(x)$在某点 x_0处不上半连续,则存在开集 $W\supset P_G(x_0)$,$x_n\in X$,$\|x_n-x_0\|\to 0$,$g_n\in P_G(x_n)$使 $g_n\in X\backslash W$. 由于

$$\begin{aligned}\|x_0-g_n\|&\leqslant\|x_0-x_n\|+\|x_n-g_n\|\\&=\|x_0-x_n\|+d_G(x_n)\end{aligned}$$

故　由$\lim\limits_{n} d_G(x_n)=d_G(x_0)$知

$$\lim\|x_0-g_n\|=d_G(x_0)$$

即$\{g_n\}$是x_0的极小化序列．这样，存在子列$\{g_{n_k}\}$；$g_0\in G$，使$\|g_{n_k}-g_0\|\to 0$．从而$g_0\in P_G(x_0)$，但由$g_n\in X\backslash W$及$X\backslash W$闭知，$g_0\in X\backslash W$．矛盾．故$P_G(\cdot)$是上半连续的．证毕．

命题1.3　设G是X的逼近紧Chebyshev集，则$\forall\ x\in X$，x的局部最佳逼近必是x的最佳逼近．

证　设g_0是x的局部最佳逼近，反设$g_0\overline{\in}P_G(x)$，令

$$x_t=g_0+t(x-g_0),0\leqslant t\leqslant 1$$
$$g_t=P_G(x_t)$$

由命题1.2知

$$\lim_{t\to 1}g_t=g_1=P_G(x)$$

从而　$g_1\neq g_0$．令

$$t_0=\sup\{t\geqslant 0:g_t=g_0\}$$

则$1>t_0\geqslant 0$．由第二章命题1.1知

$$g_0=g_t,\quad \forall\ t\in[0,t_0]$$

因当$t\to t_0^+$时，$g_t\to g_{t_0}$．故$\forall\ \varepsilon>0$，存在$t\in(t_0,1)$使

$$\|g_t-g_0\|<\varepsilon,g_t\neq g_0$$

而

$$\begin{aligned}\|x-g_0\|&=\|x-x_t\|+\|x_t-g_0\|\\&>\|x-x_t\|+\|x_t-g_t\|\\&\geqslant\|x-g_t\|\end{aligned}$$

与g_0是x的局部最佳逼近矛盾．证毕．

注1.2　在上述命题中，若G不是Chebyshev子集，则结论未必成立．

例1.2　设$X=R^2$

$$G=\{(x,y):\frac{1}{4}x^2+y^2\geqslant 1\}$$

$$x=\left(\frac{1}{4},0\right),\quad g_0=(-1,0)$$

则 g_0是 x 的局部最佳逼近，且 G 是有界紧的，但 $g_0\overline{\in}P_G(x)$.

二、最佳逼近的存在性定理

定理1.1 设 G 是 X 中的 aw 逼近紧集，则 G 是近迫的.

证 $\forall\ x\in X$，$\{g_n\}\subset G$ 是 x 的极小化序列，则存在子列，不妨仍记为 $\{g_n\}$，$A\subset B^*$，$\overline{A}^*\supset\mathrm{ext}B^*$，$g_0\in G$，使

$$\lim_n x^*(g_n)=x^*(g_0),\forall\ x^*\in A$$

设 $x_0^*\in\mathrm{ext}B^*$ 使

$$x_0^*(x-g_0)=\|x-g_0\|$$

$\forall\ \varepsilon>0$，取 $x_\varepsilon^*\in A$ 使

$$x_\varepsilon^*(x-g_0)>x_0^*(x-g_0)-\varepsilon$$

则

$$\begin{aligned}\|x-g_0\|&\leqslant x_\varepsilon^*(x-g_0)+\varepsilon\\&\leqslant\lim_n x_\varepsilon^*(x-g_n)+\varepsilon\\&\leqslant\lim_n\|x-g_n\|+\varepsilon\\&=d_G(x)+\varepsilon\end{aligned}$$

故 $\|x-g_0\|=d_G(x)$，即 $g_0\in P_G(x)$. 证毕.

推论1.3 设 G 是 X 的子集，若 G 满足下列条件之一：

i）G 是有界序列紧或逼近紧；

ii）G 是有界弱序列紧或弱逼近紧；

iii）G 是 aw 有界序列紧.

则 G 是近迫的.

定理1.2 设 G 是紧局一致凸空间中的太阳集，则下述论断等价：

i）G 是近迫的；

ii）G 是 aw 逼近紧；

iii) G 是弱逼近紧；

iv) G 是逼近紧.

证 由推论1.1和定理1.1，我们只需证明 i)⇒iv).

$\forall x\in X$，$\{g_n\}$ 是 x 的任何一个极小化序列，由 i) 知，存在 $g_0\in P_G(x)$. 因 G 是太阳集，故 $g_0\in P_G(2x-g_0)$. 从而

$$
\begin{aligned}
2\|x-g_0\| &\leqslant \|2x-g_0-g_n\| \\
&\leqslant \|x-g_0\|+\|x-g_n\|
\end{aligned}
$$

由此可得

$$\lim_n\|x-g_n\|=\|x-g_0\|$$

$$\lim_n\|x-g_0+x-g_n\|=2\|x-g_0\|$$

令

$$u_0=\frac{x-g_0}{\|x-g_0\|},\quad u_n=\frac{x-g_n}{\|x-g_n\|}$$

则 u_0，$u_n\in S$，且

$$\lim\|u_n+u_0\|=2$$

由紧局一致凸性知，$\{u_n\}$ 有收敛的子列，所以 $\{g_n\}$ 有收敛于 G 中元的子列，即 G 是逼近紧. 证毕.

注1.3 在定理1.2中条件 X 紧局一致凸与条件 G 是太阳集，均不可去.

例1.3 设 X 是任何一个无限维的紧局一致凸空间，如 $X=L_p(\mu)$ 或 $l_p(1<p<\infty)$，取

$$G=\{x\in X:\|x\|\geqslant 1\}$$

则 G 是近迫的，但 G 不是 aw 逼近紧的. 事实上，否则，由推论1.1知，G 是逼近紧，但对 $x=0$，$P_G(x)=S$，显然 S 不紧. 故 G 不是逼近紧.

例1.4 设

$$X=\{(a_i):a_i\in R,i=0,1,\cdots,\{a_i\}\text{ 收敛}\}$$

对 $x=(a_i)\in X$，定义

$$\|x\|=\max\{2|a_0|,\lim_i a_i\}+\left[\sum_1^\infty\left(\frac{a_i}{i}\right)^2\right]^{\frac{1}{2}}$$

$$G = \{x = (a_i) \in X : a_0 = 0\}$$

则 G 是 Chebyshev 子空间，且

$$P_G(x) = \sum_{i=1}^{\infty} a_i e_i, \qquad \forall\, x = (a_i) \in X$$

其中 $e_i =$ （0，0，…，0，1，0，…）$i=0$，1，…. 设

$$\bar{x} = \sum_{i=0}^{\infty} e_i, \quad g_n = \sum_{i=1}^{n} e_i$$

则 $g_n \in G$，且

$$\|\bar{x} - g_n\| \to 2 = d_G(\bar{x})$$

故 $\{g_n\}$ 是 $\bar{x}$ 的极小化序列. 下证 $\{g_n\}$ 没有子列 aw 收敛于 G 中元. 事实上，若存在 $g_0 \in G$，使 $g_n \xrightarrow{aw} g_0$，则 $g_0 = P_G(\bar{x})$，从而

$$\|g_0\| = \|P_G(\bar{x})\| \leqslant \underline{\lim_n} \|g_n\|$$

但

$$\|p_G(\bar{x})\| = 1 + \left[\sum_1^{\infty} \frac{1}{i^2}\right]^{\frac{1}{2}}$$

$$> 1 + \left[\sum_1^{n} \frac{1}{i^2}\right]^{\frac{1}{2}} = 1 + \|g_n\|$$

故

$$\overline{\lim_n} \|g_n\| \leqslant \|P_G(\bar{x})\| - 1 < \|P_G(\bar{x})\|$$

矛盾. 因此，G 不是 aw 逼近紧的.

注1.4 在第三节中，我们将看到，有理函数集 $R_{m,n}$ 在 $C_R[a,b]$ 中是 aw 紧，但不是弱逼近紧. 故定理中 ii）⇒iii）一般不真. 另一方面，由于任何无限维自反空间中的弱闭子集是弱逼近紧. 但一般不是逼近紧，故定理中 iii）⇒iv）一般也不真.

注1.5 在第三节中，我们还会看到，$R_{m,n}$ 在 $L_p[a,b]$ 中是逼近紧，但不是有界紧，故本节中的各种紧性的关系图中，其逆一般均不真.

第二节　距离函数的可导性与最佳逼近的存在性

本节主要讨论距离函数的方向导数之值同相关集 G 的近迫性和逼近紧性之间的关系.

$\forall\ x,\ y\in X,\ G\subset X$，记（如果极限存在）

$$d_G^+(x)(y)=\lim_{t\to 0+}\frac{d_G(x+ty)-d_G(x)}{t}$$

由于 $d_G(\cdot)$是1-Lipschitz 函数，故$\forall\ y\in S$

$$-1\leqslant \varliminf_{t\to 0+}\frac{d_G(x+ty)-d_G(t)}{t}$$

$$\leqslant \varlimsup_{t\to 0+}\frac{d_G(x+ty)-d_G(x)}{t}\leqslant 1$$

从而，若 $d_G^+(x)(y)$存在，则

$$|d_G^+(x)(y)|\leqslant \|y\|,\forall\ y\in X$$

下面将看到，上式中等号成立将起关键性的作用.

引理2.1　设 $y\in S,\ x\in \dot{X}$，若

$$\varlimsup_{t\to 0+}\frac{d_G(x+ty)-d_G(x)}{t}=1$$

$\{g_n\}\subset G$ 是 x 的极小化序列，则

$$\lim_n\left\|y+\frac{x-g_n}{\|x-g_n\|}\right\|=2$$

证　设 $t_n>0$，使

$$\lim_n\frac{d_G(x+t_ny)-d_G(x)}{t_n}=1$$

不妨设 $t_n<d_G(x)$. 对 x 的极小化序列 $\{g_n\}$，可设 $t_n^2>\|x-g_n\|-d(x)$（否则可用 $\{g_n\}$ 的子列来取代 $\{g_n\}$）. 由于函数

$$h(x-g_n,t)=\frac{\|x-g_n+ty\|-\|x-g_n\|}{t}$$

是 t 的单调增函数. 故

$$\frac{d_G(x+t_ny)-d_G(x)}{t_n}\leqslant\frac{\|x+t_ny-g_n\|-\|x-g_n\|+t_n^2}{t_n}$$

$$\leqslant\frac{\|x+\|x-g_n\|y-g_n\|-\|x-g_n\|}{\|x-g_n\|}+t_n$$

$$=\left\|y+\frac{x-g_n}{\|x-g_n\|}\right\|-1+t_n$$

两边取极限，则得

$$\lim_n\left\|y+\frac{x-g_n}{\|x-g_n\|}\right\|=2$$

证毕.

引理2.2 设 $\{y_n\}\subset S$，$y\in S$. 定义

$$G_0=\left\{g_n=\left(1+\frac{1}{n}\right)\|y+y_n\|^{-1}(y+y_n):n=1,2,\cdots\right\}$$

若 $\lim\limits_n\|y+y_n\|=2$，则

$$d_{G_0}^+(0)(y)=-1=-d_{G_0}^+(0)(-y).$$

证 记

$$\alpha_n=\left(1+\frac{1}{n}\right)/\|y+y_n\|$$

由于函数 $h(g_n,t)$ 是 t 的单调升函数. 故当 $0<t\leqslant\alpha_n\leqslant1$ 时

$$h(g_n-t)\geqslant h(g_n,-\alpha_n)$$

即

$$\frac{\|g_n-ty\|-\|g_n\|}{t}\leqslant\frac{\|g_n-\alpha_ny\|-\|g_n\|}{\alpha_n}$$

从而

$$-1\leqslant\varliminf_{t\to0+}\frac{d_{G_0}(ty)-d_{G_0}(0)}{t}$$

$$\leqslant\varlimsup_{t\to0}\frac{d_{G_0}(ty)-d_{G_0}(0)}{t}$$

$$\leqslant\varlimsup_{t\to0+}\inf_n\frac{\|ty-g_n\|-1}{t}$$

$$=\varlimsup_{t\to0+}\inf_n\left(\frac{\|g_n-ty\|-\|g_n\|+\frac{1}{n}}{t}\right)$$

$$\leqslant \overline{\lim_{n\to\infty}} \frac{\|g_n - \alpha_n y\| - \|g_n\|}{\alpha_n} + \lim_{n\to\infty} \frac{\frac{1}{n}}{\alpha_n}$$

$$= \lim_{n\to\infty}(\|y_n\| - \|y_n + y\|) = -1$$

由于 $d_G^+(0)(y)$ 关于 y 有齐性，故

$$d_{G_0}^+(0)(y) = -1 = -d_{G_0}^+(0)(-y)$$

证毕.

下面的讨论中将需要空间的点态意义下的局一致凸和紧局一致凸性质. 对 $x_0\in S$，$\forall$ $\{x_n\}\subset S$，若 $\lim\limits_n\|x_0+x_n\|=2\Rightarrow x_n\longrightarrow x_0$，则称 X 在 x_0 处是局一致凸的. 若 $\lim\limits_n\|x_0+x_n\|=2\Rightarrow$ $\{x_n\}$ 有收敛的子列，则称 X 在 x_0 处是紧局一致凸的.

定理2.1 设 $x\in X$，$y\in S$，则下述论断等价：

i）对 X 中任何闭子集 G，若

$$\overline{\lim_{t\to 0+}} \frac{d_G(x+ty) - d_G(x)}{t} = 1$$

则 G 在 x 处是逼近紧的；

ii）对 X 中的任何闭子集 G，若 $d_G^+(x)(y)=1$，则 G 在 x 处是逼近紧的；

iii）X 在 y 处是紧局一致凸的.

证 i）$\Rightarrow$ii）显然.

ii）$\Rightarrow$iii）.

反设 iii）不成立，则存在 $\{y_n\}\subset S$，使

$$\lim_n\|y + y_n\| = 2$$

但 $\{y_n\}$ 没有收敛子列. 令

$$G = \left\{x - \left(1 + \frac{1}{n}\right)\frac{y - y_n}{\|y - y_n\|}, n = 1,2,\cdots\right\}$$

则由引理2.2知

$$d_G^+(x)(y) = d_{G_0}^+(0)(y) = 1$$

但 $P_G(x)=\Phi$，与 ii）矛盾，故 ii）$\Rightarrow$iii）.

iii）$\Rightarrow$i）.

设 $\{g_n\}\subset G$ 是 x 的任一极小化序列，则由引理2.1知

$$\left\|y+\frac{x-g_n}{\|x-g_n\|}\right\|\to 2$$

而由 iii) 知，$\left\{\frac{x-g_n}{\|x-g_n\|}\right\}$有收敛的子列，不妨仍记为$\left\{\frac{x-g_n}{\|x-g_n\|}\right\}$. 由于 $\lim\|x-g_n\|=d_G(x)$，故

$$\lim_n g_n=\lim_n\left(x-\|x-g_n\|\cdot\frac{x-g_n}{\|x-g_n\|}\right)$$

存在，故 G 在 x 处逼近紧. 从而 iii)⇒i)成立. 证毕.

由定理2.1立即可得下面的定理2.2.

定理2.2 X 是紧局一致凸⟺对 X 中的任何闭子集，$\forall\ x\in X$，若存在 $y\in S$ 使 $d_G^+(x)(y)=1$，则 G 在 x 处是逼近紧.

推论2.1 设 X 是紧局一致凸，G 是 X 中的闭子集，若$\forall\ x\in X\setminus G$，存在 $y\in S$，使 $d_G^+(x)(y)=1$，则 G 是逼近紧. 故 G 是近迫的.

定理2.3 设 $x\in X$，$y\in S$，则下述论断等价：

i) 对 X 中的每个闭子集 G，若

$$\varliminf_{t\to\infty}\frac{d_G(x+ty)-d_G(x)}{t}=1$$

则 G 在 x 处是逼近紧，且 $P_G(x)=x-d_G(x)(y)$.

ii) 对 X 的每个闭子集 G，若 $d_G^+(x)(y)=1$，则 G 在 x 处是逼近紧，且 $P_G(x)=x-d_G(x)y$.

iii) X 在 y 处是局一致凸的.

证 i)⇒ii)显然.

ii)⇒iii).

反设存在 $y_n\in S$，使$\|y_n+y\|\to 2$，但$\|y_n-y\|\geqslant\delta>0$. 由定理2.1知，$\{y_n\}$ 必有收敛的子列，不妨仍记为 $\{y_n\}$，且 $y_n\to y_0\in S$，$\|y-y_0\|\geqslant\delta$. 由于$\|y_n+y\|\to 2$，故$\|y_0+y\|=2$. 令

$$G=\{x-y,x-y_0\}$$

则$\forall\ t>0$，$\|ty+y_0\|=1+t$. 事实上，取 $x^*\in B^*$ 使

$$x^*\left(\frac{y+y_0}{2}\right)=\left\|\frac{y+y_0}{2}\right\|=1$$

则

$$x^*(y) = x^*(y_0) = 1$$

故

$$\begin{aligned}1 + t \geqslant \|ty + y_0\| &\geqslant x^*(ty + y_0)\\ &= tx^*(y) + x^*(y_0) = 1 + t\end{aligned}$$

这样

$$\begin{aligned}&\|x + ty - (x - y_0)\| = \|ty + y_0\| = 1 + t\\ &= d_G(x + ty)\end{aligned}$$

所以

$$d_G^+(x)(y) = \lim_{t \to 0+} \frac{d_G(x + ty) - d_G(x)}{t} = 1$$

但 $P_G(x) = \{x-y,\ x-y_0\}$，与 ii)矛盾. 故 ii)$\Rightarrow$iii).

iii)$\Rightarrow$i).

设 $\{g_n\} \subset G$ 是 x 的极小化序列，则由引理2.1知

$$\lim_{n \to \infty} \left\| y + \frac{x - g_n}{\|x - g_n\|} \right\| = 2$$

由 iii) 知

$$\lim_n \left\| y - \frac{x - g_n}{\|x - g_n\|} \right\| = 0$$

故

$$\lim_n g_n = x - d_G(x) y$$

即 G 在 x 处逼近紧，且 $P_G(x) = x - d_G(x)y$. 证毕.

由定理2.3立即可得下面的定理和推论.

定理2.4 X 是局一致凸$\Leftrightarrow$对 X 中的任何闭子集 G. $x \in X \backslash G$，若存在 $y \in S$，使 $d_G^+(x)(y) = 1$则 G 在 x 处逼近紧，且 $P_G(x) = x - d_G(x)y$.

推论2.2 设 X 是局一致凸的空间，G 是 X 的闭子集，若$\forall\ x \in X \backslash G$，存在 $y \in S$，使 $d_G^+(x)(y) = 1$，则 G 是逼近紧 Chebyshev 集.

注2.1 在推论2.2中，其逆也真. 事实上，可以证明，若 G 是

逼近紧Chebyshev 集，则$\forall\ x\in X\backslash G$，必存在$y\in S$使$d_G^+(x)(y)=1$（见第五章引理1.1）.

下面讨论$d_G^+(x)(y)=-1$时，对最佳逼近的存在性的作用.首先，我们有

定理2.5 设$x\in X$，$y\in S$，则下述论断等价：

i）对X中的任何闭子集G，若

$$\lim_{t\to 0}\frac{d_G(x+ty)-d_G(x)}{t}=-1$$

则$P_G(x)\neq\varnothing$.

ii）对X中的任何闭集G，若$d_G^+(x)(y)=-1$，则$P_G(x)\neq\varnothing$.

iii）X在y处是紧局一致凸的.

证 i）⇒ii）显然.

ii)⇒iii).

反设iii)不成立，则存在$\{y_n\}\subset S$，使$\|y_n+y\|\to 2$. 但$\{y_n\}$没有收敛子列. 令

$$G=\left\{x+\left(1+\frac{1}{n}\right)\frac{y+y_n}{\|y+y_n\|};n=1,2,\cdots\right\}$$

则G是闭子集. 由引理2.2知

$$d_G^+(x)(y)=d_{G_0}^+(0)(y)=-1$$

但$P_G(x)=\varnothing$，与ii）矛盾，故ii)⇒iii).

iii）⇒i).

设$t_n\to 0$使

$$\lim_n\frac{d_G(x+t_ny)-d_G(x)}{t_n}=-1$$

且$t_n<d_G(x)$，取$g_n\in G$使

$$\|x+t_ny-g_n\|<d_G(x+t_ny)+t_n^2$$

由于$h(x-g_n,t)$（见引理2.1证明）是t的单调升函数，故

$$\frac{\|x+t_ny-g_n\|-\|x-g_n\|}{t_n}$$

$$\geqslant\frac{\|x\|x-g_n\|y-g_n\|-\|x-g_n\|}{-\|x-g_n\|}$$

从而

$$\frac{d_G(x+t_ny)-d_G(x)}{t_n}$$

$$>\frac{\|x+t_ny-g_n\|-\|x-g_n\|}{t_n}-t_n$$

$$\geqslant -t_n+\frac{\|x-g_n\|-\|x-g_n-\|x-g_n\|y\|}{\|x-g_n\|}$$

$$=-t_n+1-\left\|\frac{x-g_n}{\|x-g_n\|}-y\right\|$$

两边取极限则得

$$\lim_n\left\|\frac{g_n-x}{\|x-g_n\|}+y\right\|=2$$

从而$\left\{-\frac{x-g_n}{\|x-g_n\|}\right\}$有收敛的子列，不妨仍记为$\left\{-\frac{x-g_n}{\|x-g_n\|}\right\}$. 由于

$$d_G(x)\leqslant\|x-g_n\|\leqslant\|x-g_n+t_ny\|+t_n$$
$$\leqslant d_G(x)+2t_n+t_n^2$$

故

$$\lim_n\|x-g_n\|=d_G(x)$$

从而 $\lim\limits_n g_n=g_0$存在，且$g_0\in P_G(x)$. 故iii) ⇒i). 证毕.

定理2.6 X是紧局一致凸⟺对X中的任何闭子集G，$\forall\ x\in X\backslash G$，存在$y\in S$，使$d_G^+(x)(y)=-1$当且仅当$P_G(x)\neq\Phi$.

证 由定理2.5，我们仅需证，若$P_G(x)\neq\Phi$，则存在$y\in S$，使$d_G^+(x)(y)=-1$. 为此，取$g_0\in P_G(x)$，由命题1.1，$g_0\in P_G(g_0+t(x-g_0))$，$\forall\ 0<t\leqslant1$，令$y=\frac{g_0-x}{\|x-g_0\|}$，则

$$d_G(x+ty)=\|x-g_0\|-t$$

故$d_G^+(x)(y)=-1$. 证毕.

推论2.3 设X是紧局一致凸，$G\subset X$，则G是近迫⟺$\forall\ x\in X\backslash G$，存在$y\in S$，使$d_G^+(x)(y)=-1$.

注2.2 在定理2.5、2.6及推论2.3中，G近迫不能改为G是逼近紧. 在X是局一致凸的条件下也不能推出G是Chebyshev子

集.

例2.1 设 X 是无限维的局一致凸空间.

$$G=\{x\in X:\|x\|\geqslant 1\}$$

则 G 是近迫的. 但 G 既不是逼近紧也不是 Chebyshev 子集. 当然，$\forall\ x\in X\backslash G$，存在 $y\in S$，使 $d_G^+(x)(y)=-1$.

第三节　某些函数类逼近的存在性

本节将运用第一节的一般理论来讨论有理函数，指数函数和自由节点样条函数在 $C_R[a,b]$ 和 $L_p[a,b]$ 的存在性. 首先证明一个下面经常用到的命题.

命题3.1 i) 设 $G\subset C_R(\Omega)$，$f\in C_R(\Omega)$，若对 f 的任何极小化序列 $\{g_n\}$，都存在 $g_0\in G$，$\{g_n\}$ 的子列 $\{g_{n_k}\}$，及 Ω 的稠子集 $\Omega_0\subset\Omega$. 使 g_{n_k} 在 Ω_0 上处处收敛于 g_0，则 G 在 f 处是 aw 逼近紧的，从而 $P_G(f)\neq\varnothing$.

ii) $G\subset L_p(\Omega)$，$L_p(\Omega)$ 是实空间 $(1\leqslant p<\infty)$，$f\in L_p(\Omega)$，若 f 的任何极小化序列 $\{g_n\}\subset G$，都存在 $g_0\in G$，$\{g_n\}$ 的子列 $\{g_{n_k}\}$ 使 g_{n_k} 在 Ω 上几乎处处收敛于 g_0，则 G 在 f 处是逼近紧的，从而 $P_G(f)\neq\varnothing$.

iii) $G\subset L_\infty(\Omega)$，$L_\infty(\Omega)$ 是实空间，$f\in L_\infty(\Omega)$. 若 f 的任何极小化序列 $\{g_n\}$ 均存在子列 $\{g_{n_k}\}$，使 g_{n_k} 在 Ω 上几乎处处收敛到 G 中的元，则 $P_G(f)\neq\varnothing$.

证 i) 由 $[C_R(\Omega)]^*$ 的端点形式知，i) 是定义1.2的直接推论.

ii) 为证 ii)，我们先来证一个引理.

引理3.1 设 $\{f_n\}\subset L_p(\Omega)$，$\|f_n\|=\|f\|=1$，若 f_n 在 Ω 上几乎处处收敛到 f，则 $\|f_n-f\|_p\to 0$.

证 由叶果洛夫定理，$\forall\ \delta>0$，存在 $E_\delta\subset\Omega$，$\mu(E_\delta)<\delta$，且 f_n 在 $\Omega_\delta=\Omega\backslash E_\delta$ 上一致收敛于 f. $\forall\ \varepsilon>0$，取 $\delta>0$，使当 $\mu(E_\delta)<\delta$ 时，有

$$\left\{\int_{\Omega_\delta}|f(t)|^p d\mu\right\}^{\frac{1}{p}}>1-\varepsilon$$

则

$$\int_{E_\delta}|f(t)|^p d\mu<1-(1-\varepsilon)^p$$

因 f_n 在 Ω_δ 上一致收敛到 f，故存在 $N>0$，使当 $n>N$ 时，有

$$\left\{\int_{\Omega_\delta}|f_n(t)-f(t)|^p d\mu\right\}^{\frac{1}{p}}<\varepsilon$$

从而

$$\left\{\int_{\Omega_\delta}|f_n(t)|^p d\mu\right\}^{\frac{1}{p}}>\{\int_{\Omega_\delta}|f(t)|^p d\mu\}^{\frac{1}{p}}-\varepsilon\geqslant 1-2\varepsilon$$

故

$$\int_{E_\delta}|f_n(t)|^p=1-\int_{\Omega_\delta}|f_n(t)|^p d\mu\leqslant 1-(1-2\varepsilon)^p$$

从而

$$\begin{aligned}\|f_n-f\|_p&=\left\{\int_{E_\delta}|f_n(t)-f(t)|^p d\mu\right\}^{\frac{1}{p}}\\&\quad+\left\{\int_{\Omega_\delta}|f_n(t)-f(t)|^p d\mu\right\}^{\frac{1}{p}}\\&\leqslant\left\{\int_{E_\delta}|f_n(t)|^p d\mu\right\}^{\frac{1}{p}}+\left\{\int_{E_\delta}|f(t)|^p d\mu\right\}^{\frac{1}{p}}+\varepsilon\\&\leqslant[1-(1-2\varepsilon)^p]^{\frac{1}{p}}+[1-(1-\varepsilon)^p]^{\frac{1}{p}}+\varepsilon\end{aligned}$$

故

$$\lim_n\|f_n-f\|_p=0$$

引理证毕.

命题3.1之ii）的证明：由法杜引理知

$$\begin{aligned}d_G(f)&\leqslant\|f-g_0\|_p\leqslant\varliminf_k\left\{\int_\Omega|f(t)-g_{n_k}(t)|^p d\mu\right\}^{\frac{1}{p}}\\&=d_G(f)\end{aligned}$$

因

$$\frac{f-g_{n_k}}{\|f-g_{n_k}\|_p}\to\frac{f-g_0}{\|f-g_0\|_p}\quad \text{a.e. 于 } \Omega$$

从而由引理3.1知，$\|g_{n_k}-g_0\|\to 0$. 故ii）成立.

iii）设 $g_0\in G$ 使

$$g_{n_k}(t)\to g_0(t)\quad \text{a.e. 于 } \Omega$$

从而存在 $E\subset\Omega$，$\mu(E)=0$使

$$g_{n_k}(t)\to g_0(t)\quad \forall\, t\in\Omega\backslash E$$

对$\forall\ \varepsilon>0$，及任何零测度集 $E_1\subset\Omega$，取 $t_\varepsilon\in\Omega\backslash(E\cup E_1)$ 使

$$\begin{aligned}\|f-g_0\|_\infty &\leqslant \sup_{t\in\Omega\backslash(E\cup E_1)}|f(t)-g_0(t)|\\ &\leqslant |f(t_\varepsilon)-g_0(t_\varepsilon)|+\varepsilon\\ &=\lim_k|f(t_\varepsilon)-g_{n_k}(t_\varepsilon)|+\varepsilon\\ &\leqslant\lim_k\|f-g_{n_k}\|_\infty+\varepsilon\\ &=d_G(f)+\varepsilon\end{aligned}$$

因 $\varepsilon>0$是任意的，故

$$\|f-g_0\|_\infty=d_G(f)$$

即 $P_G(f)\neq\Phi$，证毕.

在下面的讨论中，均设 $L_p(\Omega)$是实空间.

一、有理函数逼近的存在性

引理3.2 设$\{g_n\}\subset\mathscr{R}_{m,n}$是 $L_p[a,b]$($1\leqslant p\leqslant\infty$)上的有界序列，则存在$l\leqslant\frac{n}{2}+1$个点 $t_1,t_2,\cdots,t_l\in[a,b]$，子列$\{g_{k_j}\}\subset\{g_k\}$，使$g_{n_j}$在含于$[a,b]\backslash\{t_1,\cdots,t_l\}$的任何闭区间上一致收敛于 $g_0\in\mathscr{R}_{m,n}$.

证 设$\|g_k\|_p\leqslant C_p$，$(k=1,2,\cdots)$. 记

$$g_k=p_k/q_k,\quad k=1,2,\cdots$$

且

$$\|q_k\|_\infty=\max_{t\in[a,b]}|q_k(t)|=1.$$

从而存在 $d_p>0$ 使

$$\|p_k\|_p \leqslant \|g_k\|_p \|q_k\|_q \leqslant d_p, \quad k=1,2,\cdots$$

其中 $\frac{1}{p}+\frac{1}{q}=1$，$(p=1,q=\infty)$. 由于 $\|\cdot\|_p$ 与 $\|\cdot\|_\infty$ 在 π_m 上是等价范数，从而可选子列 $\{p_{k_j}\}\subset\{p_k\}$，$\{q_{k_j}\}\subset\{q_k\}$ 使

$$p_{k_j}\to p^*;\quad q_{k_j}\to q^*$$

在 $[a,b]$ 上一致成立，且

$$\|q^*\|_\infty = \lim_j \|q_{k_j}\|_\infty = 1$$

由于 $q^*(t)\geqslant 0$ 在 $[a,b]$ 上成立，故 q^* 至多只有 $l\leqslant\frac{n}{2}+1$ 个零点：$t_1,\cdots,t_l$，且 $t_i(i=1,\cdots,l)$ 都是偶数重零点，从而对任何闭区间 $[\alpha,\beta]\subset[a,b]\backslash\{t_1,\cdots,t_l\}$，若 $\{g_k\}$ 是一致有界，则

$$\max\left\{\frac{p^*(t)}{q^*(t)}:\quad \forall\, t\in[\alpha,\beta]\right\}\leqslant C_\infty$$

若 $\{g_k\}$ 是 L_p 有界 $(1\leqslant p<\infty)$，则

$$\int_\alpha^\beta \left|\frac{p^*(t)}{q^*(t)}\right|^p d\mu \leqslant \overline{\lim_k}\int_\alpha^\beta \left|\frac{p_{k_j}(t)}{q_{k_j}(t)}\right|^p d\mu$$

$$\leqslant \overline{\lim_k}\|g_{k_j}\|_p^p \leqslant C_p^p$$

由于 $C_p(1\leqslant p\leqslant\infty)$ 与 $[\alpha,\beta]$ 无关，故不论何种情形，q^* 的零点，必是 p^* 的零点，这样，约去 p^* 与 q^* 的公共零因子，得 p_0 与 q_0，则

$$p^*(t)/g^*(t) = p_0(t)/q_0(t),\quad \forall\, t\in[a,b]\backslash\{t_1,\cdots t_l\}$$

且 g_{k_j} 在含于 $[a,b]\backslash\{t_1,\cdots,t_l\}$ 的任何闭区间上一致收敛到 $g_0=p_0/q_0$. 证毕.

由命题3.1和引理3.2则得有理逼近的存在性定理.

定理3.1 i) $\mathscr{R}_{m,n}$ 在 $C_R[a,b]$ 上是 aw 有界序列紧；

ii) $\mathscr{R}_{m,n}$ 在 $L_p[a,b](1\leqslant p<\infty)$ 上是逼近紧的；

iii) $R_{m,n}$ 在 $L_\infty[a,b]$ 上是近迫的.

所以，$\mathscr{R}_{m,n}$ 在 $L_p[a,b](1\leqslant p\leqslant+\infty)$ 上是近迫的.

注3.1 $\mathscr{R}_{m,n}$ 在 $C_R[a,b]$ 上不是逼近紧的. 事实上，取 $f\in C_R[0,1]$，满足

$$f(0)=f(1)=1,\quad f\left(\frac{1}{2}\right)=-1$$

其它地方线性，则$\{g_n\}=\left\{\frac{1}{1+nx}\right\}\subset\mathscr{R}_{0,1}$是$f$的极小化序列. 显然，$\{g_n\}$没有子列在$[0,1]$上处处收敛. 故$\mathscr{R}_{0,1}$不是弱逼近紧，更不是逼近紧.

注3.2 $\mathscr{R}_{m,n}$在$L_p[a,b]$上不是有界序列紧的. 这是因为$\{g_n\}=\left\{\frac{1}{1+nx}\right\}$在$L_p[0,1]$中是有界序列，但$\{g_n\}$在$L_p[0,1]$中没有收敛子列.

二、广义指数和函数逼近的存在性

由于n阶指数函数类

$$E_n^0=\left\{g:g=\sum_{i=1}^{k}\alpha_i e^{t_i x}:t_i,\alpha_i\in R;k\leqslant n\right\}$$

在$C_R[a,b]$中不闭，故为保证其存在性，本小结讨论E_n^0的闭包，即广义指数和函数类

$$E_n=\left\{g:g=\sum_{i=1}^{l}p_i(x)e^{t_i x},p_i\in\pi_n,t_i\in R,\sum_{i=1}^{l}(1+2p_i)\leqslant n\right\}$$

的存在性. 首先，我们先给出几个引理.

引理3.3 设$m\geqslant1$，$f\in C_R^m[a,b]$，则存在$z\in[a,b]$使

$$|f^{(m)}(z)|\leqslant\frac{2^m m^m}{d^m}\|f\|$$

其中$d=b-a$.

$$C_R^m[a,b]=\{f\in C_R[a,b]:f^{(m)}(\cdot)\in C_R[a,b]\}$$

证 设$t_0,\cdots,t_m\in[a,b]$是$m+1$个点，归纳定义差分

$$[t_0,t_1]f=\frac{f(t_0)-f(t_1)}{t_0-t_1}$$

$$[t_0,\cdots,t_m]f=\frac{[t_0,\cdots,t_{m-1}]f-[t_1,\cdots,t_m]f}{t_0-t_m}$$

则容易证明，若$f\in C_R^m[a,b]$，则存在$z\in[a,b]$使

$$f^{(m)}(z)/m! = [t_0,\cdots,t_m]f$$

设 $d_0=\dfrac{d}{m}, t_0=a, t_i=a+id_0(i=1,2,\cdots,m-1), t_m=b$ 则易证

$$|[t_0,\cdots,t_m]f| \leqslant \frac{2^m\|f\|}{m!d_0^m} = \frac{2^m m^m}{m!d^m}\|f\|$$

故存在 $z\in[a,b]$ 使

$$|f^{(m)}(z)| \leqslant \frac{2^m\cdot m^m}{d^m}\|f\|$$

证毕.

引理3.4 存在仅与 n 有关的常数 C_n，使

$$\|g'\|_{[a+d,b-d]} \leqslant \frac{C_n}{d}\|g\|, \forall\ g\in E_n$$

其中

$$0<d<\frac{1}{2}(b-a).$$

证 由于 $\forall\ g\in E_n, g(\alpha x+\beta)\in E_n$，故可设 $[a,b]=[-1,1]$，且只要证明，存在 $C>0$，使.

$$|g'(0)| \leqslant C,\quad \forall\ g\in E_n, \|g\|=1$$

即可.

将 $[-1,1]$ 分成 $2n$ 个关于 $x=0$ 对称的小区间，并用 I_i 和 I_i' 表示对应的一对开区间，即

I_n，I_{n-1}，$\cdots$，I_1；$x=0$；I_1'，$\cdots$，$I_{n-1}'I_n'$.

设 d_j 为 I_j 和 I_j' 的区间长度，$j=1$，2，$\cdots$，n，则 $\sum\limits_{j=1}^{n}d_j=1$. 再设

$$r_j=\frac{2^j j^j}{d_j^j},\quad c_j=\sum_{i=j}^{n}r_i, j=1,2,\cdots,n$$

$C_{n+1}=0$. 下证

$$|g'(0)| \leqslant C_1,\qquad \forall\ g\in E_n, \|g\|=1$$

不妨设 $g\in E_n, g\overline{\in}\pi_n$，反设 $|g'(0)|>C_1$. 无妨设 $g'(0)>C_1$，由引理3.2知，存在 $z_1\in I_1, z_1'\in I_1'$ 使

$$|g'(z_1)| \leqslant r_1,\quad |g'(z_1')| \leqslant r_1$$

由拉格朗日中值定理，存在 $\xi_1 \in (z_1, 0)$，$\xi_1' \in (0, z_1')$ 使

$$g''(\xi_1) > C_1 - r_1 = C_2, \quad g''(\xi_1') < -C_1 + r_1 = -C_2$$

且 $g''(\cdot)$ 在 (ξ_1, ξ_1') 上至少有零点.

设 $2 \leqslant j \leqslant n$，存在 $\xi_{j-1} < 0 < \xi_{j-1}'$，$\xi_{j-1} \in I_{j-1}$，$\xi_{j-1}' \in I_{j-1}'$ 使

$$g^{(j)}(\xi_{j-1}) > C_j, (-1)^{j-1} g^{(j)}(\xi_{j-1}') > C_j$$

且 $g^{(j)}(\cdot)$ 在 (ξ_{j-1}, ξ_{j-1}') 上至少有 $j-1$ 个零点

$$x_1 < x_2 < \cdots < x_{j-1}$$

不妨设 x_1 是 $g^{(j)}(\cdot)$ 在 (ξ_{j-1}, ξ_{j-1}') 上的最小的零点，x_{j-1} 是 $g^{(j)}(\cdot)$ 在 (ξ_{j-1}, ξ_{j-1}') 上的最大的零点. 由引理3.3存在 $z_j \in I_j$，$z_j' \in I_j'$ 使

$$|g^{(j)}(z_j)| \leqslant r_j, \quad |g^{(j)}(z_j)| \leqslant r_j$$

运用拉格朗日中值定理，可得 $\xi_j \in (z_j, \xi_{j-1})$，$\xi_j' \in (\xi_{j-1}', Z_j')$ 使

$$g^{(j+1)}(\xi_j) > C_j - r_j = C_{j+1},$$

$$(-1)^j g^{(j+1)}(\xi_j') > C_j - r_j = C_{j+1} \quad 。$$

由于 $g^{(j)}(\cdot)$ 在 (ξ_{j-1}, x_1) 上没有零点，且 $g^{(j)}(\xi_{j-1}) > C_j > 0$. 故

$$g^{(j+1)}(x_1) = \lim_{x \to x_1 -} \frac{g^{(j)}(x) - g^{(j)}(x_1)}{x - x_1} \leqslant 0$$

类似可证

$$(-1)^j g^{(j+1)}(x_{j-1}) \leqslant 0 \quad 。$$

从而 $g^{(j+1)}(\cdot)$ 在 $(\xi_j, x_1]$ 和 $[x_{j+1}, \xi_j')$ 上各至少有一个零点. 由 Rolle 定理，$g^{(j+1)}(\cdot)$ 在 (x_1, x_{j-1}) 上至少有 $j-2$ 个零点，故 $g^{(j+1)}(\cdot)$ 在 (ξ_j, ξ_j') 至少有 j 个零点. 由归纳法知，$g^{(n+1)}(\cdot)$ 在 $[-1,1]$ 上至少有 n 个零点，但 $g^{(n+1)}(\cdot) \in E_n$，与第二章引理4.3矛盾. 证毕.

引理3.5 设 $\{g_k\} \subset E_n$，若 $\{g_k\}$ 在含于 (a,b) 的任何闭区间上一致有界，则存在子列，不妨仍记为 $\{g_k\}$，$g_0 \in E_n$，使 $\{g_k\}$ 在任何含于 (a,b) 的闭区间上一致收敛到 g_0.

证 取 $2n+2$ 个点

$$a < a_1 < \cdots < a_{n+1} < b_{n+1} < b_n < \cdots < b_1 < b$$

由引理3.4，$\{g_k^{(i)}\}$ 在 $[a_i\ b_i]$ 上一致有界，$i=1,2,\cdots,n+1$，故 $\{g_k^{(i)}\}$ 在 $[a_{n+1}, b_{n+1}]$ 上是等度连续的，$i=0, 1, \cdots, n$. 这样，由 Arzela-

Ascoli 定理知，$\{g_k^{(i)}\}$是$C_R[a_{n+1},b_{n+1}]$上的相对紧子集，故有子列，不妨仍记为$\{g_k\}$，使在 $[a_{n+1},\ b_{n+1}]$ 上一致地有

$$\lim_{k\to\infty} g_k^{(i)} = \overline{g}_i, \quad i = 0,1,2,\cdots,n$$

且

$$\overline{g}_i = \overline{g}_0^{(i)}, \quad i = 0,1,2,\cdots,n$$

由于 g_j 的阶 $k(g_j) \leqslant n$，故可设

$$k(g_j) = l, \quad j = 1,2,\cdots$$

则

$$\prod_{i=1}^{l}\left(\frac{d}{dx} - t_i^{(k)}\right) g_k = 0$$

其中 $t_1^{(k)},\cdots,t_l^{(k)}$ 是 g_k 所对应的常系数齐次常微分方程的特征根，不妨可设

$$\lim_k t_i^{(k)} = t_i, \quad i = 1,2,\cdots,j_0$$

$$\lim_k t_i^{(k)} = \infty, i = j_0+1,\cdots,l$$

由

$$\prod_{i=1}^{j_0}\left(\frac{d}{dx} - t_i^{(k)}\right)\prod_{i=j_0+1}^{l}\left(1 - \frac{1}{t_i^{(k)}}\frac{d}{dx}\right) g_k = 0$$

两边取极限得

$$\prod_{i=1}^{j_0}\left(\frac{d}{dx} - t_i\right)\overline{g}_0 = 0$$

即 $\overline{g}_0 \in E_n$. 所以$\{g_k\}$有子列，仍记为$\{g_k\}$，在$[a_{n+1},b_{n+1}]$上一致收敛到 $\overline{g}_0$. 下证$\{g_k\}$在任何含于(a,b)的闭区间$[\alpha,\beta]$上一致收敛到 $\overline{g}_0$.

反设存在$[\alpha',\beta']\subset(a,b)$，$\{g_k\}$在$[\alpha',\beta']$上不一致收敛到 $\overline{g}_0$，则$[\alpha',\beta']\supset[a_{n+1},b_{n+1}]$. 取 $\tilde{a}_{n+1}=\alpha'$，$\tilde{b}_{n+1}=\beta'$，如上所证，$\{g_k\}$有子列$\{g_{k_j}\}$，$\overline{g}\in E_n$，使 g_{k_j}在$[\alpha',\beta']$上一致收敛到 $\overline{g}\neq\overline{g}_0$. 由于$\forall\ x\in[a_{n+1}\ b_{n+1}]$，$\overline{g}(x)=\overline{g}_0(x)$，而 $\overline{g}-\overline{g}_0\in E_{2n}$，故由第二章引理4.3知，$\overline{g}-\overline{g}_0$在$[a,b]$上至多只有$2n-1$个零点，矛盾. 证毕.

由引理3.5及命题3.1，则得

定理3.2 E_n 在 $C_R[a,b]$中是 aw 有界序列紧的，从而 E_n 在

$C_R[a,b]$中是近迫的.

为给出 E_n 在 $L_p[a,b]$中的近迫性，我们需要下面的引理.

引理3.6 $\forall\ g\in E_n$,存在$C=C_{n,p}$，使

$$\|g\|_{[a+d,b-d]}\leqslant\frac{C}{d}\|g\|_p$$

其中$0<d<\frac{1}{2}(b-a)$.

证 我们仅对 $p=1$来证，而 $p>1$时可由 Hölder 不等式从 $p=1$时的结果得到.

对$\forall\ g\in E_n$, 定义

$$u(x)=\int_a^x g(x)dx$$

则$u\in E_{n+1}$，且

$$\|u\|\leqslant\|g\|_1$$

由引理3.4，$\forall\ 0<d<\frac{1}{2}\ (b-a)$

$$\|g\|_{[a+d,b-d]}\leqslant\frac{C_{n+1}}{d}\|u\|\leqslant\frac{C_{n+1}}{d}\|g\|_1$$

故引理成立. 证毕.

由命题3.1，引理3.5和引理3.6，立即可得：

定理3.3 E_n 在 $L_p[a,b]$($1\leqslant p\leqslant+\infty$)中是近迫的，且当$1\leqslant p<+\infty$时,$E_n$ 在 $L_p[a,b]$中是逼近紧的.

三、自由结点样条函数逼近的存在性

本小结将讨论Chebyshev 样条函数逼近的存在性. 为此，我们先介绍 Chebyshev 样条函数的概念和基本性质.

设 $\omega_0,\omega_1,\cdots,\omega_n$ 是定义在$[a,b]$上的 $n+1$个连续正函数，且 $\omega_j\in C_R^{n-j}[a,b]$, $j=0,1,\cdots,n$.

定义

$$\Phi_j(t,x)=\begin{cases}\omega_0(x)\int_t^x\omega_1(\xi_1)\int_t^{\xi_1}\omega_2(\xi_2)\cdots\int_t^{\xi_{j-1}}\omega_j(\xi_j)d\xi_j\cdots d\xi_1, & x\geqslant t\\ 0, & x<t\end{cases}$$

$$v_j(x) = \Phi_j(a, x), \quad j = 0, 1, \cdots, n$$
$$V = \text{span}\{v_0, \cdots, v_n\}$$

称 V 中的元为 V-多项式. 特别地，若 $\omega_j \equiv 1$，则 $V = \pi_n$.

设

$$a = t_0 < t_1 \leqslant t_2 \leqslant \cdots \leqslant t_k < t_{k+1} = b$$

且

$$t_1 = t_2 = \cdots = t_{m_1} = z_1, t_{m_1+1} = \cdots = t_{m_1+m_2}$$
$$= z_2, \cdots, t_{m_1+\cdots+m_{l-1}+1} = \cdots = t_{m_1+\cdots+m_l} = t_k = z_l$$

而 $z_1 < z_2 < \cdots < z_l$，则

以 $t_1, \cdots, t_k$ 为节点的 n 阶 Chebyshev 样条函数定义为

$$S_n(t_1, \cdots, t_k) = \left\{ s:[a,b] \to R : \begin{array}{c} s|_{[z_i, z_{i+1})} \in V, i = 0, 1, \cdots, l, \\ s \text{ 在 } z_i \text{ 处有 } n - m_i \text{ 阶连续} \\ \text{导数}, i = 1, 2, \cdots, l, \end{array} \right\}$$

其中 $z_0 = a$, $z_{l+1} = b$，若 s 在 z_i 处有零阶连续导数是指 s 在 z_i 处连续，s 在 z_i 处有 -1 阶连续导数是指 s 在 z_i 处间断.

对 $R < t_1 \leqslant t_2 \leqslant \cdots \leqslant t_k < b$，令

$$\Phi_n(t_1, \cdots, t_i; x) = [t_1, \cdots, t_i]\Phi_n(t, x)$$

为 $\Phi_n(t, x)$ 关于 t 的 i 阶差分，则

$$S_n(t_1, \cdots, t_k) = \text{span}\{\Phi_0(a, \cdot), \cdots, \Phi_n(a, \cdot), \Phi_n(t_1, \cdot),$$
$$\cdots, \Phi_n(t_1, \cdots, t_k, \cdot)\}$$

命题3.2（样条函数代数基本定理） 设 $n \geqslant 1, k \geqslant 0, \{t_i\}_{i=1}^{k}$, $\{x_i\}_{i=1}^{n+k+1}$ 满足

i) $a < t_1 \leqslant t_2 \leqslant \cdots \leqslant t_k < b; a \leqslant x_1 \leqslant \cdots \leqslant x_{n+k+1} \leqslant b$;

ii) 若 $\{t_i\}$ 中有 m 个点相等，$\{x_i\}$ 中有 j 个点相等，则

$$m + j \leqslant n + 1$$

那么

$$\Phi_r^* \begin{pmatrix} a, & \cdots, & a, & t_1, & \cdots, & t_k \\ x_1, & \cdots, & x_{n+1}, & x_{n+2}, & \cdots, & x_{n+k+1} \end{pmatrix} \geqslant 0$$

且严格不等号成立当且仅当

$$x_i < t_i < x_{i+n+1}, \qquad i = 1,2,\cdots,k$$

其中

$$\Phi_n^*\begin{pmatrix} a, & \cdots, & a, & t_1, & \cdots, & t_k \\ x_1, & \cdots, & x_{n+1}, & x_{n+2}, & \cdots, & x_{n+k+1} \end{pmatrix}$$

$$= \begin{vmatrix} \Phi_n(a,x_1) & \cdots & \Phi_0(a,x_1) & \Phi_n(t_1,x_1) & \cdots & \Phi_n(t_1,\cdots,t_k,x_1) \\ \Phi_n(a,x_2) & \cdots & \Phi_0(a,x_2) & \Phi_n(t_1,x_2) & \cdots & \Phi_n(t_1,\cdots,t_k,x_2) \\ \vdots & \cdots & \vdots & \vdots & \cdots & \vdots \\ \Phi_n(a,x_{n+k+1}) & \cdots & \Phi_0(a,x_{n+k+1}) & \Phi_n(t_1,x_{n+k+1}) & \cdots & \Phi_n(t_1,\cdots,t_k,x_{n+k+1}) \end{vmatrix}$$

$[a,b]$ 上 k 个自由结点（含重数）的 n 阶 Chebyshev 样条函数类定义为

$$S_{n,k}[a,b] = \{s \in S_n(t_1,\cdots,t_k): a < t_1 \leqslant t_2 \leqslant \cdots \leqslant t_k < b\}$$

引理3.7 设 $n \geqslant m \geqslant 1$，$\{s_k\} \subset S_{n,m}[\alpha,\beta] \cap C[\alpha,\beta]$ 且当 $k \to \infty$ 时，所有结点均收敛于 $z \in (\alpha,\beta)$. 若 $\{s_k\}$ 是 $L[a,b]$ 有界，则 s_k 有子列一致收敛于 $s \in S_{n,m}[\alpha,\beta] \cap C^{n-m}[\alpha,\beta]$.

证 取 $0<\delta<\min\{\beta-z, z-\alpha\}$，则存在 $N>0$ 使当 $k>N$ 时，s_k 的所有结点均落在区间 $[z-\delta, z+\delta]$ 内. 因 $s_k|_{[a,z-\delta]} \in V$，$s_R|_{[z+\delta,\beta]} \in V$，且 $\{s_k\}$ 是 $L[a,b]$ 有界的，故由 V 是有限维知，存在子列，仍记为 $\{s_k\}$，使 s_k 在 $[\alpha,z-\delta] \cup [z+\delta,\beta]$ 上一致收敛到 s.

选取 $n+m+1$ 个点 $\{x_i\}_{i=0}^{n+m}$：

$$\alpha < x_0 < x_1 < \cdots < x_n < z - \delta < z + \delta$$
$$< x_{n+1} < \cdots < x_{n+m} < \beta$$

由于 s_k 可表示成：

$$s_k(x) = \sum_{j=0}^{n} a_j^k \Phi_{n-j}(\alpha,x) + \sum_{i=1}^{m} b_i^k \Phi_n(t_1^k,\cdots,t_i^k;x)$$

其中 $t_1^k,\cdots,t_m^k$ 是 $s_k(\cdot)$ 的结点. 由命题3.2知

$$\Phi_n^*\begin{pmatrix} \alpha, & \cdots, & \alpha, & z, & \cdots, & z \\ x_0, & \cdots, & x_n, & x_{n+1}, & \cdots, & x_{n+m} \end{pmatrix} > 0$$

故由 Φ_n^* 的连续性，当 k 充分大时，有

$$\Phi_n^*\begin{pmatrix} \alpha, & \cdots, & \alpha, & t_1^k, & \cdots, & t_m^k \\ x_0, & \cdots, & x_n, & x_{n+1}, & \cdots, & x_{n+m} \end{pmatrix} \geqslant \varepsilon > 0$$

从而由克莱姆法则知，$\{a_j^k\}$，$\{b_i^k\}$是有界的.

这样可设

$$a_j^k \to a_j, b_i^k \to b_i, j = 0,1,\cdots,n; i = 1,\cdots,m$$

故$s_k(\cdot)$在$[\alpha,\beta]$上一致收敛到s，且

$$s = \sum_{j=0}^{n} a_j \Phi_{n-j}(\alpha,x) + \sum_{i=1}^{m} \Phi_n(\overbrace{z,\cdots,z}^{i};x)$$

易见$s\in S_{n,m}[\alpha, \beta] \cap C^{n-m}[\alpha, \beta]$. 证毕.

引理3.8 设$\{s_r\}\subset S_{n,k}[a,b]$，且$\{s_r\}$是$L_p[a,b]$有界的$(1\leqslant p \leqslant +\infty)$，则存在$s\in S_{n,k}[a,b]$，$\{z_1,\cdots,z_l\}\subset[a,b]$，$\{s_r\}$的子列，不妨仍记为$\{s_r\}$，使$s_r$在含于$[a,b]\setminus\{z_1,\cdots,z_l\}$的任何紧子集上一致收敛到$s$.

证 无妨设$\{s_r\}$的所有结点收敛到$\{z_1, \cdots, z_l\}$且$a=z_0<z_1<\cdots<z_l<z_{l+1}=b$. 由于对$\forall$ $[\alpha, \beta] \subset (z_i, z_{i+1})$，当$r$充分大后，$s_r|_{[\alpha,\beta]}\in V$，且$V$是哈尔子空间，故可设$s_r$在$(z_i, z_{i+1})$上处处收敛到$V$中的一个函数. 这样，其极限定义了$[a, b] \setminus \{z_1, \cdots,z_l\}$上的一个函数$s$. 补充定义$s(z_i)=s(z_i+0)$，$(i=0, \cdots, l)$下证，$s\in S_{n,k}[a, b]$，且$\{s_r\}$在含于$[a,b]\setminus\{z_1,\cdots,z_l\}$的任何紧集上一致收敛到$s$. 由$s$的定义知，我们仅需证明$s\in S_{n,k}[a,b]$.

对$\forall$ $z_i(i=1,2,\cdots,l)$，若有$m\leqslant n$个s_r的结点收敛到z_i，则对充分小的$\delta>0$，在$[z_{i-1}+\delta,z_{i+1}-\delta]$上应用引理3.7知. $s\in C^{n-m}[z_{i-1}+\delta,z_{i+1}-\delta]$，$z_i$是$s$的$m$重结点. 若有$m\geqslant n+1$个$s_r$的结点收敛到$z_i$，则$z_i$是$s$的$n+1$重结点. 故$s\in S_{n,k}[a,b]$. 证毕.

定理3.4 $S_{n,k}[a,b]$在$L_p[a,b](1\leqslant p\leqslant +\infty)$中是近迫的，且当$1\leqslant p\leqslant\infty$时，$S_{n,k}[a,b]$是逼近紧的.

下面的定理说明，若$f\in C_R[a,b]$，则f在$S_{n,k}[a,b]$中存在连续的样条函数最佳逼近.

定理3.5 $\forall$ $f\in C_R[a,b]$，$P_{S_{n,k}}(f)\cap C_R[a,b]\neq\varnothing$.

证 设$s\in P_{S_{n,k}}(f)$，且s在t_j处有间断点，即t_j是s的$n+1$重结点，$1\leqslant j\leqslant l$. 不妨设

$$C_1 = \varepsilon(t_j + 0) - \varepsilon(t_j - 0) > 0$$

其中 $\varepsilon(x)=f(x)-s(x)$. 再设 $u\in V$，使

$$u|_{(t_{j-1},t_j)} = s|_{(t_{j-1},t_j)}$$

从而由 $f-u$ 的连续性，存在 $\delta>0$ 使 $|x-t_j|<\delta$ 时，有

$$|(f-u)(x)-\varepsilon(t_j-0)|<\frac{1}{4}C_1$$

$$\frac{1}{2}\omega_0(t_j)\leqslant\omega_0(x)<\frac{3}{2}\omega_0(t_j)$$

另外，由 $\Phi_n(t,x)$ 的定义，存在 $0<C_2\leqslant C_3$，使当 $a\leqslant t<x\leqslant b$ 时，有

$$C_2(x-t)^n\leqslant\Phi_n(t,x)\leqslant C_3(x-t)^n$$

由于 $C_2\leqslant C_3$，$C_1\leqslant 2\|\varepsilon\|$，故

$$\frac{6C_3\|\varepsilon\|}{C_1C_2}\geqslant 1$$

定义

$$\tilde{s}(x)=u(x)-A\Phi_n(t_j-\delta_1,x)$$

其中

$$\delta_1=\frac{C_1C_2\delta}{6C_3\|\varepsilon\|},\quad A=\frac{C_1}{2\Phi_n(t_j-\delta_1,t_j)}$$

因

$$A\geqslant\frac{C_1}{2C_3\delta_1^n}=\frac{C_1}{2C_3}\left(\frac{6C_3\|\varepsilon\|}{C_1C_2\delta}\right)^n\geqslant\frac{3\|\varepsilon\|}{C_2\delta^n}$$

故

$$A\Phi_n(t_j-\delta_1,t_j+\delta)\geqslant 3\|\varepsilon\|$$

因

$$\begin{aligned}(f-s)(t_j+0)&=(f-s)(t_j-0)+C_1\\&=(f-u)(t_j)+C_1\end{aligned}$$

而

$$(f-\tilde{s})(t_j+0)=(f-u)(t_j)+\frac{1}{2}C_1$$

故

$$(f-\tilde{s})(t_j+0)<(f-s)(t_j+0)$$

另一方面

$$
\begin{aligned}
(f-\tilde{s})(t_j+\delta) &= (f-u)(t_j+\delta)+A\Phi_n(t_j-\delta_1,t_j+\delta) \\
&\geqslant \varepsilon(t_j-0)-\frac{1}{4}C_1+3\|\varepsilon\| \\
&\geqslant -\|\varepsilon\|-\frac{1}{2}\|\varepsilon\|+3\|\varepsilon\| \\
&= \frac{3}{2}\|\varepsilon\|
\end{aligned}
$$

而

$$(f-s)(t_j+\delta)\leqslant\|\varepsilon\|$$

故

$$(f-\tilde{s})(t_j+\delta)>(f-s)(t_j+\delta)$$

所以存在 $x_1\in(t_j,t_j+\delta)$，使 $\tilde{s}(x_1)=s(x_1)$ 且

$$(f-\tilde{s})(x)<(f-s)(x),\forall\ x\in(t_j,x_1)$$

令

$$s_1(x)=\begin{cases}\tilde{s}(x), & x\in[t_j-\delta_1,x_1]\\ s(x), & \text{其它}\end{cases}$$

则 $s_1\in S_{n,k}[a,b]\cap C_R[a,b]$.

由于 $\dfrac{\Phi_n(t,x)}{\omega_0(x)}$ 是 x 的严格单调增函数，故

$$0\leqslant A\Phi_n(t_j-\delta,x)\leqslant A\Phi_n(t_j-\delta,t_j)\frac{\omega_0(x)}{\omega_0(t_j)}\leqslant\frac{3}{4}C_1$$

对 $\forall\ x\in(t_j-\delta,\ t_j)$ 成立. 而当 $x\in(t_j,\ t_j+\delta)$ 时

$$\frac{1}{4}C_1\leqslant A\Phi_n(t_j-\delta,x)$$

故对 $\forall\ x\in(t_j-\delta,t_j)$ 有

$$
\begin{aligned}
(f-u)(x)\leqslant(f-\tilde{s})(x) &\leqslant (f-u)(x)+\frac{3}{4}C_1 \\
&\leqslant \varepsilon(t_j-0)+\left(\frac{1}{4}+\frac{3}{4}\right)C_1 \\
&= \varepsilon(t_j+0)
\end{aligned}
$$

这样

$$|f-s_1(x)|\leqslant\|\varepsilon\|,\qquad\forall\ x\in(t_j-\delta,t_j)$$

当 $x\in(t_j, x_1)$ 时

$$(f-s)(x)>(f-\tilde{s})(x)$$

$$\geqslant (f-u)(x)+\frac{1}{4}C_1$$

$$\geqslant \varepsilon(t_j-0)$$

从而

$$|(f-\tilde{s})(x)|\leqslant\|\varepsilon\|,\qquad \forall\, x\in(t_j-\delta,t_j)$$

对其它不连续点类似修正，则得存在 $s_1\in P_{S_{n,k}}(f)\cap C_R[a,b]$. 证毕.

注3.1 若 $f\in C'_R[a,b]$，则可以证明，$P_{S_{n,k}}(f)\cap C'_R[a,b]\neq\varnothing$. 但当 $p>\frac{n}{2}, k\geqslant n-p$ 时，存在 $f\in C_R^{\infty}[a,b]$，使 $P_{S_{n,k}}(f)\cap C_R^p[a,b]=\varnothing$.

第四节　评注与参考文献

第一节中，在没有“紧性”条件下，非线性逼近的存在性研究几乎没有. 在线性逼近情形，Yost[21]引入了$1\frac{1}{2}$球性质，并证明了子空间 G 具有$1\frac{1}{2}$球性质，则 G 是近迫的，且投影算子存在齐次的连续选择. 进一步，Yost[22]又证明了若 G 是 X 的 M-理想，则 G 有$1\frac{1}{2}$球性质. 特别地，对某些 Banach 空间 X，Y，紧算子空间 $K(X,Y)$是有界线性算子空间$B(X,Y)$的 M-理想，从而对某些空间 X，Y，解决了紧算子逼近的存在性问题. 有关这方面的研究可参看 Yost[23]和 Fleming，Jamison[7,8]及后面的参考文献.

逼近紧的概念首先由 Efimov，Stechkin[6]引进，Breckner[4]推广到弱拓扑情形. 一般的非拓扑下的逼近紧的研究应归于 Deutsch[5]，这里的内容选自 Deutsch 的文章.

第二节的结果基本上由 Fitzpatrick[11]所给. 闭集的距离函数的可导性及其同逼近性质的关系近来有不少研究，可参看 Fitzpatrick[11]，Burke，Ferris、Oian[12]和Giles[13]及后面的参考文献.

第三节中的有理逼近在 $C_R[a,b]$ 中逼近的存在性结果属于 Walsh[20]. 有理函数在 $L_p[a, b]$ 的逼近紧性的结果则归于 Blatter[1]. 广义指数和逼近的存在性最初由 Werner[18] 给出，Schmidt[15]简化了 Werner 的证明. 关于这一问题的另一种不同的研究可见文献[9]，这里所取的证明属于 Schmidt. 自由节点 Chebyshev 样条函数逼近的存在性由 De. Boor[2]和 Schumaker[16] 得到. 关于样条函数代数基本定理则可参看文献[10]. 第三节的材料主要取自 Braess 的专著[3].

参 考 文 献

[1] J. Blatter (1968), Approximative kompaktheit verallgemeinerter rationaler funktionen, J. Approx. Theory, 1, 85—93.

[2] C. de Boor (1969), On the approximation by γ-polynomials, In "Approximation with special emphasis on spline functions" (I. J. Schoenberg, eds), 157—183, Academic Press, New York-London.

[3] D. Braess (1986), Nonlinear Approximation Theory, Springer-Verlag.

[4] W. W. Breckner (1968), Bemerkungen über die existenz von minimal lösungen in normierten linearen räumen, Mathematica (cluj), 10 (33), 223—228.

[5] F. Deutsch (1980), Existence of best approximations, J. Approx. Theory, 28, 132—154.

[6] N. V. Efimov and S. B, Stechkin (1961), Approximative Compactness and Chebyshev sets, Dokl, Akad. Nauk SSSR, 140, 522—524=Soviet. Math. Dokl, 2, 1226—1228.

[7] R. J. Fleming and J. E. Jamison (1991), Banach spaces with a basic inequality property and the best compact approximation property, In "Progress in Approximation Theory" (Nevai and Pinkus, eds), 347—362, Academic Press Inc.

[8] R. J. Fleming and J. E. Jamison (1991), M-Ideals and a basic inequality in Banach spaces, In "progress in Approximation, Theory" (Nevai and Pinkus, eds), 363—378, Academic Press Inc.

[9] D. Kammler (1973), Existence of best approximations by sums of exponentials, J. Approx. Theory, 9, 78—90.

[10] S. Karlin and Z. Ziegler (1966). Tschebysckeff spline functions, SIAM J. Numer. Anal., Series B, 3, 514—543.

[11] S. Fitzpatrick (1989), Nearest points to closed sets and directional derivatives of distance functions, Bull Austral. Math. Soc., 39, 233—238.

[12] J. V. Burke, M. C. Ferris and Maijian Qian (1992), On the Clarke subdifferential of the distance function of a closed set, J. Math. Anal. Appl., 166, 199—213.

[13] J. R. Giles (1989), A distance function property implying differentiability, Bull. Austral. Math. Soc., 39, 59—70.

[14] G. Nürnberger (1989), Approximation by Spline Functions, Springer-Verlag, Berlin.

[15] E. Schmidt (1970), Zur Kompaktheit bei Exponentialsummen, J. Approx. Theory, 3, 445—454.

[16] L. L. Schumaker (1968), Uniform approximation by Chebyshev spline functions. Ⅱ, Free knots, SIAM J. Numer. Anal., 5, 647—656.

[17] L. L. Schumaker (1981), Spline Functions: Basic Theory, Wiley-Interscience, New York.

[18] H. Werner (1969), Der existenzsatz für der Tschebyscheffsche approximationsproblem mit exponentialsummen, In "Funktionalanalytische methoden der numerischen mathematik", (L. Collatz and H. Unger, eds), ISNN, 12, 133—143, Birkhäuser, Basel.

[19] J. M. Wolfe (1974), Lp-rational approximation, J. Approx. Theory, 12, 1—5.

[20] J. L. Walsh (1931), The existence of rational functions of best approximation, Trans. Amer. Math. Soc., 33, 668—689.

[21] D. T. Yost (1979), Best approximation and intersections of balls in Banach spaces, Bull. Austral, Math. Soc., 20, 285—300.

[22] D. T. Yost (1982), The n-ball properties in real and complex Banach spaces, Math. Scand., 50, 100—110.

[23] D. T. Yost (1987), Approximation by compact operators between C (X) spaces, J. Approx. Theory, 49, 99—109.

第四章　非线性逼近的唯一性理论

在线性逼近理论中，若 X 严格凸，则 X 的任何凸子集均是半 Chebyshev 子集. 自然的问题是对什么样非线性集也成立上述结论. 本章的第一节将讨论这一问题，同时还研究严格 Kolmogorov 条件同最佳逼近的唯一性的关系. 本章的第二节研究强唯一性问题，给出强唯一性同强 Kolmogorov 条件的等价性和使其等价的集合 G 的特征刻划. 虽然，众所周知的在光滑性好的空间，不存在强唯一的最佳逼近，但在凸性"足够"好的空间却存在比强唯一性稍弱的广义强唯一最佳逼近，这一方面的详细讨论将在第三节给出. 另外，在每节的最后都给出了具体空间的应用.

第一节　最佳逼近的唯一性

一、太阳集逼近的唯一性

为保证最佳逼近的唯一性，我们一般要求空间具有某种凸性. 下面引入局部的严格凸性概念.

定义1.1　设 $G\subset X$，如果 $\forall\ x_1,x_2\in X,\|x_1\|=\|x_2\|,\|x_1+x_2\|=\|x_1\|+\|x_2\|,x_1-x_2\in G-G\Rightarrow x_1=x_2$，则称 X 关于 G 是严格凸.

显然，X 严格凸$\Longleftrightarrow$对任何 $G\subset X$，X 关于 G 严格凸.

定理1.1　设 $G\subset X$，X 关于 G 是严格凸，若 G 是太阳集，则 G 是半 Chebyshev 子集.

证　$\forall\ x\in X$，不妨设 $x\overline{\in}G$，对 $\forall\ g_0,g_1\in P_G(x)$，令 $x_0=2x-g_0$，则由

$$\|x_0-g_0\|\leqslant\|x_0-g_1\|=\|x-g_0+x-g_1\|$$

$$\leqslant \|x - g_0\| + \|x - g_1\|$$
$$= 2\|x - g_0\| = \|x_0 - g_0\|$$

得

$$\|x - g_0\| = \|x - g_1\| = \frac{1}{2}\|x - g_0 + x - g_1\|$$

而

$$(x - g_0) - (x - g_1) = g_1 - g_0 \in G - G_0$$

故 $g_0=g_1$，即 $P_G(x)$ 至多是单点集. 证毕.

注1.1 虽然，X 中每个凸子集是半 Chebyshev 子集$\Longleftrightarrow X$ 严格凸，但 G 是半 Chebyshev 子集并不导致 X 关于 G 严格凸. 一个极端的反例，是 X 中的任何开子集是半 Chebyshev 子集，但 X 可以没有任何凸性. 下面将说明，G 是 Chebyshev 子集也不能推出 X 关于 G 是严格凸，为此，我们给出下述命题

命题1.1 设 G 是 X 的子空间，则 X 关于 G 严格凸$\Longleftrightarrow X$ 中的每个一维子空间是 Chebyshev 子空间.

证 "$\Rightarrow$"由定理1.1立即可得.

"$\Leftarrow$"

反设 X 关于 G 不严格凸，从而存在 $g,h\in X$，$\|g\|=\|h\|=\frac{1}{2}\|g+h\|=1$，$g-h\in G-G$，$g-h\neq 0$. 令

$$G_0 = \operatorname{span}\{g - h\}$$

则 $G_0\subset G$，$\dim G_0=1$. 取 $x=-h$，下证

$$\left\{0, g - h, \frac{1}{2}(g - h)\right\} \subset P_{G_0}(x)$$

首先，取 $x^*\in S^*$ 使

$$x^*\left(x - \frac{1}{2}(g - h)\right) = \left\|x - \frac{1}{2}(g - h)\right\|$$

即

$$x^*\left(-\frac{1}{2}(g + h)\right) = \left\|-\frac{1}{2}(g + h)\right\|$$

故

$$x^*(-g)=x^*(-h)=x^*\left(-\frac{g+h}{2}\right)=1$$

从而

$$x^*(g-h)=0$$

故

$$x^*(\bar{g})=0,\quad \forall\, \bar{g}\in G_0$$

由特征定理知，$\frac{1}{2}(g-h)\in P_{G_0}(x)$，而

$$\|x-0\|=1=\|x-\frac{1}{2}(g-h)\|=1$$

$$\|x-(g-h)\|=\|-g\|=1=\left\|x-\frac{1}{2}(g-h)\right\|$$

故

$$\left\{0,g-h,\frac{1}{2}(g-h)\right\}\subset P_{G_0}(x)$$

与 G_0 是 Chebyshev 集矛盾．证毕．

例1.1 设 G 是 $C_R(\Omega)$ 中的 n 维哈尔子空间，$n\geqslant 2$，则 G 是 $C_R(\Omega)$ 的 Chebyshev 子集，但 X 关于 G 不严格凸．事实上，因 $n\geqslant 2$，从而存在 $g_0\in G$，使 $Z(g_0)\neq\Phi$．这样，$G_0=\text{span}\{g_0\}$ 不是 $C_R(\Omega)$ 的 Chebyshev 子空间，由命题1.1知，$C_R(\Omega)$ 关于 G 不严格凸．

定义1.2 设 $G\subset X$，$x\in X\backslash G$，$g_0\in G$，若

$$\tau(x-g,g-g_0)<0,\quad \forall\, g\in G\backslash\{g_0\}$$

则称 (x,g_0) 满足严格 Papini 条件．

下面的定理说明了唯一最佳逼近的 Papini 条件刻划．

定理1.2 设 G 是 X 中的太阳集，$x\in X\backslash G$，$P_G(x)\neq\Phi$，则 g_0 是 $P_G(x)$ 的唯一最佳逼近 $\Longleftrightarrow(x,g_0)$ 满足严格 Papini 条件．

证 由于 $\forall\, g\in G\backslash\{g_0\}$

$$\|x-g_0\|<\|x-g\|$$

故

$$\max_{x^*\in E_{x-g}}\text{Re}x^*(g-g_0)<0,\quad \forall\, g\in G$$

即

$$\tau(x-g, g-g_0) < 0, \forall\, g \in G\backslash\{g_0\}$$

故必要性成立. 下证充分性.

反设, g_0不是x的唯一最佳逼近, 从而由$P_G(x) \neq \Phi$知, 存在$g_1 \in P_G(x)$. 由 Kolmogorov 特征定理知

$$\max_{x^* \in E_{x-g_1}} \mathrm{Re}\, x^*(g_1 - g_0) \geqslant 0$$

即

$$\tau(x-g_1, g_1-g_0) \geqslant 0$$

与(x, g_0)满足严格 Papini 条件矛盾. 证毕.

定理1.2的必要性对任何集G均成立. 这样我们有

推论1.1 设G是X中的强正则集, $x \in X\backslash G, g_0 \in G$, 则$g_0$是$x$的唯一最佳逼近$\Longleftrightarrow (x, g_0)$满足严格 Papini 条件.

证 由于(x, g_0)满足严格 Papini 条件, 故(x, g_0)满足 Papini 条件, 从而$g_0 \in P_G(x)$, 这样由定理1.2知, 推论成立. 证毕.

推论1.2 设G是内积空间的太阳集, $x \in X\backslash G$, $g_0 \in G$, 则$g_0 \in P_G(x) \Longleftrightarrow (x, g_0)$满足严格 Papini 条件.

证 充分性由第二章定理3.3可得. 下证必要性. 由于内积空间是严格凸空间, 从而G是半 Chebyshev 子集, 故$g_0 \in P_G(x)$必是x的唯一最佳逼近. 故推论成立. 证毕.

推论1.3 设G是$C_R(\Omega)$中的太阳集, $f \in C_R(\Omega)\backslash G, g_0 \in G$, 则$g_0$是$f$的唯一最佳逼近$\Longleftrightarrow (f, g_0)$满足严格 Papini 条件.

二、唯一性元与严格 Kolmogorov 条件

定义1.3 设$G \subset X, x \in X\backslash G, g_0 \in G$. 若

$$\max_{x^* \in E_{x-g_0}} \mathrm{Re}\, x^*(g_0 - g) > 0, \quad \forall\, g \in G\backslash\{g_0\}$$

则称(x, g_0)满足严格 Kolmogorov 条件.

命题1.2 设$G \subset X, x \in X\backslash G, g_0 \in G$, 若$(x, g_0)$满足严格 Kolmogorov 条件, 则$g_0$是$x$的唯一最佳逼近.

证 $\forall g\in G\backslash\{g_0\}$，存在 $x^*\in E_{x-g_0}$ 使

$$\mathrm{Re}x^*(g_0-g)>0$$

从而

$$\|x-g_0\|=\mathrm{Re}x^*(x-g_0)<\mathrm{Re}x^*(x-g)\leqslant\|x-g\|$$

故 g_0 是 x 的唯一最佳逼近．证毕．

定义1.4 设 $G\subset X, g_0\in G$，若 $\forall x\in X, g_0\in P_G(x)\Rightarrow g_0$ 是 x 的唯一最佳逼近，则称 g_0 是 G 的唯一性元．

推论1.4 设 $G\subset X, g_0\in G$，若对 $\forall x\in X\backslash G, g_0\in P_G(x)\Rightarrow(x,g_0)$ 满足严格 Kolmogorov 条件，则 g_0 是 G 的唯一性元．

注1.2 一般地，推论1.4之逆未必成立．事实上，若 X 是严格凸，光滑空间，G 是 X 的闭子空间，则 $\forall g_0\in G, g_0$ 是 G 的唯一性元，但对 $\forall x\in X\backslash G, (x,g_0)$ 都不满足严格 Kolmogorov 条件．但若 G 是凸集，则严格 Kolmogorov 条件可能成立．

例1.2 $X=R^2, G=B$，则 $\forall x\in X\backslash G, P_G(x)$ 是单点集，且若 $g_0\in P_G(x)$，则 (x,g_0) 满足严格 Kolmogorov 条件．

下面考虑 $C_R(\Omega)$ 和 $L(\mu)$ 中的严格 Kolmogorov 条件．这里设 $L(\mu)$ 是实空间．

定理1.3 设 G 是 $C_R(\Omega)$ 中的太阳集，$g_0\in G$，则下述论断等价：

i）g_0 是 G 的唯一性元；

ii）$\forall f\in C_R(\Omega)\backslash G, g_0\in P_G(x)\Longleftrightarrow(f,g_0)$ 满足严格 Kolmogorov 条件．

证 ii）⇒i）由推论1.4可得．下证 i）⇒ii）．反设 ii）不成立，则存在 $f\in C_R(\Omega)\backslash G, g_0\in P_G(f), g\in G$ 使

$$\max_{t\in\Omega_{f-g_0}}\mathrm{sgn}(f-g_0)(t)(g_0-g)(t)\leqslant 0.$$

由 G 是太阳集知

$$\max_{t\in\Omega_{f-g_0}}\mathrm{sgn}(f-g_0)(t)(g_0-g)(t)=0$$

故

$$N=\Omega_{f-g_0}\cap Z(g_0-g)\neq\Phi$$

由第二章引理4.1知，G 在 g_0处有符号相容性，这样，存在 $g_1\in G$ 使

$$(g_1-g_0)(t)\operatorname{sgn}(f-g_0)(t)>0,\quad \forall\, t\in N$$

从而

$$(g_1-g)(t)\operatorname{sgn}(f-g_0)(t)>0,\quad \forall\, t\in N$$

由连续性，存在 Ω_{f-g_0} 中的相对开集 U'，$N\subset U'\subset\Omega_{f-g_0}$，使

$$(g_1-g)(t)\operatorname{sgn}(f-g_0)(t)>0,\quad \forall\, t\in U'$$

因此，对满足 $N\subset\overline{U}\subset U'$ 的相对开集 U，由 G 是太阳集（故必有弱中间性质）知，存在 $\{g_k\}\subset G$，$\|g_k-g\|\to0$ 使

$$(g_k-g)(t)(g_1-g)(t)>0,\quad \forall\, t\in\overline{U}$$

从而，$\forall\, t\in\overline{U}$

$$\begin{aligned}&(g_k-g_0)(t)\operatorname{sgn}(f-g_0)(t)\\&=(g_k-g)(t)\operatorname{sgn}(f-g_0)(t)+(g-g_0)(t)\operatorname{sgn}(f-g_0)(t)\\&\geqslant(g_k-g)(t)\operatorname{sgn}(f-g_0)(t)\\&=(g_k-g)(t)\operatorname{sgn}(g_1-g_0)(t)>0\end{aligned}$$

另一方面，由于 $V=\Omega_{f-g_0}\backslash U$ 是闭集，且

$$(g-g_0)(t)\operatorname{sgn}(f-g_0)(t)>0,\quad \forall\, t\in V$$

故当 k 充分大时，有

$$(g_k-g_0)(t)\operatorname{sgn}(f-g_0)(t)>0,\quad \forall\, t\in V$$

这样，当 k 充分大时，

$$\min_{t\in\Omega_{f-g_0}}(g_k-g_0)(t)\operatorname{sgn}(f-g_0)(t)>0$$

与(f,g_0)满足 Kolmogorov 条件矛盾．证毕.

定理1.4 设 G 是 $L(\mu)$ 中的子集，$g_0\in G$，则下述论断等价

i) g_0是 G 的太阳点和唯一性元；

ii) $\forall\, f\in L(\mu)\backslash G, g_0\in P_G(f)\Longleftrightarrow(f,g_0)$ 满足严格 Kolmogorov 条件.

证 由推论1.4及第二章定理2.1知，ii) ⇒i). 下证 i) ⇒ii).

易知，(f,g_0)满足严格 Kolmogorov 条件⟺

$$\int_{\Omega\backslash Z(f-g_0)}(g-g_0)(t)\operatorname{sgn}(f-g_0)(t)d\mu$$

$$< \int_{Z(f-g_0)} |(g - g_0)(t)| d\mu, \forall\, g \in G \setminus \{g_0\}.$$

反设存在 $g_1 \in G\setminus\{g_0\}$，使

$$\text{a)} \quad \int_{\Omega\setminus Z(f-g_0)} (g_1 - g_0)(t)\operatorname{sgn}(f - g_0)(t) d\mu$$

$$\geqslant \int_{Z(f-g_0)} |(g_1 - g_0)(t)| d\mu$$

因 $g_0 \in P_G(f)$，g_0是太阳点，故

$$\text{b)} \quad \int_{\Omega\setminus Z(f-g_0)} (g - g_0)(t)\operatorname{sgn}(f - g_0)(t) d\mu$$

$$\leqslant \int_{Z(f-g_0)} |(g - g_0)(t)| d\mu, \forall\, g \in G$$

定义

$f_0\ (t)$

$$= \begin{cases} |(g_1 - g_0)(t)|\operatorname{sgn}(f - g_0)(t) + g_0(t), \forall\, t \in \Omega\setminus Z(f - g_0) \\ g_0(t), \forall\, t \in Z(f - g_0) \end{cases}$$

则

$$\|f_0 - g_0\| = \int_\Omega |(f - g_0)(t)| d\mu$$

$$= \int_{\Omega\setminus Z(f-g_0)} |(g_1 - g_0)(t)| d\mu$$

由 b）得，$\forall\, g \in G$

$$\|f_0 - g\| = \int_\Omega |f(t) - g(t)| d\mu$$

$$= \int_{\Omega\setminus Z(f-g_0)} \big| |(g_1 - g_0)(t)|\operatorname{sgn}(f - g_0)(t)$$

$$+ (g_0 - g)(t) \big| d\mu + \int_{Z(f-g_0)} |(g_0 - g)(t)| d\mu$$

$$\geqslant \int_{\Omega\setminus Z(f-g_0)} [|(g_1 - g_0)|(t)\operatorname{sgn}(f - g_0)(t)$$

$$+ (g_0 - g)(t)]\operatorname{sgn}(f - g_0)(t) d\mu$$

$$+\int_{Z(f-g_0)}|(g_0-g)(t)|d\mu$$

$$=\int_{\Omega\setminus Z(f-g_0)}|(g_1-g_0)(t)|d\mu$$

$$+\int_{\Omega\setminus Z(f-g_0)}(g_0-g)(t)\operatorname{sgn}(f-g_0)(t)d\mu$$

$$+\int_{Z(f-g_0)}|(g_0-g)(t)|d\mu$$

$$\geqslant\int_{\Omega\setminus Z(f-g_0)}|(g_1-g_0)(t)|d\mu$$

$$=\|f_0-g_0\|$$

故 $g_0\in P_G(f_0)$. 因 g_0是 G 的唯一性元，所以 g_0是 f_0的唯一最佳逼近. 将 $g=g_1$代入 b)，由 a) 则得

$$\|f_0-g_1\|$$

$$=\int_{\Omega\setminus Z(f-g_0)}\big||(g_1-g_0)(t)|\operatorname{sgn}(f-g_0)(t)$$

$$+(g_0-g_1)(t)\big|d\mu+\int_{Z(f-g_0)}|(g_0-g_1)(t)|d\mu$$

$$=\int_{\Omega\setminus Z(f-g_0)}[|(g_1-g_0)(t)|$$

$$+(g_0-g_1)(t)\operatorname{sgn}(f-g_0)(t)]d\mu$$

$$+\int_{Z(f-g_0)}|(g_0-g_1)(t)|d\mu$$

$$=\int_{\Omega\setminus Z(f-g_0)}|(g_1-g_0)(t)|d\mu$$

$$=\|f_0-g_0\|$$

即 $g_1\in P_G(f_0)$，与 g_0是唯一最佳逼近矛盾. 证毕.

推论1.5 设 G 是 $C_R(\Omega_1)$ 或 $L(\mu)$ 中的子集，则下述论断等价：

i) G 是半 Chebyshev 太阳；

ii) $\forall f\in C(\Omega)$ 或 $L(\mu)$, $f\overline{\in}G$, $g_0\in G$, 则 $g_0\in P_G(f)\Longleftrightarrow$

(f, g_0)满足严格 Kolmogorov 条件.

三、有理函数逼近的唯一性

设 P，Q 为 $C_R(\Omega)$ 上的有限维子空间

$$\mathscr{R} = \mathscr{R}(P, Q) = \{p/q : p \in P, q \in \mathscr{Q}, q(t) > 0, \forall\, t \in \Omega\}$$

下面讨论 $\mathscr{R}$ 和普通有理函数集 $\mathscr{R}_{m,n}$ 在 $C_R(\Omega)$ 和 $L_p(\mu)$ 中逼近的唯一性.

对于 $\mathscr{R}$ 和 $\mathscr{R}_{m,n}$ 在 $C_R(\Omega)$ 中的逼近，由第二章有理函数的交错定理的讨论，立即得到下面的结果.

定理1.5 设 $r_0 \in \mathscr{R}$，若 $G_{r_0} = P + r_0 Q$ 是 $n = n_{r_0}$ 维哈尔子空间，则 r_0 是 $\mathscr{R}$ 的唯一性元，且对 $\forall\, f \in C_R(\Omega) \backslash \mathscr{R}$，$r_0 \in P_{\mathscr{R}}(f) \Longleftrightarrow (f, r_0)$ 满足严格 Kolmogorov 条件.

推论1.6 $\mathscr{R}_{m,n}$ 是 $C_R[a,b]$ 中的 Chebyshev 子集，且 $\forall\, r_0 \in \mathscr{R}_{m,n}$，$f \in C_R[a,b] \backslash \mathscr{R}_{m,n}$，$r_0 \in P_{\mathscr{R}_{m,n}}(f) \Longleftrightarrow (f, r_0)$ 满足严格 Kolmogorov 条件.

对于 $\mathscr{R}_{m,n}$ 在 $L_P[a, b]$ 中的逼近唯一性，则要复杂得多，为给出 $\mathscr{R}_{m,n}$ 在 $L_p[a, b]$ 中"相当"不唯一性，我们引入下面的集合. 对 $r \in \mathscr{R}_{m,n}$ 令

$$M_r = C_r R_{m,n} = \left\{ g \in L_p[a,b] : \begin{array}{l} \text{存在}[0,1]\text{到}\ \mathscr{R}_{m,n}\ \text{的连续映} \\ \text{射}\ r(t), \text{使}\ \|r(t) - r - tg\| \\ = o(t), (t \to 0) \end{array} \right\}$$

则易验证 M_r 是以0为顶点的正锥（一般地，$C_r \mathscr{R}_{m,n}$ 称 $\mathscr{R}_{m,n}$ 在 r 处的切锥. 在第七章中，我们将再次研究它).

引理1.1 $\forall\, f \in L_p[a,b]$，$r \in P_{R_{m,n}}(f)$，则 $0 \in P_{M_r}(f - r)$.

证 反设 $0 \overline{\in} P_{M_r}(f - r)$，则存在 $g \in M_r$ 使

$$\|f - r - g\| < \|f - r\|$$

令 $r(t) : [0,1] \to \mathscr{R}_{m,n}$，使

$$\|r(t) - r - tg\| = o(t), (t \to 0)$$

则

$$
\begin{aligned}
\|f-r(t)\| &\leqslant \|f-r-tg\| + \|r(t)-r-tg\| \\
&= \|(1-t)(f-r)+t(f-r-g)\| + o(t) \\
&\leqslant (1-t)\|f-r\| + t\|f-r-g\| + o(t) \\
&= \|f-r\| + t(\|f-r-g\| - \|f-r\|) + o(t) \\
&< \|f-r\|, \qquad \text{当 } t \to 0 \text{ 时}
\end{aligned}
$$

与 $r\in P_{\mathscr{R}_{m,n}}(f)$ 矛盾. 证毕.

引理1.2 设$1<p<\infty$, $f\in L_p[a,b]\backslash\mathscr{R}_{m,n}$, $r\in P_{\mathscr{R}_{m,n}}(f)$, 则 $r\overline{\in}\mathscr{R}_{m-1,n-1}$.

证 反设 $r\in\mathscr{R}_{m-1,n-1}$. 下面分三步来导出矛盾.

i) 我们证明, $0\in P_G(f-r)$, 其中

$$G = \mathrm{COM}_r$$

事实上, 由引理1.2知, $0\in P_{M_r}(f-r)$. 由于 M_r 是以0为顶点的锥, 故0是 M_r 的太阳点. 从而由特征定理知

$$\int_{[a,b]} |(f-r)(t)|^{p-1}\mathrm{sgn}(f-r)(t)(0-r_1)(t)d\mu \geqslant 0,$$

$$\forall\ r_1 \in M_r$$

故

$$\int_{[a,b]} |(f-r)(t)|^{p-1}\mathrm{sgn}(f-r)(t)(0-r_1)(t)d\mu \geqslant 0,$$

$$\forall\ r_1 \in G$$

从而, $0\in P_G(f-r)$.

ii) G 在 $L_p[a,b]$中稠.

$\forall\ f\in L_p[a,b]$, $\forall\ \varepsilon>0$, 存在 k 和 $p\in\pi_k$, 使

$$\|f-p\| < \frac{1}{2}\varepsilon$$

取$0<t_1<\cdots<t_k$ 充分小, 使

$$\|p/q - f\| < \varepsilon$$

其中 $q=\prod_{i=1}^{k}(1+t_it)$. 将 p/q 分解成

$$p/q = \sum_{i=1}^{k} a_i \frac{1}{1+t_it}$$

知，$p/q\in CO(\mathscr{R}_{0,1})$，故 $CO(\mathscr{R}_{0,1})$ 在 $L_p[a,b]$ 中稠.

由于 $r=p_0/q_0\in\mathscr{R}_{m-1,n-1}$，则$\forall\ a,\alpha\in[0,1]$

$$\frac{p_0+\alpha(1+at)^{-1}}{q_0}\in R_{m,n}$$

故$\dfrac{1}{(1+at)q_0(t)}\in M_r$. 从而 $CO(q_0^{-1}\mathscr{R}_{0,1})\subset G$. 而 $CO(\mathscr{R}_{0,1})$ 在 L_p 中稠，故 G 在 $L_p[0,1]$ 中稠.

iii) 由 ii) 知，$d_G(f-r)=0$，由 i)知，$0\in P_G(f-r)$，故 $f=r$. 矛盾. 证毕.

定理1.6 设$1<p<\infty$，$m\geqslant 0$，$n\geqslant 1$，E_{m+2}是 $L_p[a,b]$ 中的一个 $m+2$维子空间. 若 $E_{m+2}\cap\mathscr{R}_{m,n}=\{0\}$，则存在 $f\in E_{m+2}$，使 f 在 $\mathscr{R}_{m,n}$中至少有两个最佳逼近.

为证定理1.7，我们需要下面 Borsuk 引理：

引理1.3 (Borsuk(1933,[7]))设 E_n 是 n 维赋范空间，F 是 E_n 的单位球面 S_{n-1}到 R^m 的连续映射. 若 F 是奇的，即 $F(-x)=-F(x)$，$\forall\ x\in S_{n-1}$，则存在 $x_0\in S_{n-1}$使 $F(x_0)=0$.

定理1.7之证明：令

$$S_{m+1}=\{f\in E_{m+2}:\ \ \|f\|_p=1\}$$

若$\forall\ f\in E_{m+2}$，$P_{\mathscr{R}_{m,n}}(f)$是单点集，则由 $\mathscr{R}_{m,n}$在 $L_p[a,b]$ 中逼近紧知，投影称子 $P=P_{\mathscr{R}_{m,n}}$：$S_{m+1}\to\mathscr{R}_{m,n}$是连续的. 由于$\forall\ f\in S_{m+1}$，$P(f)\in\mathscr{R}_{m,n}\backslash\mathscr{R}_{m-1,n-1}$，不妨设

$$P(f)=r=p/q,\qquad \|q\|_\infty=1$$

定义映射Φ：$\mathscr{R}_{m,n}\backslash\mathscr{R}_{m-1,n-1}\to R^{m+1}$

$$\Phi(r)=(a_0,\cdots,a_m)\in R^{m+1}$$

其中$r=p/q$，$p=\sum\limits_{i=0}^{m}a_it^i$，$\|q\|_\infty=1$，则 Φ 是连续的. 再定义复合映射 F：$S_{m+1}\to R^{m+1}$：

$$F=\Phi\cdot P$$

则易证 F 是连续的奇映射，从而由引理1.4知，存在 $f_0\in S_{m+1}$，使 $F(f_0)=0$. 故 $P(f_0)=0$. 矛盾. 证毕.

推论1.7 设$1<p<\infty$，$\mathscr{R}_{m,n}$在 $L_p[a,b]$ 中不是Chebysbev 子

集.

注1.3 定理1.7所给信息比推论1.7多得多. 若仅要说明，$\mathscr{R}_{m,n}$在 $L_p[a,b]$ 中不是Chebyshev 子集，也可利用第五章中的结果来得到，即一致凸空间中的逼近紧Chebyshev 集必是凸集. 同样的原因，广义指数和函数类 E_n，自由节点样条函数类在 $L_p[a,b]$ 中都不是 Chebyshev 集.

注1.4 当 $p=1$，$\mathscr{R}_{m,n}$一般也不是 Chebyshev 子集. 事实上，众所周知（第一章定理4.10），对任何有限维子空间 G，G 在 $L[a,b]$ 上都不是 Chebyshev 子集.

注1.5 当 $p=1$时，不能保证 $P_{\mathscr{R}_{m,n}}(f)\subset\mathscr{R}_{m,n}\backslash\mathscr{R}_{m-1,n-1}$，但有 $P_{\mathscr{R}_{m,n}}(f)\subset R_{m,n}\backslash R_{m-2,n-2}$. 事实上，若 $r_0=p_0/q_0\in\mathscr{R}_{m-2,n-2}$，且 $r_0\in P_{\mathscr{R}_{m,n}}(f)$，则适当地选取 $\varepsilon>0$，$\delta>0$，$x_0\in[a,b]$ 可使

$$\left\|f-r_0-\frac{\varepsilon}{q_0[(x-x_0)^2+\delta]}\right\|<\|f-r_0\|$$

与 $r_0\in P_{\mathscr{R}_{m,n}}(f)$ 矛盾. 下面的例说明 $P_{\mathscr{R}_{m,n}}(f)\subset R_{m-1,n-1}$ 是可能的.

例1.3 $f\in L[-1,1]$ 定义为

$$f(x)=\begin{cases}-4x^2+1, & |x|\leqslant\frac{1}{2}\\ 0, & \text{其它}\end{cases}$$

则 $P_{\mathscr{R}_{0,1}}(f)=0$.

事实上，$\forall\, r\in R_{0,1}$，$|r|$是凸函数，故

$$\int_{|x|\leqslant\frac{1}{2}}|r(x)|d\mu\leqslant\int_{\frac{1}{2}<|x|\leqslant 1}|r(x)|d\mu$$

从而

$$\begin{aligned}\|f-r\|_1&\geqslant\int_{|x|\leqslant\frac{1}{2}}|f(x)|d\mu-\int_{|x|\leqslant\frac{1}{2}}|r(x)|d\mu\\&\quad+\int_{\frac{1}{2}<|x|\leqslant 1}|r(x)|d\mu\\&\geqslant\int_{|x|\leqslant\frac{1}{2}}|f(x)|d\mu=\|f-0\|_1\end{aligned}$$

故$0\in P_{\mathscr{R}_{0,1}}(f)$且易验证$P_{\mathscr{R}_{0,1}}(f)=0$，所以$P_{\mathscr{R}_{0,1}}(f)\subset\mathscr{R}_{-1,0}$.

第二节　最佳逼近的强唯一性

一、强 Kolmogorov 条件与强太阳集

定义2.1　设$G\subset X$，$x\in X\backslash G$，$g_0\in G$，若存在常数$k=k(x)>0$使

$$\max_{x^*\in E_{x-g_0}} \mathrm{Re}x^*(g_0-g)\geqslant k\|g_0-g\|,\quad \forall g\in G$$

则称(x,g_0)满足强 Kolmogorov 条件.

注2.1　显然，(x,g_0)满足强 Kolmogorov 条件$\Longleftrightarrow$存在常数$k=k(x)>0$使

$$\tau(x-g_0,g_0-g)\geqslant k\|g_0-g\|,\quad \forall g\in G$$

注2.2　若(x,g_0)满足严格 Kolmogorov 条件，且

$$\left\{\frac{g_0-g}{\|g_0-g\|}:g\in G\backslash\{g_0\}\right\}$$

是紧的，则(x,g_0)满足强 Kolmogorov 条件.

下面的命题给出了强 Kolmogorov 条件的几何意义，我们先定义闭球$B(0,\|x-g_0\|)$在$x-g_0$处的支撑锥为

$$K_{x-g_0}=\{y\in X:\mathrm{Re}x^*(y)\leqslant\|x-g_0\|,\forall x^*\in E_{x-g_0}\}$$

命题2.1　设$G\subset X$，$x\in X\backslash G$，$g_0\in G$，则(x,g_0)满足强 Kolmogorov 条件$\Longleftrightarrow$集合

$$K_{x-g_0}\cap\mathrm{Con}(g_0-G)$$

有界，其中$\mathrm{Con}(g_0-G)$是由g_0-G生成的锥.

证　"$\Rightarrow$"

设$k=k(x)$使

$$\max_{x^*\in E_{x-g_0}} \mathrm{Re}x^*(g_0-g)\geqslant k\|g_0-g\|,\quad \forall g\in G,$$

下面将证明

$$K_{x-g_0} \cap \mathrm{Con}(g_0 - G) \subset B(0, \|x - g_0\|/k)$$

事实上，反设存在 $\alpha>0$，$g\in G$ 使 $\alpha(g_0 - g) \in K_{x-g_0}$. 但

$$\|\alpha(g_0 - g)\| > \|x - g_0\|/k$$

则

$$\begin{aligned}\sup_{x^*\in E_{x-g_0}} \mathrm{Re}x^*[\alpha(g_0 - g)] &= \alpha \sup_{x^*\in E_{x-g_0}} \mathrm{Re}x^*(g_0 - g) \\ &\geqslant \alpha k\|g_0 - g\| \\ &> \|x - g_0\|\end{aligned}$$

与 $\alpha(g_0 - g) \in K_{x-g_0}$ 矛盾.

"$\Leftarrow$"

因存在 $C>0$ 使

$$K_{x-g_0} \cap \mathrm{Con}(g_0 - G) \subset \mathring{B}(0,c)$$

则 $\forall\ g\in G\setminus \{g_0\}$

$$\frac{c(g_0 - g)}{\|g_0 - g\|} \overline{\in} K_{x-g_0} \cap \mathrm{Con}(g_0 - G)$$

而

$$\frac{c(g_0 - g)}{\|g_0 - g\|} \in \mathrm{Con}(g_0 - G)$$

故

$$\frac{c(g_0 - g)}{\|g_0 - g\|} \overline{\in} K_{x-g_0}$$

从而

$$\max_{x^*\in E_{x-g_0}} \mathrm{Re}x^*\left(\frac{c(g_0 - g)}{\|g_0 - g\|}\right) > \|x - g_0\|$$

故令 $k=\|x-g_0\|/c$ 则

$$\max_{x^*\in E_{x-g_0}} \mathrm{Re}x^*(g_0 - g) \geqslant k\|g_0 - g\|, \qquad \forall\ g \in G$$

证毕.

定义2.2 设 $G\subset \dot{X}$，$x\in X\setminus G$，$g_0 \in P_G(x)$，若存在常数 $r>0$ 使

$$\|x - g\| \geqslant \|x - g_0\| + r\|g - g_0\|, \quad \forall\ g \in G$$

则称 g_0 是 x 的强唯一最佳逼近. 其中使上式成立的最大常数称为 x 的强唯一常数，记为 $r(x)$，即

$$r(x) = \inf\left\{\frac{\|x-g\| - \|x-g_0\|}{\|g-g_0\|} : \forall\ g \in G\setminus\{g_0\}\right\}$$

若对 $\forall\ x \in X, r(x) > 0$，则称 G 是强 Chebyshev 子集. 这里若 $x \in G$，则规定 $r(x) = 1$.

作为强唯一性定义的一个直接推论，我们有最佳逼近算子的 Lipschitz 连续性.

定义2.3 设 $x_0 \in X$，若 $P_G(x_0)$ 是单点集，且存在 x_0 的一个邻域 $\bigcup(x_0,\delta)$，使 $\forall\ x \in \bigcup(x_0,\delta)$ 有 $P_G(x) \neq \Phi$，且

$$\sup_{g\in P_G(x)} \|P_G(x_0) - g\| \leqslant L\|x - x_0\|$$

则称 P_G 在 x_0 处是 Lipschitz 连续的，其中 L 是仅与 x_0 有关的常数.

命题2.2 设 G 是近迫集，x_0 的最佳逼近是强唯一的，则 $P_G(x)$ 在 x_0 处是 Lipschitz 连续的.

证 由于 $P_G(x_0)$ 是 x_0 的强唯一最佳逼近，故

$$\|x_0 - g\| \geqslant \|x_0 - P_G(x_0)\| + r(x_0)\|g - P_G(x_0)\|, \quad \forall\ g \in G$$

而，$\forall\ g \in P_G(x)$

$$\begin{aligned}\|x - g\| &\leqslant \|x - P_G(x_0)\| \\ &\leqslant \|x - x_0\| + \|x_0 - P_G(x_0)\|\end{aligned}$$

故

$$\begin{aligned}\|g - P_G(x_0)\| &\leqslant 1/r(x_0)[\|x_0 - g\| - \|x_0 - P_G(x_0)\|] \\ &\leqslant \frac{1}{r(x_0)}[\|x - x_0\| + \|x - g\| - \|x_0 - P_G(x_0)\|] \\ &\leqslant 2/r(x_0)\|x - x_0\|\end{aligned}$$

因此

$$\sup_{g\in P_G(x)} \|g - P_G(x_0)\| \leqslant 2/r(x_0)\|x - x_0\|$$

即 P_G 在 $x = x_0$ 处是 Lipschitz 连续. 证毕.

命题2.3 设 $G \subset X$，$x \in X\setminus G$，$g_0 \in G$. 若 (x, g_0) 满足强 Kolmogorov 条件，则 g_0是 x 的强唯一最佳逼近，且

$$r(x) \geqslant \inf\{\max_{x^* \in E_{x-g_0}} \operatorname{Re} x^*(g_0 - g):\ g \in G, \|g - g_0\| = 1\}$$

证 由于$\forall\ g \in G$，$\|g-g_0\|=1$ 有

$$\|x - g\| - \|x - g_0\| \geqslant \max_{x^* \in E_{x-g_0}} \operatorname{Re} x^*(x - g) - \|x - g_0\|$$

$$= \max_{x^* \in E_{x-g_0}} \operatorname{Re} x^*(g_0 - g)$$

故

$$r(x) = \inf\{\|x - g\| - \|x - g_0\| : g \in G, \|g - g_0\| = 1\}$$

$$\geqslant \inf\{\max_{x^* \in E_{x-g_0}} \operatorname{Re} x^*(g_0 - g) : g \in G, \|g - g_0\| = 1\}$$

故命题成立. 证毕.

为研究其逆命题 我们引入下述概念：

定义2.3 设 $G \subset X$，$g_0 \in G$，若$\forall\ x \in X$，g_0是 x 的强唯一的最佳逼近导出 g_0是 x_α 的一致强唯一最佳逼近，即$\inf\limits_{\alpha>0} r(x_\alpha) > 0$，则称 g_0是 G 的强太阳点，其中 $x_\alpha = \alpha(x - g_0) + g_0$. 若 X 中每一点都是 G 的强太阳点，则称 G 是强太阳集.

注2.3 由于当$0 < \alpha \leqslant 1$时

$$\|x_\alpha - g\| \geqslant \|x - g\| - \|x - x_\alpha\|$$

$$\geqslant \|x - g_0\| - \|x - x_\alpha\| + r(x)\|g - g_0\|$$

$$= \|x_\alpha - g_0\| + r(x)\|g - g_0\|$$

故

$$r(x_\alpha) \geqslant r(x), \quad 0 < \alpha \leqslant 1$$

因此

$$\inf_{\alpha>0} r(x_\alpha) > 0 \Longleftrightarrow \inf_{\alpha\geqslant 1} r(x_\alpha) > 0$$

命题2.4 $G \subset X$，$g_0 \in G$，则 g_0是 G 的强太阳点$\Longleftrightarrow \forall\ x \in X \backslash G$，若 g_0是 x 的强唯一最佳逼近，则存在 $c > 0$使

$$\|x - \bar{g}\| \geqslant \|x - g_0\| + c\|\bar{g} - g\|, \qquad \forall\ \bar{g} \in \bigcup_{g \in G} [g_0, g]$$

证 “$\Rightarrow$”

由于 g_0 是 G 的强太阳点，从而 $c=\inf\limits_{\alpha>0} r(x_\alpha)>0$，且对 $\forall\ 0\leqslant \alpha<\infty$

$$\|x_\alpha-g\|\geqslant\|x_\alpha-g_0\|+c\|g_0-g\|,\forall\ g\in G$$

即

$$\left\|x-\left[\left(1-\frac{1}{\alpha}\right)g_0+\frac{1}{\alpha}g\right]\right\|$$

$$\geqslant\|x-g_0\|+c\left\|\left(1-\frac{1}{\alpha}\right)g_0+\frac{1}{\alpha}g-g_0\right\|,\quad \forall\ g\in G.$$

所以

$$\|x-\bar{g}\|\geqslant\|x-g_0\|+c\|\bar{g}-g_0\|,\quad \forall\ \bar{g}\in\bigcup_{g\in G}[g_0,g]$$

“$\Leftarrow$”

由于 $\forall\ g\in G$，$g\neq g_0$，$\alpha\geqslant 1$

$$\frac{\|x_\alpha-g\|-\|x_\alpha-g_0\|}{\|g-g_0\|}$$

$$=\frac{\left\|x-\left[\left(1-\frac{1}{\alpha}\right)g_0+\frac{1}{\alpha}g\right]\right\|-\|x-g_0\|}{\left\|\left(1-\frac{1}{\alpha}\right)g_0+\frac{1}{\alpha}g-g_0\right\|}$$

$$\geqslant c$$

故

$$\inf_{\alpha\geqslant 1} r(x_\alpha)\geqslant c$$

即 g_0 是 G 的强太阳点. 证毕.

二、最佳逼近的强唯一性

定理2.1 设 $G\subset X$，$g_0\in G$，则下述两论断等价：

i) g_0 是 G 的强太阳点；

ii) $\forall\ x\in X\backslash G$，$g_0$ 是 x 的强唯一最佳逼近 $\Longleftrightarrow(x,g_0)$ 满足强 Kolmogorov 条件.

证 i)$\Rightarrow$ii)：

$\forall\ x\in X\backslash G$，若 g_0 是 x 的强唯一最佳逼近，则由 i) 及命题2.4

知，存在 $c>0$，使 $\forall\ 1\geqslant t>0$，$g\in G$，有

$$\|x-g_0+t(g_0-g)\|\geqslant\|x-g_0\|+ct\|g_0-g\|$$

故

$$\begin{aligned}&\tau(x-g_0,g_0-g)\\&=\lim_{t\to0+}\frac{\|x-g_0+t(g_0-g)\|-\|x-g_0\|}{t}\\&\geqslant c\|g-g_0\|\end{aligned}$$

从而

$$\max_{x^*\in E_{x-g_0}}\operatorname{Re}x^*(g_0-g)\geqslant c\|g-g_0\|,\quad\forall\ g\in G$$

即 ii）成立.

ii)⇒i).

$\forall\ x\in X$，不妨设 $x\overline{\in}G$，若 g_0 是 x 的强唯一最佳逼近，则由 ii)知

$$\inf\{\max_{x^*\in E_{x-g_0}}\operatorname{Re}x^*(g_0-g)/\|g-g_0\|:g\in G\backslash\{g_0\}\}>0$$

由于

$$E_{x_\alpha-g_0}=E_{x-g_0},\qquad\forall\ \alpha\geqslant1$$

故

$$\begin{aligned}r(x_\alpha)\geqslant&\inf\{\max_{x^*\in E_{x-g_0}}\operatorname{Re}x^*(g_0-g)/\|g-g_0\|:g\in G\backslash\{g_0\}\}\\&>0\end{aligned}$$

从而 g_0 是 x_α 的一致强唯一最佳逼近. 证毕.

推论2.1 设 $G\subset X$，则下述论断等价：

i）G 是强太阳集；

ii) $\forall\ x\in X\backslash G$，$g_0\in G$，$g_0$ 是 x 的强唯一最佳逼近⇔(x,g_0) 满足强 Kolmogorov 条件.

注2.4 若 G 是强太阳集，且又是强 Chebyshev 集，则 G 必是太阳. 另一方面，由命题2.4知，若 G 是凸集，则 G 是强太阳集. 下面给出一个非凸的强太阳集.

例2.1 设 $X=l_\infty^2$，取

$$G=\{(x,y):\quad |x|^{\frac{1}{2}}+|y|^{\frac{1}{2}}\leqslant 1\}$$

则可以证明，$\forall\ f\in X\backslash G$，若 $g_0\in P_G(f)$，则

$$K_{f-g_0}\cap \mathrm{Con}(g_0-G)$$

有界，故 G 是强太阳集，同时 G 又是强 Chebyshev 集，当然 G 是太阳集.

注2.5 虽然对光滑空间中的线性子空间 G，$x\in X\backslash G$，则 x 不存在强唯一的最佳逼近. 但若 G 是凸集，则存在 $x\in X\backslash G$，使 x 的最佳逼近是强唯一的.

例2.2 设 $X=R^2$，取

$$G=\{(x,y):\quad |x|+|y|\leqslant 1\}$$

$g_0=(1,0)$，$f=(2,0)$，则易验证，$K_{f-g_0}\cap \mathrm{Con}(g_0-G)$ 有界，故 g_0 是 f 的强唯一最佳逼近.

注意，G 不是强 Chebyshev 子集，如 $g_0=\left(\dfrac{1}{2},\dfrac{1}{2}\right)$，$f=(1,1)$，则 $g_0\in P_G(f)$，g_0 不是 f 的强唯一最佳逼近. 更一般地，我们有下面的事实.

定理2.2 设 G 是实光滑空间 X 中的闭凸集，$g_0\in G$ 是 G 的光滑点，即存在唯一的 $x^*\in B^*$ 使 $x^*(g_0)=\max\limits_{g\in G}x^*(g)$，则 $\forall\ x\in X\backslash G$，$g_0$ 必不是 x 的强唯一最佳逼近.

证 因 g_0 是光滑点，则可设 $x_0^*\in B^*$ 是满足

$$x_0^*(g_0)=\max_{g\in G}x_0^*(g)$$

的唯一线性泛函. $\forall\ x\in X\backslash G$，不妨设 $g_0\in P_G(x)$. 由 G 凸，X 光滑知，存在唯一 $x^*\in E_{x-g}$ 且

$$x^*(g_0-g)\geqslant 0,\forall\ g\in G$$

即

$$x^*(g_0)=\max_{g\in G}x^*(g)$$

故 $x^*=x_0^*$. 所以

$$K_{x-g_0}=\{y\in X: x_0^*(y)\leqslant \|x-g_0\|\}$$

由分离性定理易证

$$\mathrm{Con}(g_0 - G) \supset \{y \in X : x_0^*(y) > 0\}$$

故集合

$$K_{x-g_0} \cap \mathrm{Con}(g_0 - G)$$

无界. 从而 (x,g_0) 不满足强 Kolmogorov 条件，g_0不是 x 的强唯一最佳逼近. 证毕.

三、有理函数逼近的强唯一性

设 P，Q 为 $C_R(\Omega)$的两个有限维子空间. 为给出 $f\in C_R(\Omega)$用 $\mathscr{R}=\mathscr{R}(P,Q)$中元逼近的强唯一性定理. 我们需要下面的引理:

引理2.1 设 $r^*\in\mathscr{R}$ 使

$$\dim(P + r^*Q) = \dim P + \dim Q - 1$$

若 $p\in P$，$q\in Q$，满足

$$\|p\| + \|q\| = \|p^*\| + \|q^*\|$$

$$p(t) = r^*q(t), q(t) > 0, \quad \forall\, t \in \Omega$$

则 $p\equiv p^*$，$q\equiv q^*$.

证 无妨设 $r^*\neq 0$，因 $p=r^*q$，故

$$p \in r^*Q, \qquad p^* \in r^*Q$$

由

$$\begin{aligned}\dim(P + r^*Q) &= \dim P + \dim(r^*Q) - \dim(P \cap r^*Q) \\ &= \dim P + \dim Q - \dim(P \cap r^*Q)\end{aligned}$$

得

$$\dim(P \cap r^*Q) = 1$$

从而

$$p = ap^*, \qquad q = aq^*$$

故 $p\equiv p^*$，$q\equiv q^*$. 证毕.

定理2.3 设 $r^*=p^*/q^*\in\mathscr{R}$，$f\in C_R(\Omega)$. 若

$$\eta(P + r^*Q) = \dim P + \dim Q - 1$$

且 $r^* \in P_{\mathscr{R}}(f)$，则 r^*是 f 的强唯一最佳逼近，其中

$$\eta(G)=\max\{\dim M; M\text{ 是 }G\text{ 的哈尔子空间}\}$$

证 因为对 $f\in\mathscr{R}$，显然，r^* 是 f 的强唯一最佳逼近，故可设 $f\in C_R(\Omega)\backslash\mathscr{R}$.

由于当 $\|r\|\to\infty$ 时

$$\frac{\|f-r\|-\|f-r^*\|}{\|r-r^*\|}\to 1$$

故我们只需证明

$$\inf\left\{\max_{t\in\Omega_{f-r^*}}\operatorname{sgn}(f-r^*)(t)\frac{(r^*-r)(t)}{\|r^*-r\|}:\right.$$
$$\left.r\in\mathscr{R},\|r\|\leqslant M\right\}>0$$

其中 M 是某个充分大的正数. 由于 $G_{r^*}=P+r^*Q$ 是哈尔子空间. 这样由定理1.6知

$$c=\inf\{\max_{t\in\Omega_{f-r^*}}\operatorname{sgn}(f-r^*)(t)g(t);g\in G_{r^*},\|g\|=1\}$$
$$>0$$

由于对$\forall$ $r=\dfrac{p}{q}\in\mathscr{R}$

$$\max_{t\in\Omega_{f-r^*}}\operatorname{sgn}(f-r^*)(t)\frac{(r^*-r)(t)}{\|r^*-r\|}\geqslant c\cdot\frac{\|qr^*-p\|}{\|q\|\|r-r^*\|}$$

故我们仅需证明

$$\inf\left\{\frac{\|qr^*-p\|}{\|q\|\|r-r^*\|}:\quad r=p/q\in\mathscr{R},\|r\|\leqslant M\right\}>0$$

反设存在 $r_k=p_k/q_k\in\mathscr{R}$，$\|r_k\|\leqslant M$，使

$$\frac{\|q_kr^*-p_k\|}{\|q_k\|\|r_k-r^*\|}\to 0$$

不妨设

$$\|q_k\|+\|p_k\|=\|p^*\|+\|q^*\|$$
$$q_k\to q_0,\quad p_k\to p_0$$

由于 $\{r_k\}$，$\{q_{nk}\}$ 均有界，从而

$$\|q_0r^*-p_0\|=\lim_k\|q_kr^*-p_k\|=0$$

由引理2.1知

$$q_0 = q^*, p_0 = p^*$$

因此

$$\frac{\|q_k r^* - p_k\|}{\|q_k\| \|r_k - r^*\|} \geqslant \frac{1}{\|q_k\| \left\| \frac{1}{q_k} \right\|} \to \frac{1}{\|q^*\| \cdot \left\| \frac{1}{q^*} \right\|}$$

矛盾．证毕．

推论2.2 设$r^* \in P_{\mathscr{R}}(f_0)$，若

$$\eta(P + r^* Q) = \dim P + \dim Q - 1$$

则$P_{\mathscr{R}}(f)$在f_0处是Lipschitz连续的．

证 由命题2.2，我们只需证明，存在f_0的一个领域$U(f_0)$，使对$\forall f \in U(f_0), P_{\mathscr{R}}(f) \neq \Phi$.

设$r^* = p^*/q^*$且$\|p^*\| + \|q^*\| = 1$，则

$$\varepsilon = \frac{1}{2} \inf_{t \in \Omega} q^*(t) > 0$$

由引理2.1知，存在$\delta > 0$，使当$r = p/q \in \mathscr{R}$，$\|p\| + \|g\| = 1$且$\|r - r^*\| < \delta$时，有$\|q - q^*\| < \varepsilon$. 事实上，反设存在$r_k = p_k/q_k \in \mathscr{R}$，使$\|p_k\| + \|q_k\| = 1$，$\|r_k - r^*\| \to 0$，但$\|q_k - q^*\| \geqslant \varepsilon$，则由紧性，不妨设

$$p_k \to p_0, \quad q_k \to q_0$$

因 $r_k \to r^*$，故 $p = r^* q$. 从而由引理2.1知，$p_0 = p^*$，$q_0 = q^*$，矛盾．令

$$U(f_0) = \left\{ f \in C_R(\Omega) : \|f - f_0\| \leqslant \frac{1}{2} r(f_0) \delta \right\}$$

其中$r(f_0)$是f的强唯一常数．由命题2.2知，若$r \in P_{\mathscr{R}}(f)$，则

$$\|r - r^*\| \leqslant 2/r(f_0) \|f - f_0\| < \delta$$

令

$$G_\delta = \{ r \in \mathscr{R} : \quad \|r - r^*\| < \delta \}$$

则$\forall f \in U(f_0)$有$d_{G_\delta}(f) = d_{\mathscr{R}}(f)$. 这样，对$\forall r = p/q \in \mathscr{R}$，若设$\|p\| + \|q\| = 1$，则有

$$G_\delta \subset \{ p/q : p \in P, q \in Q, \|p\| + \|q\| = 1,$$
$$q(t) \geqslant \varepsilon, \forall t \in \Omega \}$$

故 G_δ 是紧的. 由此即得 $P_{G_\delta}(f)\neq\Phi$,从而对 $\forall\ f\in U(f_0)$,$P_{\mathscr{R}}(f)=P_{G_\delta}(f)\neq\Phi$. 证毕.

对于普通有理函数逼近，我们有下面的强唯一性定理.

定理2.4 设 $f_0\in C_R[a,b]\backslash\mathscr{R}_{m,n}$,$r^*=p^*/q^*\in P_{\mathscr{R}_{m,n}}(f_0)$. 若 r^* 不可约,则下述论断等价:

i) r^* 是 f_0的强唯一最佳逼近;

ii) $P_{\mathscr{R}_{m,n}}(f)$在 f_0处是连续的;

iii) $\min\{n-\partial q^*,m-\partial p^*\}=0$

证 由第二章命题4.5的证明知

$$\eta(\pi_m+r^*\pi_n)=\dim\pi_m+\dim\pi_n-1$$

$\Longleftrightarrow$

$$\min\{n-\partial q^*,m-\partial p^*\}=0$$

故由定理2.3立即得iii)⇒i). 而i)⇒ii)由命题2.2或推论2.2可得. 下证ii) ⇒iii).

令

$$d(r^*)=\min\{n-\partial q^*,m-\partial p^*\}$$

我们只需证明，若 $d(r^*)\neq 0$,则 $P_{\mathscr{R}_{m,n}}(f)$ 在 f_0处不连续. 此时，$\mathscr{R}_{m,n}$在 r^* 处有次数 $n_{r^*}=m+n+1-d(r^*)$. 下面分三种情形来考虑:

a) 设 f_0-r^* 恰有 $m+n+2-k$ 次 Chebyshev 交错,其中$0<k\leqslant d(r^*)$. 容易证明，在 r^* 的任何邻域内均存在 $r\in\mathscr{R}_{m,n}\backslash\mathscr{R}_{m-1,n-1}$. 定义

$$f=f_0+(r-r^*)$$

由于 $f-r=f_0-r^*$，故 $f-r$ 至多只有 $m+n+2-k<m+n+2$ 次 Chebyshev 交错，故 $r\bar{\in} P_{\mathscr{R}_{m,n}}(f)$. 从而存在 $r_1\in\mathscr{R}_{m,n}$使 $r_1\in P_{\mathscr{R}_{m,n}}(f)$,且

$$\|f-r_1\|<\|f-r\|$$

这样

$$\operatorname{sgn}(f-r)(t)(r_1-r)(t)>0,\quad\forall\ t\in\Omega_{f-r}$$

故

$$\operatorname{sgn}(f_0-r^*)(t)(r_1-r)(t)>0,\quad \forall\, t\in\Omega_{f_0-r^*}$$

所以 r_1-r 至少有 $m+n+1-k$ 个零点，从而 r_1 的次数 $n_{r_1}>m+n+1-k$. 由 $r_1\in P_{\mathscr{R}_{m,n}}(f)$ 知，$f-r_1$ 至少有 $m+n+2-(k-1)$ 次 Chebyshev 交错. 由此必得

$$f-r_1\not\to f_0-r^*\quad (r\to r^*)$$

但 $f\to f_0$，故 $P_{R_{m,n}}(f)$ 在 f_0 处不连续.

b）设 f_0-r^* 至少有 $m+n+2$ 次 Chebyshev 交错：

$$t_1<t_2<\cdots<t_{m+n+2},t_i\in\Omega_{f_0-r^*},i=1,\cdots,m+n+2$$

且 $t_1>a$. 为方便起见，不妨设 $a=0$，$b=1$. 定义

$$s=\begin{cases}1 & (f_0-r^*)(0)\geqslant 0\\ -1 & (f_0-r^*)(0)<0\end{cases}$$

取 $\xi\in(0,t_1)$，使

$$s(f_0-r^*)(t)\geqslant-\frac{1}{2}\|f_0-r^*\|,\qquad \forall\, t\in[0,\xi]$$

定义

$$h_k(t)=\frac{a}{q^*(t)}\frac{1}{1+kt}$$

$$\tilde{h}_k(t)=\frac{a}{q^*(t)}\min\left\{\frac{1}{1+kt},\frac{1}{1+k\xi}\right\}$$

$$f_k=f_0-\tilde{h}_k;\qquad r_k=r^*-h_k$$

其中

$$a=-S\|f_0-r^*\|/2\|q^{*^{-1}}\|,k=1,2,\cdots$$

则 $r_k=\dfrac{p^*(1+kt)-a}{q^*(1+kt)}\in\mathscr{R}_{m,n}$，且

$$f_k-r_k=f_0-r^*+h_k-\tilde{h}_k$$

由于当 $t\geqslant\xi$ 时，$h_k(t)=\tilde{h}_k(t)$ 故

$$|(f_k-r_k)(t)|=|(f_0-r^*)(t)|,\qquad \forall\, t\in[\xi,1]$$

而当 $t\in[0,\xi]$ 时

$$s(f_k - r_k)(t) = s(f_0 - r^*)(t) + s(h_k - \tilde{h}_k)(t)$$

$$= s(f_0 - r^*)(t) - \frac{\|f_0 - r^*\|}{2\|q^{*-1}\| \cdot q^*(t)}\left[\frac{1}{1+kt} - \frac{1}{1+k\xi}\right]$$

$$\geqslant -\frac{1}{2}\|f_0 - r^*\| - \frac{\|f_0 - r^*\|}{2}$$

$$= -\|f_0 - r^*\|$$

另一方面

$$s(f_k - r_k)(t) \leqslant S(f_0 - r^*)(t) \leqslant \|f_0 - r^*\|$$

故

$$\|f_k - r_k\| = \|f_0 - r^*\|$$

且

$$\Omega_{f_k - r_k} = \Omega_{f_0 - r^*}$$

从而 $f_k - r_k$ 至少有 $m+n+2$ 次 Chebyshev 交错. 这样 $r_k \in P_{R_{m,n}}(f_k)$. 但

$$\|r_k - r^*\| \geqslant |a|/q(0) > 0$$

$$\|f_k - f_0\| = \|\tilde{h}_k\| \to 0$$

即 $P_{\mathscr{R}_{m,n}}(f)$ 在 f_0 处不连续.

c) 设 $f_0 - r^*$ 至少有 $m+n+2$ 次 Chebyshev 交错:

$$t_1 < t_2 < \cdots < t_{m+n+2}, \quad t_i \in \Omega_{f_0 - r^*}, i = 1, \cdots, m+n+2$$

且 $t_1 = a$. 同理不妨设 $a=0$, $b=1$, $\forall\ \varepsilon>0$, 取 $f_\varepsilon \in C_R[0,1]$ 满足

i) $\|f_\varepsilon - f_0\| < \varepsilon$

ii) $P_{\mathscr{R}_{m,n}}(f_\varepsilon) = r^*$

iii) $f_\varepsilon - r^*$ 至少有 $m+n+2$ 次 Chebyshev 交错:

$$\bar{t}_1 < \bar{t}_2 < \cdots < \bar{t}_{m+n+2}$$

且 $\bar{t}_1 > 0$.

这样, 对 $f_k = f_\varepsilon + \tilde{h}_k$, 有

$$\|P_{\mathscr{R}_{m,n}}(f_k) - P_{\mathscr{R}_{m,n}}(f_\varepsilon)\| \geqslant |a|/q(0) > 0$$

而

$$\|f_k - f_0\| \leqslant \|f_k - f_\varepsilon\| + \|f_\varepsilon - f_0\| < 2\varepsilon$$

故 $f_k \to f_0$. 但 $P_{\mathscr{R}_{m,n}}(f_k) \not\to P_{\mathscr{R}_{m,n}}(f_0)$，即 $P_{\mathscr{R}_{m,n}}(f)$ 在 f_0 处不连续. 证毕.

第三节 最佳逼近的广义强唯一性

本节来讨论某些具有较好凸性的空间的最佳逼近的广义强唯一性——p 阶强唯一，它是强唯一最佳逼近的推广.

一、广义强唯一的概念与性质

由于 p 阶强唯一是强唯一的推广，因此可以有若干种意义下的推广. 首先讨论这几种广义强唯一之间的关系. 下面均设$1 \leqslant p < \infty$.

定义3.1 设 $G \subset X$，$g_0 \in G$，$x \in X \backslash G$，若存在常数 $r_p = r_p(x) > 0$ 使

$$\|x - g\|^p \geqslant \|x - g_0\|^p + r\|g - g_0\|^p, \quad \forall\, g \in G$$

则称 g_0 是 x 的 p 阶强唯一最佳逼近.

显然，当 $p=1$时，p 阶强唯一就是通常意义下的强唯一.

定义3.2 设 $G \subset X$，$g_0 \in G$，$x \in X \backslash G$，若对任何 $N > 0$，存在常数 $r_{p,N} = r_{p,N}(x)$ 使

$$\|x - g\| \geqslant \|x - g_0\| + r_{p,N}\|g - g_0\|^p,$$

$$\forall\, g \in G, \|g - g_0\| \leqslant N$$

则称 g_0 是 x 的有界 p 阶强唯一最佳逼近.

由于

$$\lim_{\|g\| \to \infty} \frac{\|x - g\| - \|x - g_0\|}{\|g - g_0\|} \geqslant 1$$

故当 $p=1$时，有界 p 阶强唯一也是通常意义下的强唯一.

定义3.3 设 $G \subset X$，$g_0 \in G$，$x \in X \backslash G$，若存在 $N > 0$，$r_{p,N} = r_{p,N}(x) > 0$ 使

$$\|x-g\| \geqslant \|x-g_0\| + r_{p,N}\|g-g_0\|^p$$
$$\forall\ g \in G, \|g-g_0\| \leqslant N$$

则称 g_0是 x 的局部 p 阶强唯一.

一般地，局部1阶强唯一不等价于通常意义下的强唯一概念.

命题3.1 设$G\subset X$，$g_0\in G$，$x\in X\backslash G$，则下述论断等价：

i）g_0是 x 的 p 阶强唯一最佳逼近；

ii）g_0是 x 的有界 p 阶强唯一最佳逼近.

另外，若G是凸集，则还与iii）等价.

iii）g_0是 x 的局部 p 阶强唯一最佳逼近.

证 i）⇒ii）.

设$r_p>0$满足

$$\|x-g\|^p \geqslant \|x-g_0\|^p + r_p\|g-g_0\|^p, \quad \forall\ g \in G$$
$$\text{对}\ \forall\ N>0, \quad \forall\ g \in G, \quad \|g-g_0\| \leqslant N$$

因

$$\|x-g\| \leqslant \|x-g_0\| + \|g-g_0\| \leqslant \|x-g_0\| + N$$

故由拉格朗日中值定理知

$$\frac{\|x-g\|^p - \|x-g_0\|^p}{\|x-g\| - \|x-g_0\|} \leqslant p(\|x-g_0\|+N)^{p-1}$$

令

$$r_{p,N} = \frac{r_p}{p}\cdot(\|x-g_0\|+N)^{1-p}$$

则

$$\|x-g\| - \|x-g_0\| \geqslant r_{p,N}\|g-g_0\|^p$$

由于$r_{p,N}$与$g\in G$无关，故g_0是 x 的有界 p 阶强唯一最佳逼近.

ii)⇒i).

由于

$$\lim_{\|g\|\to\infty} \frac{\|x-g\|^p - \|x-g_0\|^p}{\|g-g_0\|}$$
$$\geqslant \lim_{\|g\|\to\infty}\left[\left(1-\frac{\|x-g_0\|}{\|g-g_0\|}\right)^p - \left(\frac{\|x-g_0\|}{\|g-g_0\|}\right)^p\right]$$

$$= 1$$

故存在 $N>0$ 使

$$\|x-g\|^p \geqslant \|x-g_0\|^p + \frac{1}{2}\|g-g_0\|^p$$

$$\forall\, g \in G,\quad \|g-g_0\| \geqslant N$$

再由拉格朗日中值定理得

$$\frac{\|x-g\|^p - \|x-g_0\|^p}{\|x-g\| - \|x-g_0\|} \geqslant p\|x-g_0\|^{p-1}$$

故 $\forall\, g\in G$，$\|g-g_0\|\leqslant N$，有

$$\begin{aligned}\|x-g\|^p &\geqslant \|x-g_0\|^p + p\|x-g_0\|^{p-1} \\ &\quad\cdot[\|x-g\| - \|x-g_0\|] \\ &\geqslant \|x-g_0\|^p + p\|x-g_0\|^{p-1} \\ &\quad\cdot r_{p,N}\|g-g_0\|^p\end{aligned}$$

令

$$r_p = \min\{\frac{1}{2}, p\|x-g_0\|^{p-1} r_{p,N}\}$$

则

$$\|x-g\|^p \geqslant \|x-g_0\|^p + r_p\|g-g_0\|^p,\quad \forall\, g \in G$$

故 g_0是 x 的 p 阶强唯一最佳逼近.

最后，当 G 是凸集时，我们只需证明 iii）⇒ii）即可.

由 iii），存在 $N=N_0$，$r_{p,N_0}>0$使

$$\|x-g\| \geqslant \|x-g_0\| + r_{p,N_0}\|g-g_0\|^p$$

$$\forall\, g \in G,\quad \|g-g_0\| \leqslant N_0$$

现对$\forall\, N>0$，不妨设 $N>N_0$，$\forall\, g\in G$，不妨设为 $N_0<\|g-g_0\|\leqslant N$. 令

$$g_\alpha = g_0 + \alpha\ (g-g_0),\quad 0<\alpha<1$$

满足

$$\|g_\alpha - g_0\| = N_0$$

从而

$$\|x-g_\alpha\| \geqslant \|x-g_0\| + r_{p,N_0}\|g_\alpha - g_0\|^p$$

故

$$\|x-g\| \geqslant \|x-g_0\| + r_{p,N_0}\alpha^{p-1}\|g-g_0\|^p$$

因

$$\alpha = \frac{N_0}{\|g-g_0\|} \geqslant \frac{N_0}{N}$$

所以，若令

$$r_{p,N} = r_{p,N_0} \cdot \left(\frac{N_0}{N}\right)^{p-1}$$

则

$$\|x-g\| \geqslant \|x-g_0\| + r_{p,N}\|g-g_0\|^p$$

$$\forall\, g \in G,\quad \|g-g_0\| \leqslant N$$

故 ii）成立. 证毕.

命题3.2 设 X 是紧局一致凸. G 是 X 的闭太阳集，$x \in X\backslash G$，$g_0 \in G$ 是 x 的唯一最佳逼近，则命题3.1中的条件 i)，ii）和 iii）等价.

证 显然，我们仅需证明 iii)⇒ii).

设 $N_0 > 0$，$r_{p,N_0} > 0$ 使

$$\|x-g\| \geqslant \|x-g_0\| + r_{p,N_0}\|g-g_0\|^p$$

$$\forall\, g \in G,\qquad \|g-g_0\| \leqslant N_0$$

反设存在 $N > N_0$，$g_n \in G$，$N_0 < \|g_n - g_0\| \leqslant N$，使

$$\|x-g_n\| \leqslant \|x-g_0\| + \frac{1}{n}\|g_n-g_0\|$$

因 $\{g_n\}$ 有界，故

$$\|x-g_0\| \leqslant \varliminf_n \|x-g_n\| \leqslant \varliminf_n \left[\|x-g_0\| + \frac{1}{n}\|g_n-g_0\|^p\right]$$

$$\leqslant \|x-g_0\|$$

这样，$\{g_n\}$ 是 x 的极小化序列. 由第三章定理1.2知，G 是逼近紧. 从而 $\{g_n\}$ 有收敛的子列，不妨设

$$g_n \to \bar{g}_0 \in G$$

则 $\bar{g}_0 \in P_G(x)$. 这样 $\bar{g}_0 = g_0$，但 $\|\bar{g}_0 - g_0\| \geqslant N_0$. 矛盾. 证毕.

推论3.1 设X是局一致凸．G是X中的太阳集，$x\in X\backslash G$，$g_0\in P_G(x)$，则命题3.1中条件i)，ii)，iii)等价．

证 类似于命题3.2之证明，存在$\{g_n\}\subset G$，使$\|g_n-g_0\|\geqslant N_0$．且$\{g_n\}$是x的极小化序列．

这样

$$\lim\|x-g_0+x-g_n\|=2\|x-g_0\|$$

从而

$$\lim\|g_n-g_0\|=\lim\|x-g_0-(x-g_n)\|=0$$

但$\|g_n-g_0\|\geqslant N_0$．矛盾．故iii)⇒ii)证毕．

作为广义强唯一的一个应用，可得出下面的最佳逼近算子的$1/p$阶Lipschitz连续性．

命题3.3 设G是X的近迫集，$x_0\in X$，若$g_0\in P_G(x_0)$是x_0的p阶强唯一最佳逼近，则

$$\sup_{g\in P_G(x)}\|g-g_0\|$$

$$\leqslant 2\left(\frac{p}{r_p}\right)^{\frac{1}{p}}(\|x-x_0\|+\|x_0-g_0\|)^{1-\frac{1}{p}}\|x-x_0\|^{\frac{1}{p}}$$

证 设$r_p>0$ 使

$$\|x_0-g\|^p\geqslant\|x_0-g_0\|^p+r_p\|g-g_0\|^p\quad\forall\ g\in G$$

由于 $\forall\ g\in P_G(x)$

$$\begin{aligned}\|x_0-g\|&\leqslant\|x-x_0\|+\|x-g\|\\&\leqslant 2\|x-x_0\|+\|x_0-g_0\|\\&\leqslant 2(\|x-x_0\|+\|x_0-g_0\|)\end{aligned}$$

所以

$$\begin{aligned}r_p\|g-g_0\|^p&\leqslant\|x_0-g\|^p-\|x_0-g_0\|^p\\&\leqslant p\|x_0-g\|^{p-1}[\|x_0-g\|-\|x_0-g_0\|]\\&\leqslant p2^{p-1}(\|x-x_0\|+\|x_0-g_0\|)^{p-1}\cdot 2\|x-x_0\|\\&=2^p\cdot p(\|x-x_0\|+\|x_0-g_0\|)^{p-1}\|x-x_0\|\end{aligned}$$

从而

$$\|g-g_0\|$$

$$\leqslant 2\left(\frac{p}{r_p}\right)^{\frac{1}{p}}(\|x-x_0\|+\|x_0-g_0\|)^{\frac{p-1}{p}}\|x-x_0\|^{\frac{1}{p}}$$

命题证毕.

二、一致凸空间中最佳逼近的 p 阶强唯一

首先，我们回忆一下凸性模的概念及其有关的性质. 对$0\leqslant\varepsilon\leqslant 2$，定义

$$\delta_X(\varepsilon)=\inf\left\{1-\frac{1}{2}\|x+y\|: x\in S, y\in S, \|x-y\|\geqslant\varepsilon\right\}$$

显然，$\delta_X(\varepsilon)$是严格单调升函数，且$\delta(0)=0,\delta(2)=1$. X 一致凸$\Longleftrightarrow\forall\ 0<\varepsilon\leqslant 2,\delta_X(\varepsilon)>0,\delta_X(\varepsilon)$称为 Banach 空间 X 的凸性模.

注3.1 在$\delta_X(\varepsilon)$的定义中，可将x，$y\in S$ 改为x，$y\in B$，即

$$\delta_X(\varepsilon)=\inf\left\{1-\frac{1}{2}\|x+y\|, x\in B, y\in B, \|x-y\|\geqslant\varepsilon\right\}$$

事实上，我们只需证明：

$$\delta_X(\varepsilon)\leqslant\inf\left\{1-\frac{1}{2}\|x+y\|: x\in B, y\in B, \|x-y\|\geqslant\varepsilon\right\}$$

为此，我们只需考虑满足$\|x\|=1$，$\|y\|\leqslant 1$，$\|x-y\|=\varepsilon$ 的点x，y. 令u，$v\in B$，$\|u\|=\|v\|=1$，$u-v=x-y$，且u，$v\in\text{span}\{x,y\}$. 由于y，u，v 都在由x，$-x$ 相连接的直线的同一边，故存在$\lambda\geqslant 1$，$\beta\geqslant 0$使

$$\lambda\left(\frac{x+y}{2}\right)=\beta u+(1-\beta)x$$

从而

$$\lambda(u+v)/2=(\beta+\lambda)u+(1-\beta-\lambda)x$$

由于$\beta+\lambda\geqslant\max\ \{1,\beta\}$，故由三角不等式可得

$$\|\beta u+(1-\beta)x\|\leqslant\|(\beta+\lambda)u+(1-\beta-\lambda)x\|$$

事实上，若$\beta\leqslant 1$，则

$$\|\beta u+(1-\beta)x\|\leqslant 1\leqslant\|(\beta+\lambda)u+(1-\beta-\lambda)x\|$$

若$\beta>1$，令$u_0=\beta u+(1-\beta)x$,则

$$u = \frac{1}{\beta}u_0 + \left(1 - \frac{1}{\beta}\right)x$$

从而

$$\|(\beta + \lambda)u + (1 - \beta - \lambda)x\| = \left\|\left(1 + \frac{\lambda}{\beta}\right)u_0 + \left(-\frac{\lambda}{\beta}\right)x\right\|$$

$$\geqslant \left(1 + \frac{\lambda}{\beta}\right)\|u_0\| - \frac{\lambda}{\beta} = \|u_0\| + \frac{\lambda}{\beta}(\|u_0\| - 1)$$

$$\geqslant \|u_0\| = \|\beta u + (1 - \beta)x\|$$

所以

$$\left\|\frac{1}{2}(x + y)\right\| \leqslant \left\|\frac{1}{2}(u + v)\right\|$$

由此可得

$$\delta_\varepsilon(X) \leqslant \inf\left\{1 - \frac{1}{2}\|x + y\| : x \in B, y \in B, \|x - y\| \geqslant \varepsilon\right\}$$

由注3.1知，$\forall\ x$，y，$\|x\|\leqslant r$，$\|y\|\leqslant r$，则

$$\left\|\frac{1}{2}(x + y)\right\| \leqslant r\left[1 - \delta_X\left(\frac{1}{r}\|x - y\|\right)\right]$$

定义3.4 如果存在$d>0$使

$$\delta_X(\varepsilon) \geqslant d\varepsilon^p, \quad \forall\ \varepsilon \in (0,2]$$

则称 X 具有 p 阶凸性模.

注3.2 容易证明，若 X 是 Hilbert 空间 H，则 X 的凸性模

$$\delta_H(\varepsilon) = 1 - \sqrt{1 - \varepsilon^2/4}$$

故 Hilbert 空间 H 具有2阶凸性模. 可以证明，对任何 X，必有

$$\delta_X(\varepsilon) \leqslant \delta_H(\varepsilon)$$

故，若 X 具有 p 阶凸性模，则 $p\geqslant 2$.

定理3.1 设 X 具有 p 阶凸性模，G 是 X 的太阳集，$x\in X$，$g_0\in P_G(x)$，则 g_0是 x 的 p 阶强唯一最佳逼近，即存在 $r_p>0$使

$$\|x - g\|^p \geqslant \|x - g_0\|^p + r_p\|g - g_0\|^p, \forall\ g \in G$$

且 r_p 只与 p 和空间 X 有关，与 $x\in X$ 无关.

证 因 $g_0\in P_G(x)$，G 是太阳集，从而$\forall\ g\in G$，有

$$\|2x - g_0 - g_0\| \leqslant \|2x - g_0 - g\|$$

$$\|x - g_0\| \leqslant \left\| \frac{1}{2}(x - g_0) + \frac{1}{2}(x - g) \right\|$$

所以

$$\begin{aligned}\|x - g_0\|^p &\leqslant \left\| \frac{1}{2}(x - g_0) + \frac{1}{2}(x - g) \right\|^p \\ &\leqslant \left[\|x - g\| \left(1 - \delta_X \left(\frac{\|g - g_0\|}{\|x - g\|} \right) \right) \right]^p \\ &\leqslant \|x - g\|^p \left[1 - d \left(\frac{\|g - g_0\|}{\|x - g\|} \right)^p \right] \\ &= \|x - g\|^p - d\|g - g_0\|^p\end{aligned}$$

即

$$\|x - g\|^p \geqslant \|x - g_0\|^p + d\|g - g_0\|^p, \quad \forall\, g \in G$$

证毕.

推论3.2 设 X 是 Hilbert 空间 H，G 是 H 的太阳集，$x \in H \setminus G$，$g_0 \in P_G$，则有

$$\|x - g\|^2 \geqslant \|x - g_0\|^2 + \frac{1}{8}\|g - g_0\|^2, \quad \forall\, g \in G$$

注3.3 对 Hilbert 空间 H，若我们直接证明最佳逼近的 p 阶强唯一性，则有

$$\|x - g\|^2 \geqslant \|x - g_0\|^2 + \|g - g_0\|^2, \quad \forall\, g \in G$$

事实上，由 $g_0 \in P_G(x)$ 知

$$\mathrm{Re}(x - g_0, g_0 - g) \geqslant 0, \quad \forall\, g \in G$$

故 $\forall\, g \in G$.

$$\begin{aligned}\|x - g\|^2 &= \|x - g_0\|^2 \\ &\quad + 2\mathrm{Re}(x - g_0, g_0 - g) + \|g - g_0\|^2 \\ &\geqslant \|x - g_0\|^2 + \|g - g_0\|^2\end{aligned}$$

推论3.3 设 X 具有 p 阶凸性模，G 是 X 的太阳集，$x \in X \setminus G$，$g_0 \in P_G(x)$，则 g_0 是有界 p 阶强唯一的.

对于一些光滑性“不够”好的空间，则对于较小 p，x 的最佳逼近不可能是 p 阶强唯一的. 为此，我们先回忆光滑模的概念. 对

$\tau\in(0,+\infty)$，定义

$$\rho_X(\tau)=\sup\left\{\frac{\|x+y\|+\|x-y\|}{2}-1:\|x\|\leqslant 1,\|y\|=\tau\right\}$$

称为 X 的光滑模. 若存在 $d>0$使

$$\rho_X(\tau)\leqslant d\tau^q,\qquad \forall\ \tau\in(0,+\infty)$$

则称 X 具有 q 阶光滑模.

注3.4 对于 Hilbert 空间 H，则易证

$$\rho_H(\tau)=\sqrt{1+\tau^2}-1$$

故 H 具有2阶光滑模. 可以证明. 对任何 X，若 X 具有 p 阶光滑模，则 $q\leqslant 2$.

定理3.2 设 X 具有 q 阶光滑模，G 是 X 的子空间，$\forall\ x\in X\backslash G$，$g_0\in P_G(x)$，则对$\forall\ p<q$，$g_0$不是 p 阶强唯一的.

证 由于G 是子空间，不失一般性，可设 $g_0=0$，则$\forall\ g\in G$，$\|g\|=1$，有

$$\frac{\|x+tg\|+\|x-tg\|}{2}-\|x\|\leqslant d\left(\frac{t}{\|x\|}\right)^q\|x\|$$

其中 d 是与 x，g 无关的常数. 所以，对给定的 $t>0$，或者

$$\|x+tg\|\leqslant\|x\|+d\left(\frac{t}{\|x\|}\right)^q\|x\|$$

或者

$$\|x-tg\|\leqslant\|x\|+d\left(\frac{t}{\|x\|}\right)^q\|x\|$$

故对$\forall\ p<q$，0不是 x 的有界 p 阶强唯一最佳逼近. 由命题3.1知，0不是 x 的 p 阶强唯一最佳逼近. 证毕.

最后，由命题3.3，得下面的连续性定理.

定理3.3 设 X 具有 p 阶凸性模，G 是 X 中的近迫太阳集，则，$\forall\ x$，$y\in X$，有

$$\|P_G(x)-P_G(y)\|$$

$$\leqslant 2(p/r_p)^{\frac{1}{p}}(\|x-y\|+d_G(x))^{1-\frac{1}{p}}\|x-y\|^{\frac{1}{p}}$$

其中 r_p 与 x，y 无关，只与 X 有关.

推论3.4 设G是Hilbert空间H的闭凸集，则$\forall\ x, y\in H$，

$$\|P_G(x)-P_G(y)\|$$
$$\leqslant 2\sqrt{2}(\|x-y\|+d_G(x))^{\frac{1}{2}}\|x-y\|^{\frac{1}{2}}$$

注3.5 对于Hilbert空间H，直接计算，可证明，$\forall\ x, y\in H$ 有

$$\|P_G(x)-P_G(y)\|$$
$$\leqslant[\|x-y\|+d_G(x)+d_G(y)]^{\frac{1}{2}}\|x-y\|^{\frac{1}{2}}$$

事实上，$\forall\ x, y\in H$.

$$\|P_G(x)-P_G(y)\|^2\leqslant\|x-P_G(y)\|^2-\|x-P_G(x)\|^2$$
$$\|P_G(x)-P_G(y)\|^2\leqslant\|y-P_G(x)\|^2-\|y-P_G(y)\|^2$$

所以

$$2\|P_G(x)-P_G(y)\|^2\leqslant[\|y-P_G(x)\|+d_G(x)]\|x-y\|$$
$$+[\|x-P_G(y)\|+d_G(y)]\|x-y\|$$
$$\leqslant 2[\|x-y\|+d_G(y)+d_G(x)]\|x-y\|$$

故

$$\|P_G(x)-P_G(y)\|$$
$$\leqslant[\|x-y\|+d_G(x)+d_G(y)]^{\frac{1}{2}}\|x-y\|^{\frac{1}{2}}$$

进一步，我们有下面的更精确的估计.

定理3.4 设G是Hilbert空间H的闭凸子集，则$\forall\ x, y\in H$，有

$$\|P_G(x)-P_G(y)\|\leqslant\|x-y\|$$

证明 $\forall\ x, y\in X$，不妨设$P_G(x)=0$. 设H是与$P_G(y)$正交的超平面，J是由H决定的含$P_G(y)$的开半空间，L是由$H+P_G(y)$决定的含0的开半空间. 若$x\in J$，则存在$\alpha>0$使

$$\|x\|\geqslant\|x-\alpha P_G(y)\|$$

从而对$\lambda=\frac{1}{2\alpha}$有

$$\|\lambda x\|\geqslant\left\|\lambda x-\frac{1}{2}P_G(y)\right\|$$

因G是凸集，故$0\in P_G(\lambda x)$，从而$\frac{1}{2}P_G(y)\in P_G(\lambda x)$矛盾. 因此，$x\overline{\in}J$. 同理可证，$y\overline{\in}L$. 故

$$\|P(y)-0\|\leqslant\|x-y\|$$

证毕.

注3.6 对一般的具有p阶凸性模（$p\geqslant 2$），q阶光滑模（$q\leqslant 2$）的Banach空间中的闭凸子集G，可以证明，$\forall\ r>0$，存在$C_r>0$使

$$\|P_G(x)-P_G(y)\|\leqslant C_r\|x-y\|^{\frac{q}{p}},\qquad \forall\ x,y\in B(0,r)$$

与定理3.3的结果比较，由于$1\leqslant q\leqslant 2$，当$\|x-y\|$充分小时，结果有所改进.

三、在$L_p(\mu)$空间上的应用

为运用上一节的结果，我们必须估计$L_p(\mu)$的凸性模.

命题3.4 设$p\geqslant 2$，则

$$\delta_{L_p(\mu)}(\varepsilon)\geqslant\frac{1}{p2^p}\varepsilon^p$$

即$L_p(\mu)$具有p阶凸性模.

证 由数学分析知识易证

$$(1+a^p)^{\frac{1}{p}}\leqslant(1+a^2)^{\frac{1}{2}}\qquad\forall\ a>1$$

从而，对任何数，a，b，实或复，有

$$\begin{aligned}&[|a+b|^p+|a-b|^p]^{\frac{1}{p}}\\&\leqslant[|a+b|^2+|a-b|^2]^{\frac{1}{2}}\\&=\sqrt{2}(|a|^2+|b|^2)^{\frac{1}{2}}\end{aligned}$$

这样，由Hölder不等式得

$$|a|^2+|b|^2\leqslant[|a|^p+|b|^p]^{\frac{2}{p}}2^{\frac{p-2}{p}}$$

故

$$[|a+b|^p+|a-b|^p]^{\frac{1}{p}}\leqslant\sqrt{2}(|a|^2+|b|^2)^{\frac{1}{2}}$$

$$\leqslant 2^{p-1}[|a|^p + |b|^p]^{\frac{1}{p}}$$

从而，$\forall\ f\in L_p(\mu), g\in L_p(\mu)$

$$\|f+g\|_p^p + \|f-g\|_p^p \leqslant 2^{p-1}\|f\|_p^p + \|g\|_p^p$$

这样，$\forall\ \|f\|_p\leqslant 1$，$\|g\|_p\leqslant 1$，$\|f-g\|\geqslant\varepsilon$，有

$$\left\|\frac{f+g}{2}\right\|_p \leqslant 1-\left(\frac{\varepsilon}{2}\right)^p$$

故

$$\delta_{Lp(\mu)}(\varepsilon)\geqslant 1-\left(1-\left(\frac{\varepsilon}{2}\right)\right)^p \geqslant \frac{1}{p2^p}\varepsilon^p$$

证毕.

为估计$1\leqslant p<2$时的 $L_p(\mu)$的凸性模，我们需要几个引理.

引理3.1 设$q\geqslant 2$，f_1，…，$f_n\in L_q(\mu)$，则

$$\left\|\left(\sum_{j=1}^n |f_j|^2\right)^{\frac{1}{2}}\right\|_q \leqslant \left[\sum_{j=1}^n \|f_j\|_q^2\right]^{\frac{1}{2}}$$

证 定义

$$M^{(r)} = \sup\left\{\left\|\left\{\sum_{j=1}^n |g_j|^r\right\}^{\frac{1}{r}}\right\|_q : \begin{array}{l} g_j\in L_q(\mu) \\ \left\{\sum_{j=1}^n \|g_j\|_q^r\right\}^{\frac{1}{q}} = 1 \end{array}\right\}$$

令 $g_j=a_j^{\frac{1}{r}}h_j$，其中 $a_j\geqslant 0$，$\|h_j\|_q=1$，$\sum_{j=1}^n a_j=1$，则

$$M^{(r)} = \sup\left\{\left\|\left\{\sum_{j=1}^n a_j|h_j|^r\right\}\right\|_q : \begin{array}{l} h_j\in L_q(\mu), \|h_j\|_q=1 \\ a_j\geqslant 0, \sum_{j=1}^n a_j = 1 \end{array}\right\}$$

下证 $M^{(r)}$是关于 r 单调递增的.

对$\forall\ r<r'$，取$0<\theta<1$，满足

$$\frac{1}{r} = \frac{1-\theta}{r'} + \frac{\theta}{1}$$

则由 Hölder 不等式得

$$\left\{\sum_{j=1}^{n} a_j |h_j|^r\right\}^{\frac{1}{r}} \leqslant \left\{\left[\sum_{j=1}^{n} a_j |h_j|^{r'}\right]^{\frac{1}{r'}}\right\}^{1-\theta} \cdot \left\{\sum_{j=1}^{n} a_j |h_j|\right\}^{\theta}$$

再次运用Hölder 不等式，有

$$\left\|\left\{\left[\sum_{j=1}^{n} a_j |h_j|^{r'}\right]^{\frac{1}{r'}}\right\}^{1-\theta} \cdot \left\{\sum_{j=1}^{n} a_j |h_j|\right\}^{\theta}\right\|_q$$

$$\leqslant \left\|\left[\sum_{j=1}^{n} a_j |h_j|^{r'}\right]^{\frac{1}{r'}}\right\|_q^{1-\theta} \cdot \left\|\sum_{j=1}^{n} a_j |h_j|\right\|_q^{\theta}$$

故

$$\left\|\left[\sum_{j=1}^{n} a_j |h_j|^{r}\right]^{\frac{1}{r}}\right\|_q \leqslant \left\|\left[\sum_{j=1}^{n} a_j |h_j|^{r'}\right]^{\frac{1}{r'}}\right\|_q^{1-\theta} \cdot \left\|\sum_{j=1}^{n} a_j |h_j|\right\|_q^{\theta}$$

即

$$M^{(r)} \leqslant [M^{(r')}]^{1-\theta}[M^{(1)}]^{\theta}$$

由于 $M^{(1)}=1, M^{(r')}\geqslant 1$，故

$$M^{(r)} \leqslant M^{(r')}$$

因此，$M^{(r)}$ 关于 r 是单调递增的.

由于 $M^{(q)}=1$， 故由 $q\geqslant 2$ 知

$$M^{(2)} \leqslant M^{(q)}$$

从而

$$\left\|\left(\sum_{j=1}^{n} |g_j|^2\right)^{\frac{1}{2}}\right\|_q \leqslant \left(\sum_{j=1}^{n} \|g_j\|_q^2\right)^{\frac{1}{2}}$$

证毕.

引理3.2 设 $1<p\leqslant 2$，则存在 $c>0$，使

$$\left[\left|\frac{s-t}{c}\right|^2 + \left|\frac{s+t}{2}\right|^2\right]^{\frac{1}{2}} \leqslant \left(\frac{|s|^p + |t|^p}{2}\right)^{\frac{1}{p}}$$

证 显然，可设 $s=1$，$-1\leqslant t<1$，定义

$$\varphi(t) = \left(\frac{1+|t|^p}{2}\right)^{\frac{2}{p}} - \left(\frac{1+t}{2}\right)^2$$

则易算得

$$\varphi''(1) > 1; \quad \varphi(1) = \varphi'(1) = 0$$

故 $\varphi(t)$ 在 $[-1,1]$ 上恒正. 从而存在 $c>0$，使

$$\frac{\varphi(t)}{(1-t)^2} \geqslant \frac{1}{c^2}$$

所以

$$\left(\frac{1+|t|^p}{2}\right)^{\frac{2}{p}} \geqslant \left(\frac{1+t}{2}\right)^2 + \left(\frac{1-t}{c}\right)^2$$

证毕.

引理3.3 设$1\leqslant p\leqslant 2, f_1,\cdots,f_n\in L_p(\mu)$,则

$$\left(\sum_{j=1}^n \|f_j\|_p^2\right)^{\frac{1}{2}} \leqslant \left\|\left(\sum_{j=1}^n |f_j|^2\right)^{\frac{1}{2}}\right\|_p$$

证 由于$[l_2^n(L_p(\mu))]^* = l_2^n(L_q(\mu)) \quad \left(\frac{1}{p}+\frac{1}{q}=1\right)$

故

$$\left(\sum_{j=1}^n \|f_j\|_p^2\right)^{\frac{1}{2}} = \sup\left\{\left|\int\sum_{j=1}^n f_j g_j d\mu\right| : \sum_{j=1}^n \|g_j\|_q^2 \leqslant 1\right\}$$

$$\leqslant \sup\left\{\left|\int\sum_{j=1}^n f_j g_j d\mu\right| : \left\|\left(\sum_{j=1}^n |g_j|^2\right)^{\frac{1}{2}}\right\|_q \leqslant 1\right\}$$

$$\leqslant \sup\left\{\int\left(\sum_{j=1}^n |f_j|^2\right)^{\frac{1}{2}}\left(\sum_{j=1}^n |g_j|^2\right)^{\frac{1}{2}} d\mu : \left\|\left(\sum_{j=1}^n |g_j|^2\right)^{\frac{1}{2}}\right\|_q \leqslant 1\right\}$$

$$\leqslant \left\|\left(\sum_{j=1}^n |f_j|^2\right)^{\frac{1}{2}}\right\|_p$$

证毕.

命题3.5 设$1<p<2$,则存在$d>0$,使

$$\delta_{L_p(\mu)}(\varepsilon) \geqslant d\varepsilon^2, \quad \forall\ \varepsilon\in(0,2]$$

即$L_p(\mu)$具有2阶凸性模.

证 $\forall\ f,g\in L_p(\mu), \|f\|_p=\|g\|_p=1, \|f-g\|\geqslant\varepsilon$,由引理3.2得

$$\left[\left|\frac{f(t)-g(t)}{c}\right|^2 + \left|\frac{f(t)+g(t)}{2}\right|^2\right]^{\frac{1}{2}}$$

$$\leqslant \left[\frac{|f(t)|^p+|g(t)|^p}{2}\right]^{\frac{1}{p}}$$

故

$$\left\|\left[\left|\frac{f-g}{c}\right|^2+\left|\frac{f+g}{2}\right|^2\right]^{\frac{1}{2}}\right\|_p \leqslant \left(\frac{\|f\|_p^p+\|g\|_p^p}{2}\right)^{\frac{1}{p}}$$

由引理3.3得

$$\left\|\left[\frac{|f-g|^2}{c^2}+\left|\frac{f+g}{2}\right|^2\right]^{\frac{1}{2}}\right\|_p \geqslant \left[\left\|\frac{f-g}{c}\right\|_p^2+\left\|\frac{f+g}{2}\right\|_p^2\right]^{\frac{1}{2}}$$

所以

$$\left(\left\|\frac{f-g}{c}\right\|_p^2+\left\|\frac{f+g}{2}\right\|_p^2\right)^{\frac{1}{2}} \leqslant 1$$

从而

$$\left\|\frac{f+g}{2}\right\| \leqslant \sqrt{1-\left(\frac{\varepsilon}{c}\right)^2}$$

这样有

$$\delta_{L_p(\mu)}(\varepsilon) \geqslant 1-\sqrt{1-\left(\frac{\varepsilon}{c}\right)^2} \geqslant d\varepsilon^2$$

证毕.

注3.7 可以证明，当$1<p<2$时，满足

$$\delta_{L_p(\mu)}(\varepsilon) \geqslant d\varepsilon^2, \qquad \varepsilon \in (0,2]$$

的最大 d 为$\frac{p-1}{8}$.

由命题3.4和3.5得

定理3.5 设G是$L_p(\mu)(1<p<\infty)$中的太阳集，$f\in L_p(\mu)$，$g_0\in P_G(f)$，则g_0是f的q阶强唯一最佳逼近，其中

$$q=\max\{p,2\}$$

即存在$r_p>0$ 使

$$\|f-g\|^q \geqslant \|f-g_0\|^q+r_p\|g-g_0\|^q, \qquad \forall g\in G$$

其中r_p仅与p有关.

第四节 评注与参考文献

第一节中的X关于集合G的严格凸概念选自 Amir，

Ziegler[2]. 唯一性定理1.1则是严格凸空间中相应结果的简单推广[5]. 唯一最佳逼近的严格 Papini 条件刻划首先由 Papini[32]研究，推广到非凸情形的结果则取自何国龙[12]的学位论文.

半 Chebyshev 子集的严格 Kolmogorov 条件刻划首先由 Nürnberger[17]对 $C(\Omega)$中的有限维凸子集和 $L(\mu)$中的太阳集所证. $C(\Omega)$中的半 Chebyshev 太阳集的严格 Kolmogorov 条件刻划的结果则属于杨文善、李冲和 Watson[13].

有理函数和广义有理函数 Chebyshev 逼近的唯一性应归于 Achieser[1]和 Rice[20]，而有理函数在 $L(\mu)$中逼近的唯一性方面的结果则由 Braess[6]所得到.

第二节中的一般空间中关于子空间或凸子集的强唯一最佳逼近同强 Kolmogorov 条件的等价性，由 Wulbert[37]和 Bartelt，McLaughlin[34]引入. Papini[35]和 Wójcik[36]将其推广到非线性情形，这里的内容基本上取自 Mah[16]的文章，Sudolski，wojcik[27]有了进一步的研究. 有理函数和广义有理函数的强唯一性和投影算子的连续性结果分别由 Cheney，Loed[10]，Machly，Witzgull[15]，Werner[28]和 Barrar，Loeb[4]所研究. 这里的内容则取自 Braess[5]和 Cheney[9]的专著.

近来，在线性情形下，有些文章讨论了存在强唯一最佳逼近的点集的稠性和几乎性，这一方面的研究可参看 R. Smarzewski[25—26]，Schmidt[33]等人的有关文章.

第三节中的关于有界 p 阶强唯一性概念至少 Schmidt[21]和 Chalmers，Taylor[8]在研究带限制 Chebyshev 逼近就引入. $L_p(\mu)$空间中线性逼近的有界 p 阶强唯一性由 Angelos，Egger[3]所得到. p 阶强唯一性概念则由 Smarzewski[23]提出，并证明 $L_p(\mu)$中有限维线性子空间逼近的结果. 一般的具有 p 阶凸性模的一致凸空间的非线性逼近的 p 阶强唯一性结果分别由 Smarzewski[22,24]，Prus，Smarzewski[19]和 P. K. Lin[14]获得. 这里的内容则取自 R. Smarzewski[24]和 P. K. Lin[14]的文章. Hilbert 空间中投影算子的连续性结果定理3.4是 Phelps[18]的一个早期结果，具有 p 阶凸性

模和 q 阶光滑模的空间中的关于投影算子的连续性结果. 注3.6的证可参看 Xu, Roach[30]的文章.

$L_p(\mu)$的凸性模的估计可参看 Beauzamy[38]的专著和 Lim 等人[29]的文章.

参 考 文 献

[1] N. I. Achieser(1930), On extremal properties of certain rational functions, Doklady Akademii Nauk SSSR, 18, 495—499 (Russian).

[2] D. Amir and Z. Ziegler (1980), Relative Chebyshev centers in normed linear spaces I, J. Approx. Theory, 29, 235—252.

[3] J. Angelos and A, Egger (1984), Strong uniqueness in L_p spaces, J. Approx. Theory, 42, 14—26.

[4] R. B. Barrar and H. L. Loeb(1970), On the continuity of nonlinear Tschebyscheff operators, Pacific. J. Math., 32, 593—601.

[5] D. Braess (1986), Nonlinear Approximation Theory, Springer-VerLag.

[6] D. Braess (1986), On nonuniqueness in rational L_p-approximation, J. Approx. Theory.

[7] K. Borsuk (1933), Drei Sätze über die n-dimensionale euklidische sphäre, Fund. Math., 20, 177—191.

[8] B. L. Chalmes, G. D. Taylor (1983), A united theory of Strong uniqueness in uniform approximation with constraints, J. Approx. Theory, 37, 29—43.

[9] E. W. Cheney(1966), Introduction to Approximation Theory, McGraw-Hill Book Co..

[10] E. W. Cheney and H. L. Loeb(1964), Generalized rational approximation, SIAM J. (B) Numer. Anal., 1, 11—25.

[11] B. C. Dunham (1971), Degeneracy in mean rational approximation, J. Approx. Theory, 4, 225—229.

[12] 何国龙 (1991), 最佳逼近与太阳集, 浙江师范大学硕士学位论文.

[13] W. S. Yang, C. Li (杨文善, 李冲) and G. A. Watson (1996), Characterization and uniqueness of nonlinear uniform approximation, Proc. Edinburgh Math. Soc. to appear.

[14] Pei-kee, Lin(1989), Strongly unique best approximation in uniformly convex Banach spaces, J. Approx. Theory, 56, 101—107.

[15] H. J. Maehly and Ch. Witzgall (1960), Tschebyscheff approximation in kleinen Intervallen Ⅰ, Stetigkeitssätze für gebrochen rationale approximationen, Numer. Math., 2, 293—307.

[16] P. F. Mah (1984), Strong uniqueness in nonlinear approximation, J. Approx. Theory, 41, 91—99.

[17] G. Nürnberger (1979), Unicity and strong unicity in approximation theory, J. Approx. Theory, 26, 54—70.
[18] R. R. phelps (1957), Convex sets and neast points, Proc. Amer. Math. Soc., 8, 790—797.
[19] B. Prus and R. Smarzewski (1987), Strongly unique best approximation and centers in uniform convex spaces, J. Math. Anal. Appl., 121, 10—21.
[20] J. R. Rice (1961), Best approximation and interplating functions, Tran. Amer. Math. Soc., 101, 477—498.
[21] D. Schmidt (1979), Strong unicity and Lipschitz conditions of order $\frac{1}{2}$ for monotone approximation, J. Approx. Theory, 27, 346—354.
[22] R. Smarzewski (1986), strongly unique minimization of functionals in Banach spaces with applications to theory of approximation and fixed points, J. Math. Anal. Appl., 115, 155—172.
[23] R. Smarzewski (1986), Strongly unique best approximation in Banach spaces, J. Approx. Theory, 46, 184—194.
[24] R. Smarzewski (1987), Strongly unique best approximation in Banach spaces Ⅱ, J. Approx. Theory, 51, 202—217.
[25] R. Smarzewski (1988), Strong unicity in L_∞ (S, Σ, μ), Proc. Amer. Math. Soc., 103, 113—116.
[26] R. Smarzewski (1988), Strong uniqueness of best approximation in an abstract L_1 space, J. Math. Anal. Appl., 136, 347—351.
[27] J. Sudolski and A. P. Wojcik (1990), Some remarks on strong uniqueness of best approximation, Approx. Theory and Appl., 6 (2), 44—78.
[28] H. Werner (1964), On the rational Tschebysheff operator, Math. Z., 86, 317—326.
[29] T. C. Lim, H. K. Xu and Z. B. Xu (1991), An L^p inequality and its applications to fixed point theory and approximation theory, "Progress in Approx. Theory." (P. Nevai and A. Pinkus, eds.), Academic Press Inc.
[30] Z. B. Xu and G. F. Roach (1991), Characteristic equalities of uniformly convex and uniformly smooth Banach spaces, J. Math. Anal. Appl., 157.
[31] 杨文善，李冲 (1993)，关于 Banach 空间上的广义强唯一性，浙江师范大学学报 (自然)，16 (1)，13—16.
[32] P. L. Papini (1982), Approximation and norm derivativatives in real normed spaces. Rezulate de Math. 5, 81—94.
[33] D. Schmidt (1990), Almost Chebyshev propeoties for L'-approximation of Continuous functions, J. Approx. Theory, 61, 335—350.
[34] M. W. Bartelt and H. W. McLaughlin (1973), Characterization of strong unicity in approximation theory, J. Approx. Theory, 9, 255—266.

[35] P. L. Papini (1978), Approximation and strong approximation in normed linear spaces via tangent functionals, J. Approx. Theory, 22, 111—118.

[36] A. Wojcik (1981), Characterizations of strong unicity by tangent cones, In "Approximation and Function spaces", Proc. of the International conference held in Gdansk. (1979), ed. by Z. Ciesielski, PWN. Warszawa/North-Holland, Amsterdam-New York-Oxford, 854—866.

[37] D. E. Wulbert (1971), Uniqueness and differential Characterization of approximations from manifolds of functions, Amer. J. Math., 93, 350—366.

[38] B. Beauzamy (1985), Introduction to Banach Spaces and Their Geometry, Second revised edition, North-Holland, Amsterdam, New York, 189—203.

[39] W. S. Yang and C. Li (杨文善, 李冲) (1994), Strong unicity for monotone approximation by reciprocals of polynomials, J. Approx. Theory, 78, 19—29.

[40] C. Li (李冲) and G. A. Watson (1996), Strong uniqueness in restricted rational approximation, J. Approx. Theory, to appear.

第五章　Chebyshev 集的凸性和太阳性

由前面的讨论得知，自反的严格凸 Banach 空间中的任何闭凸子集都是 Chebyshev 子集，但其逆问题. 即 Chebyshev 集的凸性问题的研究却要复杂和困难得多，甚至在有限维空间和 Hilbert 空间中也没有得到彻底解决. 虽然如此，这一问题自本世纪30年代开始研究以来，已取得许多非常漂亮的结果和很大的进展. 本章将比较详细地讨论和介绍这方面的成果和研究进展. 首先，我们在第一节中讨论一般 Banach 空间中的 Chebyshev 集的太阳性问题. 其次，在第二节则专门介绍 Hilbert 空间中 Chebyshev 集凸性研究及其同唯一远达集的单点性研究的关系. 最后，我们在第三节中研究非光滑空间，特别是有限维空间中 Chebyshev 的凸性同空间的几何性质的关系，以及紧 Chebyshev 集的凸性问题.

第一节　Banach 空间中 Chebyshev 集的太阳性

至今，关于 Banach 空间中 Chebyshev 集的太阳性的肯定结果，几乎都同集合的紧性联系在一起. 因此，本节则研究有界紧和逼近紧 Chebyshev 集的太阳性问题. 另外，在本节及后面两节中均假设 X 是实 Banach 空间.

一、有界紧 Chebyshev 集的太阳性

有界紧 Chebyshev 集的太阳性的证明中起关键作用的是下面的 Schauder 不动点定理.

引理1.1(Schauder)　设 A 是 Banach 空间 X 的一个闭凸集，$f: A \mapsto A$ 是一个使 $f(A)$ 相对紧的连续映射，则 f 具有不动点.

定理1.1　Banach 空间中的任何有界紧 Chebyshev 集是太阳.

证　反设 G 是 X 的有界紧 Chebyshev 子集，但 G 不是太阳，从而存在 $x\in X\backslash G$，$g_0\in P_G(x)$，及 $t_0>1$，使 $P_G(x_{t_0})=P_G(t_0(x-g_0)+g_0)\neq g_0$. 令

$$t_1 = \sup\{t > 0: P_G(x_t) = g_0\}$$

则由第三章命题1.2知，$P_G(x)$是连续的，故

$$P_G(x_t) = g_0, \qquad \forall\, t \leqslant t_1$$

$$P_G(x_t) \neq g_0, \qquad \forall\, t > t_1$$

不妨设 $t_1=1$，从而对$\forall\ t>1$，$P_G(x_t)\neq g_0$.

由于 G 是有界紧，从而对某个 $\varepsilon>0$，$G\cap B(g_0,\varepsilon)$紧，再由 $P_G(\cdot)$在 x 处连续知，存在 $\delta>0$，使

$$P_G(B(x,\delta)) \subset B(g_0,\varepsilon)$$

定义 Φ: $G\to B(x,\delta)=B$.

$$\Phi(g) = x + \delta\frac{x-g}{\|x-g\|}, \quad \forall\, g \in G$$

因 Φ, P_G 连续，故复合映射. $\psi=\Phi\circ P_G$ 是 B 到 B 的连续映射. 由于

$$\Phi(G \cap B(g_0,\varepsilon))$$

是紧集的连续映射的象，从而是相对紧. 而

$$\psi(B) = \Phi\circ P_G(B) \subset \Phi(G \cap B(g_0,\varepsilon))$$

所以 $\psi(B)$相对紧.

由 B 是闭凸集知，ψ: $B\to B$ 是连续的且 $\psi(B)$相对紧，故由引理1.1知，存在 $h\in B$，使

$$\psi(h) = h$$

由 ψ 的定义知，$x\in[h,P_G(h)]$，故

$$\begin{aligned}\|h - P_G(h)\| &= \|h - x\| + \|x - P_G(h)\| \\ &\geqslant \|h - x\| + \|x - g_0\|\end{aligned}$$

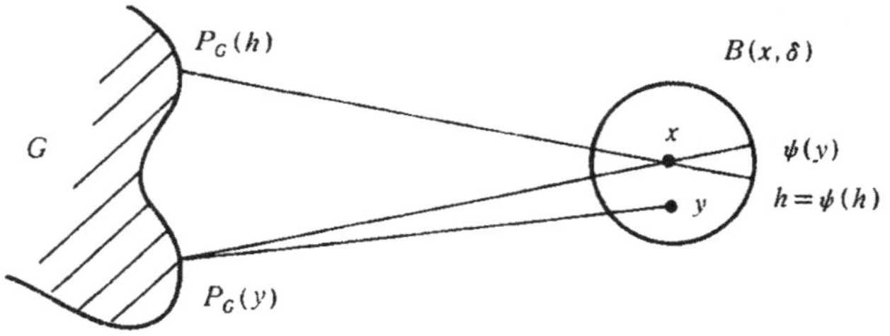

图5.1

$$\geqslant \|h-g_0\|$$

由 G 是 Chebyshev 子集知，$P_G(h)=g_0$，但

$$h=x_{t_2},\quad t_2=1+\frac{\delta}{\|x-g_0\|}>1$$

矛盾．故 G 是太阳集，证毕．

注1.1 由定理证明易见，定理1.1中将 G 是有界紧改为局部紧，即对$\forall\ g\in G$，存在 g 的邻域 $U(g_0,\delta)$ 使 $U(g_0,\delta)\cap G$ 是相对紧，则定理1.1仍成立．

推论1.1 若 G 是光滑 Banach 空间中的有界（或局部）紧 Chebyshev 集，则 G 是凸集．

推论1.2 设 G 是有限维 Banach 空间 X 中的 Chebyshev 子集，则 G 是太阳．另外，若 X 还光滑，则 G 必凸．

推论1.3 设 X 是光滑严格凸的有限维空间，则下述论断等价．

i）G 是闭凸集；

ii）G 是 Chebyshev 集；

iii）G 是闭太阳集．

二、逼近紧 Chebyshev 集的太阳性

引理1.2 G 是 Banach 空间 X 中的 Chebyshev 子集，$x\in X\setminus$

G，若 $P_G(\cdot)$ 限制在 $\{x+\lambda(x-P_G(x)):\lambda\geqslant 0\}$ 上在 x 处连续，则存在 $x_n\in\{x+\lambda(x-P_G(x)):\lambda\geqslant 0\}$. $x_n\to x$，使

$$\lim_n \frac{d_G(x_n)-d_G(x)}{\|x_n-x\|}=1$$

证 令

$$g_0=P_G(x),\qquad x_n=x+\frac{1}{n}(x-g_0),n=1,2,\cdots$$

$$g_n=P_G(x_n),\qquad n=1,2,\cdots$$

则由

$$d_G(x_n)-d_G(x)\leqslant\|x_n-x\|$$

得

$$\overline{\lim_n}\frac{d_G(x_n)-d_G(x)}{\|x_n-x\|}\leqslant 1$$

下证相反的不等式. 取 $x_n^*\in S$ 使 $x_n^*(x-g_n)=\|x-g_n\|$，则

$$\frac{d_G(x_n)-d_G(x)}{\|x_n-x\|}=\frac{\|x_n-g_n\|-\|x-g_0\|}{\|x_n-x\|}$$

$$\geqslant\frac{x_n^*(x_n-g_n)-\|x-g_0\|}{\|x_n-x\|}$$

$$=\frac{x_n^*(x_n-x)}{\|x_n-x\|}+\frac{x_n^*(x-g_n)-\|x-g_0\|}{\|x_n-x\|}$$

$$\geqslant\frac{x_n^*(x_n-x)}{\|x_n-x\|}=\frac{x_n^*(x-g_0)}{\|x-g_0\|}$$

$$=1+\frac{x_n^*(x-g_n)-\|x-g_0\|}{\|x-g_0\|}+\frac{x_n^*(g_n-g_0)}{\|x-g_0\|}$$

$$\geqslant 1-\frac{\|g_n-g_0\|}{\|x-g_0\|}$$

由于 $g_n\to g_0$，故

$$\underline{\lim_n}\frac{d_G(x_n)-d_G(x)}{\|x_n-x\|}\geqslant 1$$

引理成立. 证毕.

注1.2 若 $\forall\ x\in X\backslash G$，存在 $x_n\in X$，使

$$\lim_{n} \frac{d_G(x_n) - d(x)}{\|x_n - x\|} = 1$$

则称 G 是 δ 太阳. 由引理1.2则得

推论1.4 Banach 空间 X 中的逼近紧 Chebyshev 集是 δ 太阳.

引理1.3 设 G 是 Banach 空间 X 中的 δ 太阳，则 G 是几乎凸，即对任何与 G 有正距离的球 $B(x,r)$ 及 $r'(>r)$，必存在球 $B(x',r')$ 使

$$B(x',r') \supset B(x,r);B(x',r') \cap G = \varnothing$$

证 对 $\sigma>1$，$x\overline{\in}G$ 令

$$K(\sigma,x) = \{y \in X:\|y - x\| \leqslant \sigma[d_G(y) - d_G(x)]\}$$

我们将证明，对任何球 $B(x,R)$，有

$$K(\sigma,x) \cap S(x,R) \neq \varnothing$$

为此，我们在 $B(x,R)\cap K(\sigma,x)$ 中引入半序：

$$y \leqslant y' \Longleftrightarrow \|y - y'\| \leqslant \sigma[d_G(y') - d_G(y)]$$

设 $\{y_\alpha\}$ 是 $B(x,R)\cap K(\sigma,x)$ 中的全序集，则 $\{d_G(y_\alpha)\}$ 是有界单调数列，故 $d_G(y_\alpha)$ 收敛. 这样由 $\{y_\alpha\}$ 的全序性知，$\{y_\alpha\}$ 是 Cauchy 列，这样存在 $y\in B(x,R)\cap K(\sigma,x)$，使 $y_\alpha\to y$，且 y 是 $\{y_\alpha\}$ 的上界. 从而由 Zorn 引理，存在极大元 $y_0\in B(x,R)\cap K(\sigma,x)$. 再证 $y_0\in S(x,R)$，若否，$y_0\in \mathring{B}(x,R)$. 由 G 是 δ 太阳知，存在 $y_n\in \mathring{B}(x,R)$. $y_n\to y_0$，使

$$\frac{d_G(y_n) - d_G(y_0)}{\|y_n - y_0\|} \geqslant \frac{1}{\sigma}$$

即 $y_n>y_0\geqslant x$，故与 y_0 是极大元矛盾.

下证 G 几乎凸，设 $B(x,r)$ 与 G 不交，设 $\varepsilon>0$ 使

$$d_G(x) = r + \varepsilon$$

对$\forall r'>r$，若 $r'<r+\varepsilon$，则 $B(x,r')$ 满足

$$B(x,r') \supset B(x,r), \quad B(x,r') \cap G = \varnothing$$

若 $r'\geqslant r+\varepsilon$，令

$$\sigma=\frac{r'-r}{r'-r-\frac{\varepsilon}{2}}>1$$

由上所证，存在 $y\in K(\sigma,x)\cap S(x,r'-r)$，即

$$\|y-x\|=r'-r$$

$$\|y-x\|\leqslant\sigma[d_G(y)-d_G(x)]$$

从而

$$\begin{aligned}d_G(y)&\geqslant d_G(x)+\frac{1}{\sigma}\|y-x\|\\&=r+\varepsilon+\frac{r'-r-\frac{\varepsilon}{2}}{r'-r}(r'-r)\\&=r'+\frac{\varepsilon}{2}\end{aligned}$$

故 $B(y,r')\cap G=\varnothing$. 易见 $B(x,r)\subset B(y,r')$. 证毕.

定理1.2 局一致凸 Banach 空间中的几乎凸集是太阳集. 特别地，局一致凸 Banach 空间中的逼近紧 Chebyshev 集是太阳集.

证 对$\forall\ x\in X\backslash G$，不失一般性，可设 $x=\theta$，$d_G(x)=1$，$g_0=P_G(x)$. 由 G 几乎凸及 $B\left(\theta,1-\frac{1}{n}\right)\cap G=\varnothing$ 知，存在 $x_n\in X$，$B(x_n,2)$使

$$\left.\begin{array}{l}B(x_n,2)\supset B\left(\theta,1-\dfrac{1}{n}\right)\\B(x_n,2)\cap G=\varnothing,\end{array}\right.\qquad n=1,2,\cdots$$

由于$-\left(1-\frac{1}{n}\right)\frac{x_n}{\|x_n\|}\in B\left(\theta,1-\frac{1}{n}\right)$，故

$$\left\|-\left(1-\frac{1}{n}\right)\frac{x_n}{\|x_n\|}-x_n\right\|\leqslant 2,\quad n=1,2,\cdots$$

而

$$\left\|-\left(1-\frac{1}{n}\right)\frac{x_n}{\|x_n\|}-x_n\right\|=\left(1-\frac{1}{n}\right)+\|x_n\|$$

故

$$\|x_n\|\leqslant 1+\frac{1}{n},\qquad n=1,2,\cdots$$

令 $\widetilde{x}_n=\frac{x_n}{\|x_n\|}$，则

$$d_G(\widetilde{x}_n) \geqslant d_G(x_n) - \|x_n - \widetilde{x}_n\| \geqslant 2 - \frac{1}{n}$$

因此

$$\|\widetilde{x}_n\| = \|g_0\| = 1, \quad \|\widetilde{x}_n - g_0\| > 2 - \frac{1}{n}$$

由 X 的局一致凸性

$$\widetilde{x}_n \to (-g_0)$$

再由 $d_G(x_n)$的连续性得

$$d_G(-g_0) = \lim_n d_G(\widetilde{x}_n) = 2$$

故

$$g_0 = P_G(-g_0) = P_G(g_0 + 2(x - g_0))$$

因 $x\in X\backslash G$ 是任意的，从而由太阳集定义，定理成立. 证毕.

推论1.5 光滑、局一致凸 Banach 空间中的逼近紧 Chebyshev 集是凸子集.

推论1.6 设 X 是自反，光滑. 局一致凸 Banach 空间，$G\subset X$ 是 Chebyshev 集，则下述论断等价.

i) G 是凸集；

ii) G 是逼近紧集；

iii) $P_G(\cdot)$是连续的；

iv) $\forall\ x\in X\backslash G$, P_G 限制直线段$\{x+\lambda(x-P_G(x)):\lambda\geqslant 0\}$上在 x 处连续；

v) G 是太阳集.

证 由于自反空间中的闭凸子集必是弱逼近紧，而 X 是局一致凸，故由第三章的讨论知，G 是逼近紧，这样 i) ⇒ii) 成立.

至于 ii) ⇒iii) ⇒iv) ⇒v) ⇒i)，则由引理1.2，1.3立即可得. 证毕.

注1.3 作为定理的应用，现在来说明 $R_{m,n}$，E_n，和 $S_{n,k}$在 $L_P[a,b](1<p<\infty)$中逼近的不唯一性. 由于这三类函数集在 L_p 中均是逼近紧集，但不是凸集，故 $R_{m,n}$，E_n 和 $S_{n,k}$都不是 Chebyshev

集. 由此即得，它们不是半 Chebyshev 集.

为刻划几乎凸集是凸集同空间的几何性质的关系，我们需要空间在点 x 处的局部凸性概念和下面的引理. 设 $x\in S_X$，若$\forall\ y\in S_X\backslash\{x\}$，$\frac{1}{2}(x+y)\overline{\in}S_X$，则称 X 在 x 处是严格凸的.

引理1.4 设 X^*是 X 的共轭空间，$x^*\in S^*$，则下述论断等价：

i）X^*在 x^*处是严格凸的；

ii）$\forall\ y^*\in S^*\backslash\{x^*\},\forall\ \{x_n\}\subset S,x^*(x_n)\to 1,Y$ 是$\{x_n+L\}$在两维商空间 X/L 中的一个极限点，则 Y 是 X/L 的光滑点，其中

$L=\mathrm{Ker}x^*\cap\mathrm{Ker}y^*=\{z\in X:x^*(z)=y^*(z)=0\}$

iii）对任何一列闭球，$\{B_n\},B_n=B(z_n,r_n)$，满足.

a）$B_n\subseteq B_{n+1}$，$n=1,2,\cdots$

b）$r_n\to\infty$，

c）$B_n\subset\{y\in X:x^*(g)\leqslant 1\}$

则存在 $r\leqslant 1$，使

$$\overline{\bigcup_n B_n}=\{y\in X:x^*(y)\leqslant r\}$$

证 ii）⇒i）.

反设 X^*在 x^*处不是严格凸，则存在 $y^*\in S^*\backslash\{x^*\}$，使$\frac{1}{2}(x^*+y^*)\in S^*$. 定义 $F,E\in[X/L]^*$

$$F(x+L)=x^*(x),\qquad\forall\ x\in X$$
$$E(x+L)=y^*(x),\qquad\forall\ x\in X$$

则

$$\|F\|=\|x^*\|=1,\|E\|=\|y^*\|=1,F\neq E$$

由于存在$\{x_n\}\subset S$，使

$$(x^*+y^*)(x_n)\to\|x^*+y^*\|=2$$

故

$$x^*(x_n)\to 1,\quad y^*(x_n)\to 1$$

因$\{x_n+L\}\subset BX/L$，而 X/L 是两维，故，$\{x_n+L\}$有极限点，不妨

设 $Y \in BX/L$，使

$$x_n + L \to Y \quad (\text{在 } X/L \text{ 中})$$

但

$$F(Y) = \lim_n F(x_n + L) = 1$$

$$E(Y) = \lim_n E(x_n + L) = 1$$

与 X/L 在 Y 处光滑矛盾．所以 ii) ⇒i)．

iii) ⇒ii)．

反设存在 $y^* \in S^* \setminus \{x^*\}$，存在 $\{x_n\} \subset S$，$x^*(x_n) \to 1$．$\{x_n + L\}$ 的极限点 Y，使 Y 不是 X/L 的光滑点，则存在 $F, E \in S^* X/L$．$F \neq E$，且

$$F(Y) = E(Y) = 1$$

取 $\{\varepsilon_n\}$，$\varepsilon_n \to 0$，$0 < \varepsilon_{n+1} < \varepsilon_n$，$X/L$ 中的球 $\{\widetilde{B}_n\}$：

$$\widetilde{B}_n = \widetilde{B}((1-n)Y, n - \varepsilon_n), \quad n = 1, 2, \cdots$$

显然

$$\sup F(\widetilde{B}_n) \leqslant 1, \quad \sup E(\widetilde{B}_n) \leqslant 1$$

从而，存在 $z_n \in (1-n)Y$ 使

$$\|z_{n+1} - z_n\| < 1 + \varepsilon_n - \varepsilon_{n+1}$$

定义 $B_n \subset X$

$$B_n = B(z_n, n - \varepsilon_n), \quad n = 1, 2, \cdots$$

则 $B_n \subset B_{n+1}$，且 $\forall\ x \in B_n$，有 $x + L \in \widetilde{B}_n$．所以

$$x^*(x) = F(x + L) \leqslant 1, \quad y^*(x) \leqslant E(x + L) \leqslant 1$$

故

$$\overline{\bigcup B_n} \subset \{y \in X : x^*(y) \leqslant 1\} \cap \{y \in X : y^*(y) \leqslant 1\}$$

矛盾．故 iii) ⇒ii)．

i) ⇒iii)．

反设存在 $\{B_n\}$，使 $B_n \subseteq B_{n+1}$，

$$B_n = B(z_n, r_n), \quad r_n \to \infty, \quad n \to \infty$$

$$B_n \subset \{y \in X : x^*(y) \leqslant 1\}, \quad n = 1, 2, \cdots$$

但 $\overline{\bigcup B_n}$ 不是半空间．不妨设

$$\sup x^*(\overline{\bigcup B_n}) = 1$$

则存在 $z\in \text{int}\{y\in X: x^*(y)\leqslant 1\}$，$z\overline{\in}\overline{\bigcup B_n}$.

因$\overline{\bigcup B_n}$是闭凸集，且有非空的内部，从而存在 $y^*\in S^*$，使

$$y^*(z)\geqslant \sup y^*(\overline{\bigcup B_n}) = r$$

显然，$y^*\neq x^*$. 令

$$\varepsilon_n = 1-\sup x^*(B_n),\quad \delta_n = r-\sup y^*(B_n)$$

则 $\varepsilon_n\to 0$，$\delta_n\to 0$，且

$$x^*(z_n) = 1-\varepsilon_n-r_n,\quad y^*(z_n) = r-\delta_n-r_n$$

令 $x_n=\dfrac{z_1-z_n}{r_n}$. 由于 $z_1\in B_n$，故 $x_n\in B$.

由于

$$\begin{aligned}x^*(x_n) &= \frac{x^*(z_1)-x^*(z_n)}{r_n}\\ &= \frac{1-\varepsilon_1-r_1-1+\varepsilon_n+r_n}{r_n}\\ &= 1+\frac{\varepsilon_n-\varepsilon_1-r_1}{r_n}\to 1\quad (n\to\infty)\end{aligned}$$

类似可得

$$y^*(x_n)\to 1\qquad (n\to\infty)$$

故

$$(x^*+y^*)(x_n)\to 2$$

从而

$$\|x^*+y^*\| = 2$$

与 X^* 在 x^* 处严格凸矛盾，故 i) ⇒iii). 证毕.

定理1.3 设 X 是Banach 空间，则 X 中的每个闭几乎凸集必是凸集⟺X^* 是严格凸.

证 "⇐"

设 X^* 严格凸，G 是 X 的闭几乎凸子集，反设 G 不凸，则存在 $g,h\in G$，使$\frac{1}{2}(g+h)\overline{\in}G$. 令 $x_0=\frac{1}{2}(g+h)$，则 $d_G(x_0)>0$. 记

$$B_0 = B\left(x_0,\frac{1}{2}d_G(x_0)\right)$$

由于 G 是几乎凸，则存在$\{B_n\}$. $B_0\subseteq B_n\subseteq B_{n+1}$. 其中

$$B_n = B(z_n,r_n),n = 1,2,\cdots$$

$$r_n \to +\infty, \qquad (n\to\infty)$$

$$B_n \cap G = \varnothing, \quad n = 0,1,\cdots$$

由引理1.4，$\overline{\bigcup B_n}$或者是全空间 X，或者是半空间，且 $\mathrm{int}\,\overline{\bigcup B_n}\cap G=\varnothing$. 但 g 和 h 中至少有一点是$\overline{\bigcup B_n}$的内点. 矛盾.

"$\Rightarrow$".

反设 X^* 不是严格凸的，则存在 x^*，$y^*\in S^*$，$x^*\neq y^*$，使$\frac{1}{2}(x^*+y^*)\in S^*$. 令

$$G = \{x \in X : x^*(x) \leqslant 0 \text{ 或 } y^*(x) \leqslant 0\}$$

则 G 是非凸闭子集. 下证 G 是几乎凸.

对任何 $B_0=B(x_0,r)\subset\{x\in X : x^*(x)>0, y^*(x)>0\}$则易证 $d(B_0,G)>0$. 令

$$L = \mathrm{Ker}x^* \cap \mathrm{Ker}y^*$$

并定义 F，$E\in[X/L]^*$：

$$F(x + L) = x^*(x), \qquad \forall\, x \in X$$

$$E(x + L) = y^*(x), \qquad \forall\, x \in X$$

则

$$\|F\| = \|x^*\| = 1, \quad \|E\| = \|y^*\| = 1, \quad E \neq F$$

再令

$$\widetilde{G} = \{x + L \in X/L : F(x + L) \leqslant 0 \text{ 或 } E(x + L) \leqslant 0\}$$

$$\widetilde{B}_0 = \widetilde{B}(x_0 + L,r)$$

则 $\widetilde{G}$ 是闭的，且 $d(\widetilde{B}_0,\widetilde{G})>0$.

取 $x_n\in S$，使$\frac{1}{2}(x^*+y^*)(x_n)\to1$，则 $x^*(x_n)\to1$，$y^*(x_n)\to1$. 由于 $Y_n=x_n+L\in S_{X/L}$，X/L 是二维空间，不妨设 $Y=\lim Y_n\in X/L$，则 $E(Y)=F(Y)=1$，$Y\in S_{X/L}$. 从而$\forall\ r'>r$，存在 $z+L\in(X/L)\setminus\widetilde{G}$，使

$$\widetilde{B}_1 = \widetilde{B}(z + L,r') \supset \widetilde{B}(x_0 + L,r)$$

$$d(\widetilde{B}_1,\widetilde{G}) > 0$$

所以存在 $z_0 \in z+L$，使

$$B_1 = B(z_0,r') \supset B(x_0,r)$$

$$d(B_1,G) > 0$$

即证明了 G 是几乎凸的，证毕.

推论1.7 设 X^* 是严格凸，则 X 的每个逼近紧 Chebyshev 集必是凸集.

推论1.8 设 X 是自反的有 H 性质的 Banach 空间. 若 X^* 严格凸，G 是 Chebyshev 集，则推论1.6中的五个条件等价.

下面的定理说明 X 局一致凸不是使逼近紧 Chebyshev 集成为太阳集的必要条件.

定理1.4 实连续函数空间 $C_R(\Omega)$ 中的逼近紧 Chebyshev 集必是太阳.

证 由于 G 是逼近紧 Chebyshev 集，故 $P_G(\cdot)$ 是连续的. 下证 $\forall\ x \in X$，x 的局部最佳逼近必是 x 的最佳逼近.

反设 $g_0 \in G$，$g_0 \neq P_G(x)$，对 $x_t = g_0 + t(x-g_0)$，$g_t = P_G(x_t)$，则 g_t 关于 t 连续，由假设 $g_0 \neq g_1$，从而 $\forall\ \varepsilon > 0$，$\exists\ t \in (0,1)$ 使 $g_t \neq g_0$. 但

$$\|g_t - g_0\| < \varepsilon$$

这样

$$\begin{aligned}\|x - g_0\| &= \|x - x_t\| + \|x_t - g_0\| \\ &> \|x - x_t\| + \|x_t - g_t\| \\ &\geqslant \|x - g_t\|\end{aligned}$$

故 g_0 不是 x 的局部最佳逼近. 即证得，x 的局部最佳逼近必是 x 的最佳逼近. 由 $C_R(\Omega)$ 中太阳集的特征知，G 是太阳集. 证毕.

例1.1 设 $X = C_R[0,1]$. 定义

$$g_a(t) = \begin{cases} \dfrac{2+a}{1+t/a}, & a > 0 \\ 0, & a = 0 \end{cases}$$

$$G = \{g_a:\ a \geqslant 0\}$$

则 $G \subset C_R[0,1]$. 下证 G 是 Chebyshev 子集.

首先，对 $\{g_{a_n}\} \subset G$ 是有界序列，则

$$\|g_{a_n}\| = |g_{a_n}(0)| > a_n$$

故 $\{a_n\}$ 有界，不妨设 $a_n \to a^*$.

若 $a^* > 0$，则

$$\lim_n g_{a_n}(t) = g_{a^*}(t), \quad \forall\, t \in [0,1]$$

若 $a^* = 0$，则

$$\lim_n g_{a_n}(t) = g_0(t), \quad \forall\, t \in (0,1]$$

由第三章命题3.1知，G 是存在性集.

再证 G 是唯一性集. 若 $g_a, g_b \in G$. 使对某 $f \in C_R[0,1]$ 有 g_a, $g_b \in P_G(f)$. 不妨设 $a<b$, 由于$\forall\, t \in [0,1]$，有

$$g_a(t) < g_{1/2(a+b)}(t) < g_b(t)$$

并设 $t_0 \in [0,1]$ 使

$$\|f - g_{\frac{1}{2}(a+b)}\| = |f(t_0) - g_{\frac{1}{2}(a+b)}(t_0)|$$

则

$$\begin{aligned}\|f - g_{\frac{1}{2}(a+b)}\| &= |f(t_0) - g_{\frac{1}{2}(a+b)}(t_0)| \\ &< \max\{|f(t_0) - g_a(t_0)|, |f(t_0) - g_b(t_0)|\} \\ &\leqslant \max\{\|f - g_a\|, \|f - g_b\|\}\end{aligned}$$

与 g_a，$g_b \in P_G(f)$ 矛盾.

最后，我们说明 G 不是太阳. 令 $f(t) \equiv 1$, 则 $P_G(f) = 0$. 但对 $\lambda > 1$，

$$f_\lambda(t) = \lambda f(t) = \lambda, \qquad \forall\, t \in [0,1]$$

从而

$$\|f_\lambda - g_{\lambda-1}\| = |f_\lambda(0) - g_{\lambda-1}(0)| = 1 < \|f_\lambda - 0\|$$

故 $0 \in P_G(f_\lambda)$，G 不是太阳.

事实上，$P_G(\cdot)$ 在 $f \equiv 1$ 处不连续.

注1.4 例1.1是由 Dunham 所给，这例一方面说明了定理1.4中条件 G 是逼近紧不可去（但可改为 $P_G(\cdot)$ 连续）. 另一方面也否定了由 Brosowski 和 Deutsch 提出的下述问题：

在赋范线性空间中是否每个Chebyshev集必是太阳?

第二节 Hilbert空间中Chebyshev集的凸性

一、Hilbert空间中的单调映射及其单调扩张

设A是$H\to 2^H$的集值映照，记

$$D(A)=\{x\in H:\ Ax\neq\varnothing\}$$
$$R(A)=\{f\in H:\ \exists\ x\in D(A)\text{使}f\in Ax\}$$
$$G(A)=\{(x,f):\ x\in D(A),f\in Ax\}\subset H\times H$$
$$A^{-1}(f)=\{x\in H:\ f\in Ax\}$$

其中H为Hilbert空间.

定义2.1 集值映射$A:D(A)\to 2^H$,若

$$<x-x',f-f'>\geqslant 0\qquad\forall\ (x,f),(x',f')\in G(A)$$

则称A是单调映射.

定义2.2 设A是H到2^H的单调映射. 如果存在单调映射A_1满足$G(A_1)\supset G(A)$，则称A_1是A的单调扩张. 如果A不存在任何真单调扩张，则称A是极大单调映射.

利用Zorn引理，不难证明，任何单调映射A均存在其极大单调扩张.

下面的命题给出了极大单调映射的判定定理.

命题2.1 设$A:D(A)=H\to 2^H$是单调映射，则A是极大单调映射$\Longleftrightarrow$i) $\forall\ x\in H$,Ax是H的闭凸集. ii)$\forall\ x\in H,z\in H$,A限制在$\{x+tz:t\geqslant 0\}$上在x处是范-弱上半连续.

证 "$\Leftarrow$".

只需证明，对(x,f)，若

$$<f-f',x-x'>\geqslant 0\qquad\forall\ (x',f')\in G(A)\qquad(*)$$

则$(x,f)\in G(A)$.

反设，存在(x,f)满足$(*)$，但$f\overline{\in}Ax$. 由i)知，Ax是闭凸集. 从而利用凸集的严格分离定理，存在$z\in H$使

$$\langle f,z\rangle > \sup\{\langle f',z\rangle : f' \in Ax\}$$

令

$$\varepsilon = \langle f,z\rangle - \sup\{\langle f',z\rangle : f' \in Ax\}$$

取 Ax 的弱邻域

$$U(Ax) = \{y \in H : \exists\ f' \in Ax, \text{使} \langle y - f',z\rangle < \varepsilon\}$$

而由 ii)，存在 $t_0>0$，使当 $t\in(0,t_0)$时

$$A(x+tz) \subset U(Ax)$$

即$\forall\ t\in(0,t_0)$，$f_t\in A(x+tz)$时，存在 $f'\in Ax$ 使

$$\langle f_t - f',z\rangle < \varepsilon$$

故

$$\langle f_t - f',z\rangle < \langle f,z\rangle - \sup\{\langle f',z\rangle ; f' \in Ax\}$$

即

$$\langle f_t - f,z\rangle < 0, \quad \forall\ f_t \in A(x+tz), \quad t \in (0,t_0)$$

另一方面，在（*）式中取 $x'=x+tz$，$f'=f_t\in Ax'$，则

$$\langle f - f_t,z\rangle \leqslant 0$$

矛盾. 故充分性成立.

"$\Rightarrow$"

对 $\forall\ (x',f')\in G(A)$，令

$$M_x(x',f') = \{f \in H ; \langle f - f',x - x'\rangle \geqslant 0\}$$

由 A 的极大性，

$$Ax = \bigcap\ \{M_x(x',f') : (x',f') \in G(A)\}$$

由于 $M_x(x',f')$是闭凸集，故 Ax 是闭凸集. 从而 i) 成立. 下证 ii).

反设 ii) 不成立，则存在 $x_0,z\in H$ 使 A 限制在$\{x_0+tz : t\geqslant 0\}$上在 x_0处不范-弱上半连续. 从而存在 Ax_0的弱邻域$U(Ax_0)$及 $t_n\to 0$，$f_n\in A(x_0+t_nz)$使 $f_n\overline{\in}U(Ax_0)$. 若$\{f_n\}$无界，不妨认为 f_n，有$\|f_n\|\to+\infty$，由共鸣定理，存在 $y\in H$，使

$$\lim_n\langle f_n,y\rangle = +\infty$$

取 $f_1 \in A(x_0+z)$ 由 A 的单调性得

$$\langle f_n - f_1, (t_n - 1)z \rangle \geqslant 0$$

从而当 n 充分大时，有

$$\langle f_n, Z \rangle \leqslant \langle f_1, z \rangle$$

因此

$$\langle f_n, t_n z - y \rangle \to -\infty \qquad (n \to \infty)$$

另一方面，取 $g \in A(x_0+y)$，则

$$\langle f_n - g,\quad t_n z - y \rangle \geqslant 0$$

从而

$$\begin{aligned} -\infty &= \lim \langle f_n, t_n z - y \rangle \\ &\geqslant \lim \langle g, t_n z - y \rangle = -\langle g, y \rangle \end{aligned}$$

矛盾. 故 $\{f_n\}$ 有界. 这样，可设 $f_n \xrightarrow{W} f_0 \in H$. 由 A 的极大单调性，$(x_0, f_0) \in G(A)$，即 $f_0 \in Ax_0$. 但由 $f_n \in H \backslash \bigcup (Ax_0)$，及 $\bigcup (Ax_0)$ 弱开，得 $f_0 \in H \backslash \bigcup (Ax_0)$. 矛盾. 证毕.

命题2.2 设 $A: D(A) \mapsto 2^H$ 是极大单调映射，则 A 在 $\mathrm{int}D(A)$ 上范-弱上半连续.

命题2.3 若 $A: D(A) = H: \mapsto 2^H$ 是极大单调映射，则 $R(I+A) = H$. 其中 I 是 H 到 H 的恒等映射.

命题2.2，2.3的证明可参看有关的著作.

命题2.4 设 $A: D(A) = H \mapsto 2^H$ 是极大单调映射，则 $J = (I+A)^{-1}$ 是压缩算子.

证 由命题2.3得 $D(J) = H$. 下证 J 是压缩算子. $\forall f \in Ax$，$f' \in Ax'$ 有

$$\langle f - f', x - x' \rangle \geqslant 0$$

因而

$$\begin{aligned} \|x - x'\|^2 &\leqslant \langle x + f - (x' + f'), x - x' \rangle \\ &\leqslant \|x + f - (x' + f')\| \|x - x'\| \end{aligned}$$

故

$$\|x - x'\| \leqslant \|x + f - (x' + f')\|$$

这样，对$\forall\ z=x+f\in(I+A)(x),z'=(I+A)x'$有

$$\|J(z)-J(z')\|\leqslant\|z-z'\|$$

故J是单值，且是压缩算子. 证毕.

二、$P_G(\cdot)$的单调扩张及其连续性态

设G是Hilbert 空间H中的闭子集，$P_G(x)$是G的距离投影. 则易见

$$P_G(x)=B(x,d_G(x))\cap G,\quad \forall\ x\in H$$

定理2.1 $P_G(\cdot)$是单调映射.

证 $\forall\ (x,g)\in G(P_G),(x',g')\in G(P_G)$. 即$g\in P_G(x),g'\in P_G(x')$. 从而由

$$\langle x-g,x-g\rangle\leqslant\langle x-g',x-g'\rangle$$
$$\langle x'-g',x'-g'\rangle\leqslant\langle x'-g,x'-g\rangle$$

得

$$2\langle x,g-g'\rangle\geqslant\|g\|^2-\|g'\|^2$$
$$2\langle x',g'-g\rangle\geqslant\|g'\|^2-\|g\|^2$$

两式相加则得

$$\langle x-x',g-g'\rangle\geqslant 0$$

即$P_G(\cdot)$是单调映射. 证毕.

为求出$P_G(\cdot)$的极大单调扩张，我们考虑下面的集值映射:

$$\Phi_G(x)=\bigcap_{\varepsilon>0}\overline{CO}(B(x,d_G(x)+\varepsilon)\cap G),\quad \forall\ x\in H$$

引理2.1 $\forall\ x\in H,\Phi_G(x)$是非空闭凸集，且

$$\overline{COP_G(x)}\subset\Phi_G(x)\subset B(x,d_G(x))$$

证 显然，只需证明

$$\Phi_G(x)\neq\varnothing,\quad \forall\ x\in H$$

$\forall\ x\in H$，取$x_n\in\overline{CO}\left(B\left(x,d_G(x)+\frac{1}{n}\right)\cap G\right)$，则对$\forall\ m$，当$n>m$时，有$x_n\in\overline{CO}\left(B\left(x,d_G(x)+\frac{1}{m}\right)\cap G\right)$. 因$\overline{CO}$

$\left(B(x,d_G(x)+\frac{1}{m}\right)\cap G)$是弱紧，故可设 $x_n \xrightarrow{W} x_0$，则$\forall\ m. x_0 \in \overline{CO}$ $\left(B\left(x,d_G(x)+\frac{1}{m}\right)\cap G\right)$，故 $x_0 \in \Phi_G(x)$. 证毕.

引理2.2 $\Phi_G(\cdot)$是单调映射.

证 $\forall\ \varepsilon>0, g\in B(x,d_G(x)+\varepsilon)\cap G, g'\in B(x',d_G(x')+\varepsilon)\cap G'$有

$$\|g'-x\|^2 \geqslant d_G^2(x) \geqslant \|x-g\|^2-\varepsilon$$

$$\|g-x'\|^2 \geqslant d_G^2(x') \geqslant \|x'-g'\|^2-\varepsilon$$

$$2\langle g-g',x\rangle \geqslant \|g\|^2-\|g'\|^2-\varepsilon$$

$$2\langle g'-g,x'\rangle \geqslant \|g'\|^2-\|g\|^2-\varepsilon$$

两式相加则得

$$\langle g-g',x-x'\rangle \geqslant -\varepsilon$$

这样，$\forall\ f\in CO(B(x,d_G(x)+\varepsilon)\cap G)$

$$f'\in CO(B(x',d_G(x')+\varepsilon)\cap G)$$

有

$$f=\sum_{i=1}^{n}\lambda_i g_i,\quad g_i\in B(x,d_G(x)+\varepsilon)\cap G, \sum_{i=1}^{n}\lambda_i=1$$

$$f'=\sum_{j=1}^{m}\mu_j g_j',\quad g_j'\in B(x',d_G(x')+\varepsilon)\cap G, \sum_{j=1}^{m}\mu_j=1$$

令

$$g_{ij}=g_i,\quad j=1,2,\cdots,m,\quad i=1,2,\cdots,n$$

$$g_{ij}'=g_j',\quad i=1,2,\cdots,n,\quad j=1,2,\cdots,m$$

则

$$f=\sum_{i=1}^{n}\lambda_i g_i=\sum_{i=1}^{n}\sum_{j=1}^{m}\lambda_i\mu_j g_{ij}$$

$$f'=\sum_{i=1}^{n}\sum_{j=1}^{m}\lambda_i\mu_j g_{ij}'$$

从而

$$\langle f-f',x-x'\rangle=\langle\sum_{i=1}^{n}\sum_{j=1}^{n}\lambda_i\mu_j(g_{ij}-g_{ij}'),x-x'\rangle$$

$$= \sum_{i=1}^{n}\sum_{j=1}^{m}\lambda_i\mu_j\langle g_{ij} - g'_{ij}, x - x'\rangle \geqslant -\varepsilon$$

故$\forall\ f\in\overline{CO}(B(x,d_G(x)+\varepsilon)\cap G), f'\in\overline{CO}(B(x',d_G(x')+\varepsilon)\cap G)$有

$$\langle f - f' x - x'\rangle \geqslant -\varepsilon$$

由于$\forall\ f\in\Phi_G(x), f'\in\Phi_G(x')$ 有

$$f \in \overline{CO}(B(x,d_G(x) + \varepsilon) \cap G).$$
$$f' \in \overline{CO}(B(x',d_G(x') + \varepsilon) \cap G), \forall\ \varepsilon > 0$$

故

$$\langle f - f' \quad x - x'\rangle \geqslant \varepsilon, \quad \forall\ \varepsilon > 0$$

令 $\varepsilon\to 0$，则得

$$\langle f - f', x - x'\rangle \geqslant 0$$

即 $\Phi_G(\cdot)$是单调的．证毕．

定理2.2 $\Phi_G(\cdot)$是 $P_G(\cdot)$的极大单调扩张．

证 由于 Φ_G 是单调映射，且是 P_G 的单调扩张，若能证 $\Phi_G(\cdot)$是范-弱上半连续，则由命题2.1可得 Φ_G 是极大单调映射，故定理成立．

反设存在 $x_0\in H$，及 $\Phi_G(x_0)$的弱邻域$U(x_0)$，及 $x_n\to x_0$，使

$$\Phi_G(x_n)\not\subset U(x_0)$$

从而存在 $f_n\in\Phi_G(x_n)$使 $f_n\overline{\in}U(x_0)$. 由于 $x_n\to x_0$，及 $d_G(x)$关于 x 连续得，$\forall\ \varepsilon>0$存在 N_ε，使当 $n>N_\varepsilon$ 时有

$$\|x_n - x_0\| < \varepsilon, \quad |d_G(x_n) - d_G(x_0)| < \varepsilon$$

所以

$$B(x_n,d_G(x_n) + \varepsilon) \cap G \subset B(x_0,d_G(x) + 3\varepsilon) \cap G$$

由此即得，当 $n>N_\varepsilon$ 时

$$\overline{CO}(B(x_n,d_G(x_n) + \varepsilon) \cap G) \subset \overline{CO}(B(x_0,d_G(x_0) + 3\varepsilon) \cap G)$$

故，当 $n>N_\varepsilon$ 时

$$f_n \in \overline{CO}(B(x_0,d_G(x_0) + 3\varepsilon) \cap G)$$

即$\{f_n\}$有界. 因 H 自反，不妨可设 $f_n\xrightarrow{W}f_0\in H$，则 $f_0\overline{\in}\cup(x_0)$.

另一方面，$\forall\ \varepsilon>0$.

$$f_0 \in \overline{CO}(B(x_0;d_G(x_0)+3\varepsilon)\cap G)$$

故 $f_0\in\Phi_G(x_0)$. 从而 $f_0\in\cup(x_0)$矛盾. 证毕.

引理2.3 令

$$C_G=\{x\in H:P_G(x)=\Phi_G(x)\}$$

$$C'_G=\{x\in H:P_G(x)\text{单点,且在 } x \text{ 处 } P_G \text{ 上半连续}\}$$

则

$$C_G=C'_G$$

证 $\forall\ x_0\in H, x_0\in C_G$, 则 $P_G(x_0)=\Phi_G(x_0)$由于 $\Phi_G(x_0)$凸，故 $P_G(x_0)$是凸集，从而 $P_G(x_0)$必为单点集.

再证 P_G 在 x_0处上半连续，反设存在 $P_G(x_0)$的邻域$\cup$及 $x_n\to x_0, g_n\in P_G(x_n)$使 $g_n\overline{\in}U$. 由于 Φ_G 在 x_0处范-弱上半连续，$g_n\in\Phi_G(x_n)$，$\{g_n\}$有界，故可设 $g_n\xrightarrow{W}g_0$，且 $g_0=P_G(x_0)$.

由 $d_G(x_n)\to d_G(x_0)$ 得

$$\|x_n-g_n\|\to\|x_0-g_0\|$$

而 $x_n-g_n\xrightarrow{W}x_0-g_0$，故由 Hilbert 空间的 H 性质，得 $x_n-g_n\to x_0-g_0$，从而 $g_n\to g_0$. 但由 $g_n\overline{\in}U$，得 $g_0\overline{\in}U$. 矛盾.

反之，若 $x_0\in C'_G$，则 $P_G(x_0)$为单点且 P_G 在 x_0处上半连续. 下证 $\Phi_G(x_0)=P_G(x_0)=g_0$.

反设存在 $g_1\neq g_0$，$g_1\in\Phi_G(x_0)$，则

$$\langle g_1-g', x_0-x'\rangle\geqslant 0,\quad \forall\ g'\in P_G(x')$$

由 命题2.1的证明可导出$(x_0,g_1)\in G(P_G)$. 即 $g_1\in P_G(x_0)$，但 $P_G(x_0)=g_0$是单点集，矛盾. 证毕.

注2.1 由引理的证明所知，若 P_G 在 x_0处是单点，则 P_G 在 x_0 处范-弱上半连续等价于 P_G 在 x_0处是范-范上半连续. 特别地，对 Chebyshev 集 G，P_G 范-弱连续等价于范-范连续.

定理2.3 对 H 中的闭子集 G，$x\in H\backslash C_G$，则只有两种可能：

i) x 是 $H\backslash C_G$ 的孤立点，此时当且仅当 $P_G(x)=S(x,d_G(x))$；

ii) x 必位于 $H\backslash C_G$ 中的一条非常值 Lipschitz 曲线上.

证 $\forall x \in H \backslash C_G$，若

$$P_G(x) = S(x, d_G(x))$$

则对$\forall z \in B(x, d_G(x))$，$z \neq x$，有

$$P_G(z) = \Phi_G(z) = z + d_G(z) \frac{z - x}{\|z - x\|}$$

即$z \in C_G$，故x是$H \backslash C_G$的孤立点.

若$x \in H \backslash C_G$，$P_G(x) \neq S(x, d_G(x))$，下证必有$\Phi_G(x)$的边界点f，使$f \notin P_G(x)$.

若$P_G(x) = \varnothing$，显然.

若$P_G(x)$是单点. 如果$\Phi_G(x)$的边界点均含于$P_G(x)$，则$\Phi_G(x) \subset P_G(x)$，故$P_G(x) = \Phi_G(x)$，矛盾.

若$P_G(x)$至少含有两点$g_1 \neq g_2$. 由于

$$P_G(x) \neq S(x, d_G(x))$$

则存在$f_0 \in S(x, d_G(x)) \backslash P_G(x)$. 由于$[g_1, g_2] \subset \Phi_G(x)$，记$g_3 = \frac{1}{2}(g_1 + g_2)$，并令

$$t_0 = \sup\{t \geqslant 0 : g_3 + t(f_0 - g_3) \in \Phi_G(x)\}$$

则$f = g_3 + t_0(f_0 - g_3) \in \Phi_G(x)$，且$f$为$\Phi_G(x)$的边界点，由于

$$\{g_3 + t(f_0 - g_3) : t \geqslant 0\} \cap S(x, d_G(x)) = \{f_0\}$$

而$f_0 \notin P_G(x)$，故

$$\{g_3 + t(f_0 - g_3) : t \geqslant 0\} \cap P_G(x) = \varnothing$$

从而，$f \notin P_G(x)$.

因f是$\Phi_G(x)$的边界点，所以存在u，$\|u\| = 1$，使$f + \lambda u \notin \Phi_G(x)$. $\forall \lambda > 0$，令

$$f_\lambda = f + \lambda u, J = (I + \Phi_G)^{-1}$$

我们将证明，对充分小的$\lambda > 0$，有

$$J(x + f_\lambda) \in H \backslash C_G$$

事实上，取$\lambda_0 > 0$，满足$\lambda_0 < \frac{1}{2} d_G(f)$，则当$\lambda \in (0, \lambda_0)$时

$$|d_G(f_\lambda) - d_G(f)| \leqslant \|f_\lambda - f\| = \lambda < \lambda_0 < \frac{1}{2} d_G(f)$$

因此

$$\|f_\lambda - f\| < \frac{1}{2}d_G(f) < \frac{1}{2}[\|f_\lambda - f\| + d_G(f_\lambda)]$$

故

$$\|f_\lambda - f\| \leqslant d_G(f_\lambda)$$

由于

$$f \in \Phi_G(x), x+f \in (I+\Phi_G)(x)$$

故 $J(x+f)=x$. 从而由 J 是压缩算子得

$$\|x + f_\lambda - J(x + f_\lambda) - f_\lambda\| = \|J(x + f) - J(x + f_\lambda)\|$$
$$\leqslant \|f - f_\lambda\| < d_G(f_\lambda)$$

所以

$$x + f_\lambda - J(x + f_\lambda) \overline{\in} G$$

这样

$$x + f_\lambda - J(x + f_\lambda) \overline{\in} P_G(J(x + f_\lambda))$$

而由

$$x + f_\lambda \in (I + \Phi_G) \cdot J(x + f_\lambda)$$

得

$$x + f_\lambda - J(x + f_\lambda) \in \Phi_G(J(x + f_\lambda))$$

所以

$$\Phi_G(J(x + f_\lambda)) \neq P_G(J(x + f_\lambda))$$

即，我们证得

$$J(x + f_\lambda) \in H\backslash C_G, \qquad \forall\ 0 < \lambda < \lambda_0$$

又因 $f_\lambda \overline{\in} \Phi_G(z)$，故

$$J(x + f_\lambda) \neq x, J(x + f_\lambda) \neq J(x + f)$$

从而 $J(x+f_\lambda)$ 非常值，由于 J 是压缩算子，

$$\|J(x + f_\lambda) - J(x + f_\lambda')\| \leqslant \|f_\lambda - f_\lambda'\| = |\lambda - \lambda'|$$

即 $J(x+f_\lambda)$ 是含于 H/C_G 中的非常值 Lipschitz 曲线，证毕.

注2.2 若 G 为近迫集，则 $D(P_G)=H$，此时我们不必求出 P_G 的极大单调扩张 Φ_G，而只肯定 P_G 的极大单调扩张的存在性，则也可得本节结果.

注2.3 考虑函数

$$\varphi(x)=\frac{1}{2}\|x\|^2-\frac{1}{2}d_G^2(x),\quad \forall\ x\in H$$

易见

$$\varphi(x)=\sup\{\langle x,g\rangle-\frac{1}{2}\|g\|^2:g\in G\}$$

故 φ 是 H 上的连续凸函数，若记 $\partial\varphi(x)$ 为 φ 在 x 处的次梯度，即

$$\partial\varphi(x)=\{z\in H:\varphi(y)-\varphi(x)\geqslant\langle y-x,z\rangle:\forall\ y\in H\}$$

则可以证明 $\partial\varphi(x)$ 是非空闭凸集，且 $\partial\varphi(\cdot)$ 是范-弱上半连续的单调映射. 故由命题2.1知，$\partial\varphi$ 是 P_G 的极大单调扩张，所以

$$\partial\varphi(x)=\Phi_G(x),\quad \forall\ x\in H$$

这样，以 $\partial\varphi$ 作为工具来讨论，也可获本节结果.

三、Chebyshev 集的凸性

本小节我们给出 Hilbert 空间中 Chebyshev 集是凸集的一些等价条件.

定理2.4 设 G 是 Hilbert 空间 H 中的 Chebyshev 集，则下述论断等价：

(1) G 是凸集；

(2) G 是弱闭集；

(3) G 是逼近紧集；

(4) P_G 是连续的；

(5) $\forall\ x\in H\backslash G$，$P_G$ 限制在 $\{x+\lambda\ (x-P_G\ (x)):\ \lambda\geqslant 0\}$ 上在点 x 处连续；

(6) G 是 δ-太阳集；

(7) G 是太阳集；

(8) P_G 至多有可数个不连续点；

(9) P_G 是极大单调算子.

证 由本章第一节的讨论易得：

(1) ⇒ (2) ⇒ (3) ⇒ (4) ⇒ (5) ⇒ (6) ⇒ (7) ⇒ (1)
另一方面，(4) ⇒ (8) 显然，下证 (8) ⇒ (9).

反设 P_G 不是极大单调算子，则由定理2.2知，$C'_G=C_G\neq H$. 因 G 是 Chebyshev 子集，由定理2.3，$H\backslash C'_G$ 中含有非常值 Lipschitz 曲线，与 (8) 矛盾. 最后，若(9)成立，由定理2.2，$P_G=\Phi_G$，故 $C'_G=C_G=H$，从而 (4) 成立. 即(9)⇒(4)，证毕.

注2.4 由注2.1知，在上述定理的 (4) 和 (5) 中，将连续改为范-弱连续，则结论仍真.

定理2.5 设 G 是 Hilbert 空间 H 中的 Chebyshev 集，则下述论断等价

i) G 是凸集；

ii) $d_G(x)$在 $H\backslash G$ 上至多有可数个点不 Gateaux 可微.

证 定义

$$\varphi(x)=\frac{1}{2}\|x\|^2-\frac{1}{2}d_G^2(x)$$

则易知，对 $x\in H\backslash G$，$\varphi(\cdot)$在 x 处 Gateaux 可微$\Longleftrightarrow d_G(\cdot)$ 在 x 处 Gateaux 可微. 而当 $x\in G$ 时，由于

$$\partial\varphi(x)=\Phi_G(x)=\bigcap_{\varepsilon>0}\overline{Co}(B(x,\varepsilon)\cap G)$$

为单点集，故 $\varphi(\cdot)$ 在 x 处 Gateaux 可微. 因此，

$$\begin{aligned}
H\backslash C_G&=\{x\in H:\Phi_G(x)\neq P_G(x)\}\\
&=\{x\in H:\partial\varphi(x)\neq P_G(x)\}\\
&=\{x\in H:\partial\varphi(x)\text{ 不是单点集}\}\\
&=\{x\in H:\varphi(\cdot)\text{ 在 } x \text{ 处不 Gateaux 可微}\}\\
&=\{x\in H\backslash G:\varphi(\cdot)\text{ 在 } x \text{ 处不 Gateaux 可微}\}\\
&=\{x\in H\backslash G:d_G(\cdot)\text{ 在 } x \text{ 处不 Gateaux 可微}\}
\end{aligned}$$

又因为

$$H\backslash C_G=\{x\in H:P_G(\cdot)\text{ 在 } x \text{ 处不连续}\}$$

故 ii) 成立⟺定理2.4 (8) 成立⟺i) 成立. 证毕.

注2.5 $d_G(x)$在 G 上可能有更多的不 Gateaux 可微点，故定理2.5中，(2) 不能将“$H\backslash G$”改为“H”.

例2.1 在R^2中，取

$$G=\{(t,0):t\in R\}$$

则$\forall$ $(t_0,0)\in G$，$d_G(x)$在$x_0=(t_0,0)$处不Gateaux可微，事实上，取$e=\pm(0,1)$，有

$$d_G^+(x_0)(e)=\lim_{\lambda\to 0+}\frac{d_G(x_0+\lambda e)-d_G(x_0)}{\lambda}=1$$

而$d_G(x_0)(e)=-1$，所以$d_G(x)$在x_0处不Gateaux可微.

注2.6 Hilbert空间中Chebyshev集的凸性问题自1934年Bunt对有限维情形作了肯定回答以来，至今已近60年，虽有众多作者研究，并得到了不少正面结果，但Hilbert空间中Chebyshev集是否一定为凸集这一问题至今未获解答，一方面，对Chebyshev集加上一些条件，甚至是非常弱的条件，则可以得到肯定答案. 另一方面，对不完备的内积空间，Johnson在1987年构作了一个不凸的Chebyshev集（Johnson的文章有非本质错误，Jiang已作修正）. 对于Hilbert空间，则仍是一个悬而未决的问题. Klee猜测，存在无穷维的Hilbert空间，其中有不凸的Chebyshev集.

四、唯一远达集的单点性

该G是Hilbert空间H中的有界子集，记

$$t_G(x)=\sup_{g\in G}\|x-g\|$$

$$q_G(x)=\{g\in G:\|x-g\|=t_G(x)\}$$

对$g\in q_G(x)$，则称g为G对x的远达点，q_G：$H\to 2^G$称为远达映射. 若对$\forall$ $x\in H$，$q_G(x)$是单点集，则称G是唯一远达集.

命题2.5 设G是H的唯一远达集，则$\overline{G}$，COG也是唯一远达集.

证 首先，易证

$$t_G(x)=t_{\overline{G}}(x)=t_{COG}(x),\forall\ x\in H$$

下证$\overline{G}$是唯一远达集. 设$g_0=q_G(x)$，若存在$g_1\in\overline{G}\backslash G$使

$$\|x-g_1\|=\|x-g_0\|=t_G(x)$$

则取 $\bar{x}=2x-g_1$，则对$\forall\ g\in G$

$$\begin{aligned}\|\bar{x}-g\| &\leqslant \|x-g\|+\|x-g_1\| \\ &\leq \|x-g_0\|+\|x-g_1\| = 2\|x-g_1\| \\ &= \|\bar{x}-g_1\|\end{aligned}$$

这样，若 $g\in G\backslash\{g_0\}$，由 G 是唯一远达性，第二个不等号是严格的. 若 $g=g_0$，则第一个不等号是严格的，故

$$\|\bar{x}-g\| < \|\bar{x}-g_1\| = t_G(\bar{x}),\quad \forall\ g\in G$$

即 G 对 $\bar{x}$ 的远达点不存在，与 G 是唯一远达集矛盾，故 $\bar{G}$ 是唯一远达集.

再证 COG 是唯一远达集. 反设 $g_0'\in COG\backslash G$ 使

$$\|x-g_0'\| = \|x-g_0\| = t_G(x) = t_{COG}(x)$$

则可设 $g'_0=\lambda g'_1+(1-\lambda)g'_2$，$g'_1$，$g'_2\in G,\lambda\in(0,1)$. 从而

$$\begin{aligned}\|x-g'_0\| &\leqslant \lambda\|x-g'_1\|+(1-\lambda)\|x-g'_2\| \\ &\leqslant \max\{\|x-g'_1\|,\|x-g'_2\|\} \\ &\leqslant \|x-g_0\| = t_G(x)\end{aligned}$$

由 H 的严格凸性得

$$x-g'_1 = x-g'_2 = x-g'_0$$

即 $g_0'=g_1'=g_2'\in G$，矛盾. 证毕.

下面将证明，若 H 中任何唯一远达集必为单点集，则 H 中的 Chebyshev 集必为凸集，为此，我们考虑单位球的反演变换

$$\xi x = \frac{x}{\|x\|^2},\qquad \forall\ x\in H\backslash\{0\}$$

则 ξ 是 $H\backslash\{0\}$ 到 H 的算子.

引理2.3 设 $S=S(x_0,r)$ 为 H 中不过0点的球面，则 ξS 是 $H\backslash\{0\}$ 中的球面.

证 容易验证下述论断等价：

(1) $S=S(x_0,r)$ 是不过0点的球面；

(2) $S=\{x\in H:\langle x-x_0,\ x-x_0\rangle=r^2\}$

$r^2\neq\langle x_0,\ x_0\rangle$

(3) 对某个 $v\in H$，$a\in R$，$0\neq a<\frac{1}{4}\langle v, v\rangle$，有

$$S=\{x: \langle x, x\rangle+\langle v, x\rangle+a=0\}$$

由于

$$\begin{aligned}
\xi S &= \{\xi x:\langle x,x\rangle+\langle v,x\rangle+a=0\} \\
&= \{x':\langle \xi^{-1}x',\xi^{-1}x'\rangle+\langle v,\xi^{-1}x'\rangle+a=0\} \\
&= \left\{x':\frac{\langle x',x'\rangle}{\langle x',x'\rangle^2}+\frac{\langle v,x'\rangle}{\langle x',x'\rangle}+a=0\right\} \\
&= \{x':\langle x',x'\rangle+\langle a^{-1}v,x'\rangle+a^{-1}=0\}
\end{aligned}$$

而

$$\begin{aligned}
O\neq a^{-1} &= \frac{1}{a^2}\cdot a<\frac{1}{4a^2}\langle v,v\rangle \\
&= \frac{1}{4}\langle a^{-1}v,a^{-1}v\rangle
\end{aligned}$$

故 ξS 是 $H\backslash\{0\}$ 中的球面. 证毕.

定理2.6 若 H 中任何唯一远达集必为单点集，则 H 中的 Chebyshev 集必为凸集.

证 反设 H 中存在 Chebyshev 集 G 不凸，则有 $x_0\in \mathrm{CO}G\backslash G$，不妨设 $x_0=0$，这样，存在 x_1，$x_2\in G$，$x_1\neq x_2$，使 $0\in(x_1,x_2)$，$0\overline{\in}G$.

关于单位圆作反演变换

$$\xi x=\frac{x}{\|x\|^2}\qquad \forall x\in H\backslash\{0\}$$

下面证明 ξG 是唯一远达集，但 ξG 不是单点集.

$\forall x\in H$，记

$$t(x)=t_{\xi G}(x)=\sup\{\|x-g\|:g\in\xi G\}$$

则 $B(x,t(x))\supset\xi G$，且 $d(S(x,t(x)),\xi G)=0$. 由于 $0\in(x_1,x_2)$，故 $0\in(\xi x_1,\xi x_2)$. 而 $\xi x_1,\xi x_2\in\xi G\subset B(x,t(x))$，故 $0\in B(x,t(x))$. 从而 $\xi B(x,t(x))$ 为球面 $\xi S(x,t(x))$ 的外部（含边界）.

又因 $\xi^2=I$，故 $\xi B(x,t(x))\supset G$，且 $d(\xi S(x,t(x)),G)=0$. 而 G 是Chebyshev集，故 $\xi S(x,t(x))\cap G$ 是单点集. 从而 $S(x,t(x))$

$\bigcap \xi G$ 为单点，由 $x \in H$ 的任意性，ξG 是唯一远达集，但 $\xi x_1 \neq \xi x_2$，故 ξG 不是单点集，与假设矛盾. 证毕.

注2.7 由定理2.6，若在 Hilbert 空间中，能证明唯一远达集必为单点集，则 Chebyshev 集的凸性问题可得正面解决，Klee 猜测将被否定，虽然许多具体空间，如 c_0，c_1，$c(\Omega)$ 都已证实唯一远达集的单点性，但在 Hilbert 空间中仍是一个未解决问题.

注 2.8 对 H 中的有界子集 G，定义 Chehyshev 半径为

$$r(G) = \inf_{x \in H} \sup_{g \in G} \|x - g\|$$

G 的 Chebyshev 中心为满足

$$\sup_{g \in G} \|c - g\| = r(G)$$

的元 $c \in H$. 显然，对有界子集 G，G 在 H 中的 Chebyshev 中心存在且唯一. Astanch 于1983年证得下述结果：G 是 H 中的唯一远达集，c，$r(G)$ 为 G 的 Chebyshev 中心和半径，则 G 是单点集，或对 $\forall\ x \in (c,\ q_G(c))$ 有

$$\|q_G(x) - q_G(c)\| > \sqrt{2}\, r(G)$$

注2.9 H 空间中的紧唯一远达集必是单点集.

事实上，若 G 为紧唯一远达集，由命题2.5知，$K = \overline{COG}$ 是唯一远达集，由 Mazur 定理，K 是紧集，从而

$$q_K : K \longmapsto K$$

是连续映射（一般 q_G 未必连续），由 Schauder 不动点定理，存在 $g \in K$，使

$$q_K(g) = g$$

故 K 为单点集，所以 G 更为单点.

最后，我们介绍 Asplund 关于 Klee 洞的结果.

定理2.7 Hilbert 空间 H 中，若存在不凸 Chebyshev 集，则 H 中必存在 Chebyshev 集，它是非空有界开凸集的余集.

证 若 G 是 H 的不凸 Chebyshev 集，不妨设 $O \in \mathrm{CO}G \backslash G$，考虑反演变换

$$\xi x = \frac{x}{\|x\|^2}, \qquad \forall\ x \in H \backslash \{0\}$$

由定理2.6的证明知，ξG 是唯一远达集，但不是单点集，令

$$t(x) = t_{\xi_G}(x)$$

$$C = \{x \in H : t(x) \geqslant t(y) + 1\}$$

其中 $y \in H$，我们先来证 $H \backslash C$ 是非空有界开凸集.

易知，$\forall \lambda \in [0, 1]$ 有

$$B(x,r) \cap B(z,s) \subset B(\lambda x + (1-\lambda)z, \lambda r + (1-\lambda)s)$$

由 $\xi G \subset B(x,t(x))$，$\xi G \subset B(z,t(z))$ 得

$$B(\lambda x + (1-\lambda)z, \lambda t(x) + (1-\lambda)t(z)) \supset \xi G$$

故

$$t(\lambda x + (1-\lambda)z) \leqslant \lambda t(x) + (1-\lambda)t(z)$$

又

$$|t(x) - t(y)| \leqslant \|x - y\|$$

所以 $t(x)$ 是连续凸函数

又因有 $x_1, x_2 \in G$，使 $0 \in (x_1, x_2)$，从而 $0 \in (\xi x_1, \xi x_2)$，由于 $0 \in S(x, \|x\|)$，故 $\xi x_1, \xi x_2$ 中至少有一个，不妨设为 $\xi x_1 \overline{\in} B(x, \|x\|)$，故 $B(x, \|x\|) \not\supset \xi G$，从而 $t(x) > \|x\|$，所以

$$H \backslash C = \{x \in H : t(x) < t(y) + 1\}$$

是 H 的非空有界开凸集.

现再证 C 是 H 中的 Chebyshev 集. $\forall x \in H \backslash C$，令

$$b(x) = [((t(y)+1)x - (t(y)+1-t(x))q(x)]/t(x)$$

则

$$\|b(x) - q(x)\| = t(y) + 1$$

其中

$$q(x) = q_{\xi G}(x)$$

由

$$t(b(x)) = \|b(x) - q(b(x))\|$$
$$\geqslant \|b(x) - q(x)\| = t(y) + 1$$

知

$$b(x) \in C$$

下证 $P_C(x) = b(x)$

若 $z\in C$，$\|x-z\|\leqslant\|x-b(x)\|$，由于

$$\|x-b(x)\|=\frac{t(y)+1-t(x)}{t(x)}\|x-q(x)\|$$
$$=t(y)+1-t(x)$$

故有

$$\|x-z\|\leqslant t(y)+1-t(x)$$

则

$$t(z)=\|z-q(z)\|\leqslant\|z-x\|+\|x-q(z)\|$$
$$\leqslant\|z-x\|+\|x-q(x)\|$$
$$\leqslant t(y)+1$$

而 $z\in C$，从而有

$$\|z-x+x-q(z)\|=\|z-x\|+\|x-q(z)\|$$
$$\|x-q(z)\|=\|x-q(x)\|$$

由 H 的严格凸性及 ξG 的唯一远达性，得

$$z-x=\lambda(x-q(z)),q(z)=q(x)$$

于是

$$t(y)+1=t(z)=\|z-q(z)\|$$
$$=(1+\lambda)\|x-q(z)\|$$
$$=(1+\lambda)\|x-q(x)\|$$
$$=(1+\lambda)t(x)$$

故

$$\lambda=\frac{t(y)+1}{t(x)}-1$$

即 $z=b(x)$，至此，我们已证得 $P_C(x)=b(x)$，即 C 是 Chebyshev 集. 证毕.

注2.10 由于 Klee 猜测 H 中存在不凸的 Chebyshev 集，所以 Asplund 称 C 为 Klee 洞. 定理2.7说明若 Klee 猜测成立，则 H 有 Klee 洞，是 Chebyshev 集；又是非空有界开凸集的余集.

第三节　不光滑空间中 Chebyshev 集的凸性

空间的光滑性保证了存在性太阳集必是凸集，因此 Chebyshev 集的凸性可通过确定它的太阳性来解决，但若 X 不光滑，则 Chebyshev 集凸性研究就比较复杂，即使在有限维空间也存在一些至今未解决的问题.

一、有限维空间中 Chebyshev 集的凸性

对于有限维空间，由于任何闭集都是有界紧，所以，任何 Chebyshev 集都是太阳，若 X 不光滑，则太阳集未必是凸集.

例3.1　$X=\{(x,y):x,y\in R\}$

$$\|(x,y)\|=\max\{|x|,|y|\}$$

即 $X=l_{\infty}^{2}$. 令

$$G=\{(x,y):y\geqslant x\}\cup\{(x,y):y\geqslant 2x\}$$

则易知 G 是不凸的 Chebyshev 集

定理3.1　设 X 是有限维空间，则下述论断等价：

i）X 光滑且严格凸；

ii）X 中的任何子集 G，G 是 Chebyshev 集 $\Leftrightarrow G$ 是闭凸集.

证　i)$\Rightarrow$ii)

由于有限维空间中的 Chebyshev 集必是太阳集，而 X 光滑，故 G 必是闭凸集，反之，因有限维空间中的任何闭子集必是有界紧，再由 X 严格凸必得 G 是 Chebyshev 集.

ii)$\Rightarrow$i).

由每个闭凸集必是 Chebyshev 集必可导出 X 是严格凸，下证 X 是光滑的. 为此，由第二章命题2.5，我们只需证明，每个 B 太阳集必是凸集，所以，我们只需证明，每个 B 太阳必是 Chebyshev 集即可.

设 G 是 X 中的 B 太阳，则 G 是存在性集. 下证$\forall\ x\in X\backslash G$，$P_G(x)$是单点，反设$P_G(x)$不是单点，则存在$g_0\in P_G(x)$使$g_0\in P_G(2x-g_0)$，从而$\forall\ g_1\neq g_0$，$g_1\in P_G(x)$有

$$\begin{aligned}\|2x-g_0-g_1\| &< \|x-g_0\|+\|x-g_1\| \\ &= 2\|x-g_0\| = d_G(2x-g_0)\end{aligned}$$

故 $g_0\overline{\in} P_G\ (2x-g_0)$ 矛盾，所以 X 光滑. 证毕.

定理3.2 若Banach 空间 X（不必有限维）中每个Chebyshev 集是凸集，则 X 的闭单位球 B 的是露点都是光滑点，其中，$x_0\in S$ 称为 B 的暴露点，如果存在 $x^*\in S^*$ 使

$$x^*(x_0)>x^*(x)\quad \forall\ x\in B\backslash\{x_0\}$$

证 反设 B 含有一个暴露点 x_0，但 x_0不是光滑点，则在 x_0处存在支持泛函 x_1^*，x_2^* 使

$$x_1^*(x_0)>x_1^*(x),x_2^*(x)>x_2^*(x)\quad \forall\ x\in B\backslash\{x_0\}$$

且 x_1^* 与 x_2^* 线性无关. 令

$$G=\{x\in X:x_1^*(x)\geqslant 0\}\cup\{x\in X:x_2^*(x)\geqslant 0\}$$

则易证 G 是不凸的 Chebyshev 集. 证毕.

注3.1 定理3.2说明 B 的暴露点必是光滑点，是使每个Chebyshev 集必为凸集的必要条件，但是否为充分条件的研究则相当困难. 目前，当 $\dim X\leqslant 4$时，已证明 B 的暴露点是光滑点是 X 中每个Chebyshev 集必为凸集的充分条件，但当 $\dim X>4$还是迄今未解决的问题.

注3.2 例3.1说明空间的光滑性对 Chebyshev 集必是凸集是重要的，但并不必要. 当 $\dim X\geqslant 3$时，Brϕnsted 已举例说明存在不光滑的 Banach 空间，其中每个 Chebyshev 集都是凸集. 值得注意的是，若 $\dim X\leqslant 2$，则光滑性也是 Chebyshev 集必是凸集的必要条件. 当 $n=\dim X=1$时显然. 而当 $n=2$时，由定理3.2知，若每个 Chebyshev 集都是凸集，则 B 的暴露点必是光滑点，由此必可导出 X 是光滑空间.

二、$L_1(\Omega,\Sigma,\mu)$中紧 Chebyshev 集的凸性

首先我们给出一个紧 Chebyshev 集必是凸集的条件，其证明可参看有关文献.

定理3.3 设 X 是 Banach 空间，若 B^* 中的端点全体 $\text{ext}B^*$ 在 S^* 中弱*稠，即$\overline{\text{ext}B^*}^{w^*}\supset S^*$，则 X 中任何紧 Chebyshev 集必是凸集.

另外，若 X 是有限维空间，则 X 中每个紧 Chebyshev 集都是凸集$\Longleftrightarrow\text{ext}B^*$ 在 S^* 中稠.

下面将给出 $L_1(\Omega,\Sigma,\mu)$ 中每个紧 Chebyshev 集都是凸集的条件，其中(Ω,Σ,μ)是任何有限或无限的可列可加测度空间（未必是 σ-有限）. 由于若$\dim L_1=1$，则显然每个 Chebyshev 集是凸集. 因此下面总设 $L_1(\Omega,\Sigma,\mu)$为维数大于1的实 Banach 空间.

定理3.4 若(Ω,Σ,μ)存在原子 $E\in\Sigma$，满足 $\mu(E)<\infty$，则 $L_1(\Omega,\Sigma,\mu)$中存在不凸的紧 Chebyshev 集.

证 由于 $\dim L_1\geqslant 2$，故存在 $E_1\in\Sigma$，使

$$E_1\cap E=\varnothing,0<\mu(E_1)<\infty$$

令 $C>0$满足 $C\mu(E_1)<\mu(E)$，并定义

$$\varphi_1(t)=\begin{cases}1, & t\in E\\ C, & t\in E_1\\ 0, & t\in\Omega\backslash(E_1\cup E)\end{cases}$$

$$\varphi_2(t)=\begin{cases}-1, & t\in E\\ 0, & t\in\Omega\backslash E\end{cases}$$

$$G_1=\{\alpha\varphi_1:\alpha\in[0,1]\},G_2=\{\alpha\varphi_2:\alpha\in[0,1]\}$$

$$G=G_1\cup G_2$$

则 G 是不凸的紧集. 下面证明 G 是 Chebyshev 集

$\forall\ \varphi\in L_1\backslash G$，则

$$\varphi|_E=C_1,\qquad C_1\in R$$

设 $\alpha^*\in[0,1]$ 满足

$$|\alpha^* - C_1| = \min_{\alpha\in[0,1]} |\alpha - C_1|$$

从而∀ $\alpha\in$ [0, 1],

$$\|\varphi - \alpha\varphi_1\| = \int_E |C_1 - \alpha| d\mu + \int_{E1} |\varphi - \alpha c| d\mu + \int_{\Omega\setminus(E_1\cup E)} |\varphi| d\mu$$

这样,∀ $\alpha\neq\alpha^*$, $\alpha\in$ [0, 1] 有

$$\|\varphi - \alpha\varphi_1\| - \|\varphi - \alpha^*\varphi_1\|$$
$$\geqslant |\alpha - \alpha^*|\mu(E) - C|\alpha - \alpha^*|\mu(E_1) > 0$$

故 $P_{G_1}(\varphi_1) = \alpha^*\varphi$.

再取 $\alpha_*\in$ [0, 1] 使

$$|\alpha_* + C_1| = \min_{\alpha\in[0,1]} |\alpha + C_1|$$

同理可证 P_{G_2} (φ) $=\alpha_*\varphi_2$.

注意到

$$d_G(\varphi) = \min\{d_{G1}(\varphi); d_{G2}(\varphi)\}$$

下面分三种情形考虑:

a) 若 $d_{G_1}(\varphi) < d_{G_2}(\varphi)$,则 $P_G(\varphi) = \alpha^*\varphi_1$

b)若 $d_{G_2}(\varphi) < d_{G_1}(\varphi)$,则 $P_G(\varphi) = \alpha_*\varphi_2$

c)若 $d_{G_1}(\varphi) = d_{G_2}(\varphi)$,则分 $C_1\geqslant 0$ 和 $C_1 < 0$ 来考虑:

若 $C_1\geqslant 0$,则 $\alpha_* = 0$. 且 $0\in G_1\cap G_2$, $O\in P_{G1}(\varphi)$, 由于 $P_{G1}(\varphi) = \alpha^*\varphi_1$, 故 $\alpha^* = 0$. 这样, 我们有 $P_G(\varphi) = 0$.

若 $C_1 < 0$, 则 $\alpha^* = 0$, 同理可得 $\alpha_* = 0$, 所以 $P_G(\varphi) = 0$.

综合 a), b), c) 得 G 是 Chebyshev 集. 证毕.

定理3.5 若(Ω, Σ, μ)没有原子, 则 $L_1(\Omega, \Sigma, \mu)$ 中的紧 Chebyshev 集必是凸集.

证 由定理3.3, 我们只要证明

$$\overline{\mathrm{ext}B_{L_1}^*}^* \supset S_{L_1}^*$$

下面分(Ω, Σ, μ)是有限, σ-有限和一般情形来证明.

a) (Ω, Σ, μ)是有限测度情形.

因(Ω, Σ, μ)无原子, 存在 A_1, $A_2\in\Sigma$, 使

$$\mu(A_1) = \mu(A_2) = \frac{1}{2}\mu(\Omega),\ A_1\cap A_2 = \varnothing, A_1\cup A_2 = \Omega$$

由归纳法不难证得，对 $n=1$，2，…，存在 A_1^n，…，$A_{2^n}^n\in\Sigma$ 使

$$A_i^n\cap A_j=\varnothing, i,\quad j=1,2,\cdots,2^n, i\neq j$$

$$\mu(A_i^n)=2^{-n}\mu(\Omega),\quad i=1,2,\cdots,2^n$$

$$A_{2i-1}^n\cup A_{2i}^n=A_i^{n-1},\quad i=1,2,\cdots,2^n$$

定义 Ω 上的广义 Rademacher 函数序列

$$f_n\Big|_{A_i^n}=\begin{cases}1, & i\text{ 偶}\\ -1, & i\text{ 奇}\end{cases}$$

则 $\{f_n\}$ 是 $L_2(\Omega,\mu)$ 上的正交序列，且 $\{f_n\}\subset S_{L_2}(o,U(\Omega))$. 故在 $L_2(\Omega,\mu)$ 中

$$fn\xrightarrow{w}0\quad(n\to\infty)$$

从而在 $L_\infty(\Omega,\mu)$ 中

$$f_n\xrightarrow{w^*}0\quad(n\to\infty)$$

由此可推出所有取值为 {0，1，-1} 的可测函数均属于 $\overline{\text{ext}B_{L_1}^*}^*$. 这样，$\forall\ f_1$，$f_2\in\overline{\text{ext}B_{L_1}^*}^*$，必存在 $f_{n,1}\in\text{ext}B_{L_1}^*$，$f_{n,2}\in\text{ext}B_{L_1}^*$，使

$$f_{n,i}\xrightarrow{w^*}f_i,\quad i=1,2$$

而 $\frac{1}{2}(f_{n,1}+f_{n,2})$ 取值为 {0，1，-1}，故 $\frac{1}{2}(f_{n,1}+f_{n,2})\in\overline{\text{ext}B_{L_1}^*}^*$，所以 $\frac{1}{2}(f_1+f_2)\in\overline{\text{ext}B_{L_1}^*}^*$. 因此，$\overline{\text{ext}B_{L_1}^*}^*$ 包含了所有系数为取自 $(-1,1)$ 中二进制有理数的简单可测函数，　故

$$\overline{\text{ext}B_{L_1}^*}^*\supset B_{L_1}^*$$

b）(Ω,Σ,μ) 为 σ-有限情形

设 A_1，…，A_n，…$\in\Sigma$，$\mu(A_i)<\infty$，使

$$\Omega=\bigcup_{i=1}^{\infty}A_i$$

对 $\forall\ x^*\in S_{L_1}^*$，$x^*$ 的任一弱*邻域

$$\begin{aligned}&U(x^*;x_1,\cdots,x_m;\varepsilon)\\&=\{y^*\in L_1^*:|y^*(x_i)-x^*(x_i)|<\varepsilon, i=1,\cdots,m\}\end{aligned}$$

由于 $\mu(\bigcup_{i=n+1}^{\infty}A_i)\to0\ (n\to\infty)$，从而存在 n，使

$$\|x_i|\bigcup_{j=n+1}^{\infty}A_j\|_1<\frac{\varepsilon}{4},\quad i=1,2,\cdots,m$$

论

$$A^n\|\bigcup_{i=1}^{n}A_i,\Sigma_n=\Sigma\cap A^n$$

$$\overline{x}_i=x_i|_{A^n},i=1,2,\cdots,m$$

则

$$\overline{x_i}\in L_1(A^n,\Sigma_n,\mu)=Y$$

令

$$\overline{x^*}=x^*|_{L_1(A^n,\Sigma_n,\mu)}$$

则$\overline{x^*}\in$ (L_1 (A^n, Σ_n, μ))*. 由 a) 所证，存在 $x_0^*\in\mathrm{ext}B_Y^*$ 使

$$|\overline{x^*}(\overline{x_i})-x_0^*(\overline{x_i})|<\frac{1}{4}\varepsilon,i=1,2,\cdots,m$$

显然，可视 Y 为 $L_1(\Omega,\Sigma,\mu)$ 的子空间，从而由第一章定理可知，存在 $\overline{x}_0^*\in\mathrm{ext}B_{L_1}^*$，使

$$\overline{x}_0^*|_Y=x_0^*$$

所以

$$\begin{aligned}&|(\overline{x}_0^*-x^*)(x_i)|\\&\leqslant|(\overline{x}_0^*-x^*)(x_i-\overline{x}_i)|+|(\overline{x}_0^*-x^*)(\overline{x}_i)|\\&\leqslant2\|x_i-\overline{x}_i\|+\frac{1}{4}\varepsilon\\&<2\cdot\frac{1}{4}\varepsilon+\frac{1}{4}\varepsilon=\frac{3}{4}\varepsilon\end{aligned}$$

即

$$\overline{x}_0^*\in U(x^*;x_1,\cdots,x_m,\varepsilon),$$

故

$$\overline{\mathrm{ext}B_{L_1}^*}^{*}\supset S_{L_1}^*$$

c) 一般情形

设 $x^*\in S_{L_1}^*$，则存在 $\{y_i\}\subset B_{L_1}$，使

$$x^*(y_i)\to1,\qquad i\to\infty$$

令

$$A_i = \{t \in \Omega: \quad y_i(t) \neq 0\}$$

再对 x^* 的弱*邻域

$$U(x^*; x_1, \cdots, x_m; \varepsilon)$$
$$= \{y^* \in L_1^*: |(y^* - x^*)(x_i)| < \varepsilon, i = 1,2,\cdots,m\}$$

令

$$B_i = \{t \in \Omega: \quad x_i(t) \neq 0\}$$
$$\Omega_0 = (\bigcup_{i=1}^{m} B_i) \cup (\bigcup_{i=1}^{\infty} A_i)$$

则 $(\Omega_0, \Sigma_0, \mu)$ 是 σ-有限的，其中 $\Sigma_0 = \Sigma \cap \Omega_0$.

令

$$Y = \{\varphi \in L_1(\Omega, \mu): \varphi(t) = 0, \forall\, t \in \Omega \setminus \Omega_0\}$$

则 Y 是 $L_1(\Omega, \Sigma, \mu)$ 的子空间，且 $Y = L_1$ $(\Omega_0,\ \Sigma_0,\ \mu)$，记 $\tilde{x}^* = x^*|Y$，则 $\tilde{x}^* \in B_Y^*$. 由 b) 所证，存在 $\tilde{x}_0^* \in \mathrm{ext} B_Y^*$，使

$$|\tilde{x}^*(x_i) - \tilde{x}_0^*(x_i)| < \varepsilon, \quad i = 1,2,\cdots,m$$

令

$$x_0^*(t) = \begin{cases} \tilde{x}_0^*, & t \in \Omega_0 \\ 1, & t \in \Omega \setminus \Omega_0 \end{cases}$$

则 $x_0^* \in \mathrm{ext} B_{L_1}^*$，且

$$x_0^*|_Y = \tilde{x}_0^*; x^*|_Y = \tilde{x}^*$$

而 $x_i \in Y$ $(i=1,\ 2,\ \cdots m)$. 故

$$|x^*(x_i) - x_0^*(x_i)| < \varepsilon, \quad i = 1,2,\cdots,m$$

即 $x_0^* \in U(x^*;\ x_1,\ \cdots,\ x_m;\ \varepsilon)$，所以

$$\overline{\mathrm{ext} B_{L_1}^*}^{*} \supset S_{L_1}^*$$

证毕.

推论3.1 设 (Ω, Σ, μ) 是任一可数可加的正测度空间，则实可积函数空间 $L_1(\Omega, \Sigma, \mu)$ 中每个紧 Chebyshev 集都是凸集 $\Leftrightarrow$ (Ω, Σ, μ) 无原子或 $\dim L_1(\Omega, \Sigma, \mu) = 1$.

推论3.2 在 $L_1[a,\ b]$，$L_1[a,\ +\infty)$，$L_1(-\infty,\ b]$ 中，每个紧 Chebyshev 集都是凸集.

推论3.3 l_1中存在不凸的紧 Chebyshev 集.

注3.3 由定理3.2易证，若$\dim L_1 \geqslant 2$，且(Ω,Σ,μ)有原子，则$L_1(\Omega,\mu)$含有不凸的 Chebyshev 集.

事实上，设 E 是(Ω,Σ,μ)的原子，则

$$\varphi_0(t)=\begin{cases}1/\mu(E), & t\in E\\ 0, & t\in\Omega\backslash E\end{cases}$$

是B_{L_1}的暴露点，且

$$\varphi_1^*(t)=\begin{cases}1, & t\in E\\ 0, & t\in\Omega\backslash E\end{cases}$$

$$\varphi_2^*(t)=1,\quad \forall\, t\in\Omega$$

都是φ_0的暴露泛函，即

$$\int_\Omega\varphi_0(t)\cdot\varphi_i^*(t)d\mu>\int_\Omega\varphi(t)\cdot\varphi_i^*(t)d\mu,\quad \forall\,\varphi\in B_{L_1}.$$

故φ_0是B_{L_1}的一个不光滑的暴露点，从而由定理3.2知，$L_1(\Omega,\Sigma,\mu)$中有不凸的 Chebyshev 集.

另一方面，若(Ω,Σ,μ)无原子，则B_{L_1}没有暴露点. 因此，若能证得定理3.2的逆成立，则$L_1(\Omega,\Sigma,\mu)$中的每个 Chebyshev 集都是凸集. 或者，若我们能证明$L_1(\Omega,\Sigma,\mu)$中存在不凸的 Chebyshev 集((Ω,Σ,μ)无原子)，则在$\dim X=\infty$时，否定了定理3.2的逆.

在(Ω,Σ,μ)有原子的情形，定理3.4得到是更强的结论，存在紧的不凸的 Chebyshev 集.

第四节　评注与参考文献

第一节中的有限维欧几里得空间中 Chebyshev 集的凸性首先由 Bunt[11]所证，尔后有众多文章进行这方面的研究，这一节的内容主要取自 Efimov, Stechkin[13]，Klee[19]和 Vlasov[22,25,26]，也可参看 Braess[7]和 Giles[16]的著作中的有关章节. 关于这方面的研究历史和进展可看 Deutsch[12]的综合报告.

第二节中的关于一般单调映射的材料可看有关非线性方面的著作，如游兆泳等[27]. 距离投影 P_G 的极大单调扩张 Φ_G 是由 Berens[4,5]和 Franchetti，Papini[15]引入并研究的，其中定理2.3则属于 Westphal，Frerking[28]. 注2.3中的函数 φ 是由 Asplund[2]引进的，也可参看文献[28].

Hilbert 空间中 Chebyshev 集是凸集的等价条件中，(2) ⇒1) 和 (3) ⇒ (1)，(7) ⇒1) 分别属于 Klee[19]，和 Efimov，Stechking[14]. (4) ⇒1)，(5) ⇒ (6) ⇒1) 可见文献[24]和文献[2]，(8) ⇒ 1) 是由 Balaganskii[6]得到. (4) ⟺ (9) 取自文献[28].

Chebyshev 集的凸性同唯一远达集的单点性的关系选自 Klee[19]，而 Klee 洞的结果则取自 Asplund[2]. 注2.8的详细讨论可看文献[3].

关于内积空间中存在非凸的 Chebyshev 集的例的讨论可参看 Johnson[18]和 Jiang[17]的文章.

第三节中的有限维非光滑空间中，Chebyshev 集的凸性和空间几何性质的关系的讨论选自 Brϕndsted[9,10]. 关于单位球 B 的暴露点是光滑点是 Chebyshev 集成为凸性的充分性，当 $\dim X \leqslant 3$ 时，由 Brϕndsted[9,10]所证；当 $\dim X = 4$ 时，则由 Brown[8]所证，其中每个 Chebyshev 集都是凸集的非光滑空间的例也可看 Brϕndsted 的文章.

关于紧 Chebyshev 集的凸性研究取自 Tsarkov[20,21]的文章. Tsarkov 研究了更一般的情形.

参 考 文 献

[1] E. Asplund (1967), Sets with unique farthest points, Israel. J. Math., 5. 205—209.

[2] E. Asplund (1969), Chebyshev sets in Hilbert space, Trans. Amer. Math. Soc., 144, 235—240.

[3] A. A. Astanch (1983), On uniquely remotal subsets of Hilbert spaces, Indian J. Pure Appl. Math., 14 (10), 1311—1317.

[4] H. Berens (1980), Best approximation in Hilbert spaces, In "Approx. Theory Ⅲ". (E. W. Cheney, ed) Academic Press, New York, 1—20.

[5] H. Berens (1981), Ein Problem über die beste approximation in Hilberträumen, In "Functional analysis and Approximation." (P. L. Butzer, B. Sz-Nagy, E. Görlich, eds), ISNM, 60, Birkhäuser, Basel, 247—254.
[6] V. S. Balaganskii (1982), Approximative proporties of sets in Hilbert space, Math. Zametki, 31, 785—800, Math. Notes, 31 (1982), 397—404.
[7] D. Braess (1986), Nonlinear Approximation Theory, Springer-Verlag, Berlin.
[8] A. L. Brown (1980), Chebyshev sets and facial systems of convex sets in finite dimensional spaces, Proc. London Math. Soc., 41. 297—339.
[9] A. Brφndsted (1965), Convex sets and Chebyshev sets, Math. Scand, 17, 5—16.
[10] A. Brφndsted (1966), Convex sets and Chebyshev sets Ⅱ, Math. Scand, 18, 5—15.
[11] L. N. H. Bunt (1934), Bijdrage tot de theorie der konvekse puntverzamelingen. Thesis, Univ. of Groningen, Amsterdam (Dutih).
[12] F. Deutsch (1992), The convexity of Chebyshev sets in Hilbert spaces, in "Topics in Polynomials of One and Several Variables and Applications. A Legacy of P. L. Chebyshev" World, Sci cleveland.
[13] N. V. Efimov and S. B. Stechkin (1959), Supporting Properties of sets in Banach spaces and Chebyshev sets, Dokl. Akad. Nauk. SSSR, 127, 254—257.
[14] N. V. Efimov and S. B. Steckin (1961), Approximative compactness and Chebyshev sets, Sov. Math. Dokl. 2, 1226—1228.
[15] C. Franchetti and P. L. Papini (1981), Approximation properties of sets with bounded complements, Proc. Roy. Soc. Edinburgh, Sect A, 89, 75—86.
[16] J. R. Giles (1982), Convex Analysis with Application in the Defferentiation of Convex functions, Research, Notes in Mathematics, 58. Pitman Publishing Inc.
[17] M. H. Jiang (1993), On Johnson's example of a non convex Chebyshev set, J. Approx. Theory, 74, 152—158.
[18] G. G. Johnson (1987), A nonconvex set which has the unique nearest point property, J. Approx Theory, 51. 289—332.
[19] V. L. Klee (1961), Convexity of Chebyshev sets, Math. Ann., 142, 292—304.
[20] I. G. Tsar'kov (1984), Bounded Chebyshev sets in finite-dimensional Banach spaces, Math. Notes., 36 (1), 530—537.
[21] I. G. Tsar'kov (1989), Compact and weakly compact Tchebysheff sets in normed linear spaces, Proc. steklov Inst. Math., 1990, Issue. 4.
[22] L. P. Vlasov (1961), Chebyshev sets, in Banach spaces, Sov. Math. Dokl., 2, 1373—1374.
[23] L. P. Vlasov (1967), Chebyshev sets and approximately convex sets, Math. Notes, 2, 600—605.

[24] L. P. Vlasov (1967), On Chebyshev sets, Soviet Math. Dokl., 8, 401—404.
[25] L. P. Vlasov (1970). Almost Convex and Chebyshev sets, Math. Notes. Acad Sc. USSR, 8, 776—779.
[26] L. P. Vlasov (1973), Approximative properties of sets in normed linear spaces, Russian Math. Surveys, 28, 1—66.
[27] 游兆泳，龚怀云，徐宗本 (1991)，非线性分析，西安交通大学出版社，西安.
[28] U. Westphal and J. Frerking (1989), On a property of metric proje (t) ions onto chosed subsets of Hilbert spaces. Proc. Amer. Math. Soc., 105, 644—651.

第六章　几乎 Chebyshev 子集

从所周知，自反严格凸 Banach 空间 X 中任何闭凸子集皆为 Chebyshev 集. 简单的例子说明，对一般的闭子集 G，G 未必为 Chebyshev 集. 这样人们对使最佳逼近唯一存在的 X 中的元的"量"的刻划有了极大兴趣，从而引入了几乎 Chebyshev 集的概念. 1963 年，Stechkin 证明了一致凸 Banach 空间中的任何闭子集都是几乎 Chebyshev 集，并提出了下述问题：局一致凸 Banach 空间中的每个闭子集是否都是几乎 Chebyshev 集? 直到 1978 年，这一问题被 K. S. Lau 彻底解决. 本章第一节给出几乎 Chebyshev 集的基本概念和性质. 第二节介绍关于几乎 Chebyshev 集的 Stechkin 定理和 Stechkin 问题的研究. 第三节，我们给出几乎 Chebyshev 集的推广——几乎 K - Chebyshev 集的研究.

第一节　几乎 Chebyshev 集的概念与性质

在本节及下面的讨论中，我们总是设 X 是实 Banach 空间.

定义1.1　设 F 是 X 的子集，若 $\forall\ x\in F$ 及 x 的任何邻域 U，$U\cap(X\backslash\overline{F})\neq\varnothing$，则称 F 是疏朗集.

显然，F 是疏朗集 $\Longleftrightarrow\overline{F}$ 是疏朗集 $\Longleftrightarrow\forall\ x\in F$ 及 x 的任何开邻域 U，存在开集 $V\subset U$ 使 $V\cap F=\varnothing$.

定义1.2　设 A 是 X 的子集，若 A 是可数个疏朗集的并，则称 A 是第一纲集.

关于疏朗集，有下面显然的性质.

命题1.1　设 $F\subset A\subset X$，若 F 是 A 中的疏朗集，$X\backslash A$ 第一纲集，则 F 也是 X 中的疏朗集.

设 G 是 X 的闭子集，定义

$$Q_G = \{x \in X: \quad P_G(x) \text{ 至多单点}\}$$
$$E_G = \{x \in X: \quad P_G(x) \neq \phi\}$$
$$U_G = \{x \in X: \quad P_G(x) \text{ 恰有一点}\}$$

定义1.3 设 G 是 X 的闭子集，若 $X\backslash Q_G$ 是第一纲集，则称 G 是几乎半 Chebyshev 子集；若 $X\backslash E_G$ 是第一纲集，则称 G 是几乎存在性集；若 $X\backslash U_G$ 是第一纲集，则称 G 是几乎 Chebyshev 集.

显然，G 是几乎 Chebyshev 集$\Leftrightarrow G$ 既是几乎半 Chebyshev 集又是几乎存在性集.

定义1.4 设 $A\subset X$，若 $A\cap Q_G$ 在 A 中稠，则称 G 是 A 中稠半 Chebyshev 集. 特别地，若 $A=X$，则称 G 是稠半 Chebyshev 集.

定义1.5 设 $A\subset X$，若$\forall\ x\in A$，x 在 G 中的任何极小化序列均有收敛（弱收敛）的子列，则称 G 是 A 逼近紧（弱逼近紧）. 特别地，若 $X\backslash A$ 是第一纲集，则称 G 是几乎逼近紧（弱逼近紧）集.

命题1.2 设 $X\backslash A$ 是 X 中的第一纲集，G 是 A 逼近紧集. 若 G 是 A 中的稠半 Chebyshev 集，则 G 是几乎 Chebyshev 集.

证 $P_G(x)\neq\Phi$ 令

$$D(x) = \operatorname{diam}P_G(x) = \sup\{\|g_1 - g_2\| : g_1, g_2 \in P_G(x)\}$$

否则，令 $D(x)=0$. 再设

$$F_\alpha = \{x \in X : D(x) \geqslant \frac{1}{\alpha}\}$$

则

$$x \in Q_G \Longleftrightarrow D(x) = 0 \Longleftrightarrow x \in X\backslash \bigcup_{n=1}^{\infty} F_n$$

首先证 $F_n\cap A$ 在 A 中相对闭. 事实上，对$\forall\ x_k\in F_n\cap A$，$x_0\in A$，$x_k\to x_0$，由于 G 是 A 逼近紧，知 $P_G(x_k)$紧($k=1,2,\cdots$)，从而存在 $g_k', g_k''\in P_G(x_k)$使

$$\|g_k' - g_k''\| \geqslant \frac{1}{n}$$

由于

$$d_G(x_0) \leqslant \|x_0 - g_k'\| \leqslant \|g_k' - x_k\| + \|x_k - x_0\|$$

故

$$\lim_k \| g_k' - x_0 \| = d_G(x_0)$$

即$\{g_k'\}$是 x_0 的极小化序列. 由 $x_0 \in A$ 及 G 是 A 逼近紧知，存在子列，不妨仍记为$\{g_k'\}$使

$$g_k' \to g_0' \in P_G(x_0)$$

类似可证，存在子列$\{g_k''\}$使

$$g_k'' \to g_0'' \in P_G(x_0)$$

故

$$D(x_0) \geqslant \| g_0' - g_0'' \| \geqslant \frac{1}{n}$$

即 $x_0 \in F_n \cap A$，故 $F_n \cap A$ 在 A 中是闭的.

下面再证 $F_n \cap A$ 在 X 中是疏朗集. $\forall\ x_0 \in A \cap F_n$，及 x_0 的任何开邻域 $U(x_0)$. 因 $A \cap Q_G$ 在 A 中稠，故

$$U(x_0) \cap (A \backslash (F_n \cap A)) \neq \varnothing$$

从而 $F_n \cap A$ 是 A 中的疏朗集. 由命题1.1知，$F_n \cap A$ 在 X 中也是疏朗集. 所以

$$X \backslash U_G \subset (X \backslash A) \cup \left[\bigcup_{n=1}^{\infty} (F_n \cap A)\right]$$

是第一纲集，即 G 是几乎 Chebyshev 集.

推论1.1 若 G 是 X 中的逼近紧稠半 Chebyshev 集，则 G 是几乎 Chebyshev 集.

命题1.3 设 $X \backslash A$ 是第一纲集，G 是 A 弱逼近紧可分子集，若 G 是 A 中的稠半 Chebyshev 子集，则 G 是几乎 Chebyshev 子集.

证 由于 G 是可分，从而存在$\{x_i^*\} \subset B^*$，使$\forall\ g_1, g_2 \in G$，$g_1 \neq g_2$，存在 x_i^* 满足

$$x_i^*(g_1) \neq x_i^*(g_2)$$

事实上，由 G 的可分性，可设

$$\{g_1, g_2, \cdots, g_n, \cdots\}$$

是 G 的可数稠子集，下面归纳选取$\{x_i^*\}_1^{\infty}$.

取 $x_1^* \in B^*$ 使

$$x_1^*(g_2-g_1)=\|g_2-g_1\|$$

然后取 $x_2^*, x_3^* \in B^*$ 使

$$x_2^*(g_3-g_1)=\|g_3-g_1\|, x_3^*(g_3-g_2)=\|g_3-g_2\|$$

以此类推，则易知，存在 $\{x_i^*\}\subset B^*$，使 $\forall\, g_i, g_j (i\neq j)$，存在 x_k^* 使

$$x_k^*(g_i-g_j)=\|g_i-g_j\| \ (i>j)$$

这样，$\forall\, g, \bar{g}\in G, g\neq\bar{g}$，并设

$$g_{i_k}\to g, \quad g_{j_k}\to\bar{g}, \quad k\to\infty$$

从而

$$\sup_i |x_i^*(g-\bar{g})| = \lim_k \sup_i |x_i^*(g_{i_k}-g_{j_k})| \geqslant \lim_k \|g_{i_k}-g_{j_k}\| = \|g-\bar{g}\|$$

故必存在 $x_{i_0}^*$ 使

$$x_{i_0}^*(g)\neq x_{i_0}^*(\bar{g})$$

定义

$$F_{s,m}=\left\{x\in A: \sup_{g\in P_G(x)} x_s^*(g) - \inf_{g\in P_G(x)} x_s^*(g) \geqslant \frac{1}{m}\right\}$$

则 $x\in Q_G\cap A \Leftrightarrow x\in A\setminus \bigcup_{s,m=1}^{\infty} F_{s,m}$. 下证 $F_{s,m}$ 是 A 中的相对闭集.

$\forall\, x_k\in F_{s,m}, x_k\to x_0\in A$，因 $P_G(x_k)$ 是弱序列紧，故存在 $g_k, \bar{g}_k \in P_G(x_k)$ 使

$$x_s^*(g_k)-x_s^*(\bar{g}_k)\geqslant\frac{1}{m}$$

类似于命题1.2的证明，不妨设

$$g_k \xrightarrow{w} g_0\in P_G(x_0); \quad \bar{g}_k \xrightarrow{w} \bar{g}_0 \in P_G(x_0)$$

故

$$x_s^*(g_0)-x_s^*(\bar{g}_0)\geqslant\frac{1}{m}$$

所以 $x_0\in F_{s,m}$，即 $F_{s,m}$ 是 A 中的相对闭集.

再证 $F_{s,m}$ 是疏朗集. 事实上，$\forall\, x\in F_{s,m}$，及 x 的任何邻域 U，由于 G 是 A 中的稠半 Chebyshev 集，存在 $\bar{x}\in U(x_0)\cap A$ 使 $\bar{x}\,\overline{\in}\, F_{s,m}$，故 $F_{s,m}$ 是 A 中的疏朗集. 由命题1.1知，$F_{s,m}$ 也是 X 中的疏

朗集. 类似于命题1.2的证明知，$X\backslash U_G$ 是第一纲集，故 G 是几乎 Chebyshev 集. 证毕.

推论1.2 设 G 是 X 中的可分弱逼近紧的稠半 Chebyshev 集，则 G 是几乎 Chebyshev 集.

第二节 几乎 Chebyshev 子集

一、严格凸空间中的几乎 Chebyshev 子集

引理2.1 设 G 是 X 中的子集，X 是严格凸，则 Q_G 在 X 中稠，即 G 是稠半 Chebyshev 集.

证 $\forall\ x_0\in X$，无妨设 $P_G(x_0)\neq\Phi$，$\forall\ g_0\in P_G(x_0)$，记 $x=\alpha x_0+(1-\alpha)g_0,\alpha\in(0,1)$. 下证 $P_G(x)=g_0$. 事实上，若存在 $\bar{g}\in G$ 使

$$\|x-\bar{g}\|\leqslant\|x-g_0\|$$

则

$$\begin{aligned}\|x_0-\bar{g}\| &= \|x_0-x+x-\bar{g}\|\\ &< \|x-x_0\|+\|x-\bar{g}\|\\ &\leqslant(1-\alpha)\|x-g_0\|+\alpha\|x-g_0\|\\ &=\|x_0-g_0\|\end{aligned}$$

与 $g_0\in P_G(x_0)$ 矛盾. 证毕.

下面的定理给出了严格凸空间的稠半 Chebyshev 子集的特征刻划.

定理2.1 X 严格凸 $\Longleftrightarrow X$ 的任何闭子集是稠半 Chebyshev 子集.

证 必要性由引理2.1所给，下证充分性.

反设 X 不严格凸，则存在 x_1，$x_2\in S$，使

$$\left\|\frac{1}{2}(x_1+x_2)\right\|=1$$

令 $x_0=\dfrac{1}{2}(x_1+x_2)$，并取 $x^*\in B^*$ 使

$$x^*(x_0)=\|x_0\|=1$$

则集合

$$G=\{g\in X: x^*(g)=1\}$$

不是稠半 Chebyshev 子集.

事实上，$\forall\ x\in X\backslash G$，则

$$\alpha=x^*(x)\neq 1$$

令

$$y_i=x+(1-\alpha)x_i \quad i=0,1,2$$

则由 $x_i\in G$ 知，$y_i\in G$（$i=0$，1，2）. 而由最佳逼近的特征定理易知，$y_i\in P_G(x)(i=0,1,2)$，故 Q_G 在 X 中不稠. 证毕.

定理2.2 i）严格凸 Banach 空间中的任何逼近紧子集均为几乎 Chebyshev 集.

ii）严格凸 Banach 空间中的任何可分弱逼近紧子集都是几乎 Chebyshev 子集.

证 由定理2.1和命题1.2，1.3可得. 证毕.

二、一致凸空间中的几乎 Chebyshev 子集

为给出一致凸空间中的几乎 Chebyshev 子集. 我们先来证明几个引理.

引理2.2 设 X 是一致凸 Banach 空间，$0<\alpha<1$，令

$$M_\varepsilon(x_0)=\{x\in X: \|x\|\geqslant 1\}\cap B(\alpha x_0,1-\alpha+\varepsilon)$$

则 $\lim\limits_{\varepsilon\to 0+}\operatorname{diam}M_\varepsilon(x_0)=0$ 在 $x_0\in S$ 上一致成立.

证 由于 $M_\varepsilon(x_0)$关于 α 是非增的，故可设 $0<\alpha\leqslant\frac{1}{2}$. 为简单起见，我们将原点移至 αx_0 并记

$$M_\varepsilon^0(x_0)=\{x\in X: \|x+ax_0\|\geqslant 1\}\cap B(0,1-\alpha+\varepsilon)$$

反设存在 $d_0>0$，使

$$\sup_{x_0\in S}\operatorname{diam}[M_\varepsilon^0(x_0)]>2d_0>0,\quad \forall\ \varepsilon>0$$

由于对$\forall\ x_0\in S$ 有

$$x_0'=(1-\alpha)x_0\in M_\varepsilon^0(x_0)$$

故存在 $y_1 \in M_\varepsilon^0(x_0)$ 使

$$\| x_0' - y_1 \| > d_0$$

显然

$$1 - \alpha \leqslant \| y_1 \| \leqslant 1 - \alpha + \varepsilon$$

令

$$y_0 = \frac{\| x_0' \|}{\| y_1 \|} y_1$$

则

$$\| y_0 \| = \| x_0' \| = 1 - \alpha$$

$$\| y_1 - y_0 \| = \| y_1 \| - \| x_0' \| < \varepsilon$$

且当 $0 < \varepsilon < \frac{1}{2} d_0$ 时

$$\| x_0' - y_0 \| \geqslant \| x_0' - y_1 \| - \| y_1 - y_0 \| \geqslant d_0 - \varepsilon > \frac{1}{2} d_0$$

从而

$$\| x_0' + y_0 \| < 2 \| x_0' \| \left[1 - \delta \left(\frac{\frac{1}{2} d_0}{\| x_0' \|} \right) \right]$$

其中 $\delta(\varepsilon)$ 是 X 的凸性模．故

$$\begin{aligned}
\| y_1 + \alpha x_0 \| &\leqslant \| y_1 - y_0 \| + \| y_0 + \alpha x_0 \| \\
&= \| y_1 - y_0 \| + \left\| y_0 + \frac{\alpha}{1 - \alpha} x_0' \right\| \\
&< \varepsilon + \| y_0 \| \left(1 - \frac{\alpha}{1 - \alpha} \right) + \frac{\alpha}{1 - \alpha} \| y_0 + x_0' \| \\
&< \varepsilon + (1 - 2\alpha) + \frac{\alpha}{1 - \alpha} \cdot 2 \| x_0' \| \left[1 - \delta \left(\frac{\frac{1}{2} d_0}{\| x_0' \|} \right) \right] \\
&= \varepsilon + (1 - 2\alpha) + 2\alpha - 2\alpha\delta \left(\frac{\frac{1}{2} d_0}{\| x_0' \|} \right) \\
&= \varepsilon + 1 - 2\alpha\delta \left(\frac{\frac{1}{2} d_0}{\| x_0' \|} \right)
\end{aligned}$$

从而，当 $\varepsilon\to 0$ 时

$$\|y_1+\alpha x_0\|<1$$

与 $y_1\in M_\varepsilon^0(x_0)$ 矛盾．证毕．

对 X 中的闭子集 G，$x\in X$，定义

$$P_G^\varepsilon(x)=B(x,d_G(x)+\varepsilon)\cap G,\qquad \varepsilon>0$$

$$D_\varepsilon(x)=\operatorname{diam}P_G^\varepsilon(x)$$

$$D_0(x)=\lim_{\varepsilon\to 0}D_\varepsilon(x)$$

$$F_n^0=\{x\in X:D_0(x)\geqslant\frac{1}{n}\}$$

引理2.3 设 X 是 Banach 空间，G 闭，则 F_n^0 是 X 的闭子集（$n=1$，2，$\cdots$）．

证 $\forall$ $\{x_k\}\subset F_n^0$，$x_k\to x_0$，设

$$d_k=d_G(x_k),\qquad k=0,1,2,\cdots$$

则$\forall$ $\varepsilon>0$，存在 $k_0>0$，使当 $k>k_0$ 时

$$\|x_k-x_0\|<\frac{1}{3}\varepsilon$$

故

$$d_k\leqslant d_0+\|x_k-x_0\|\leqslant d_0+\frac{1}{3}\varepsilon,\quad k>k_0$$

这样

$$B\left(x_k,d_k+\frac{\varepsilon}{3}\right)\subset B\left(x_k,d_0+\frac{2}{3}\varepsilon\right)\subset B(x_0,d_0+\varepsilon)$$

由此可得

$$P_G^{\frac{\varepsilon}{3}}(x_k)\subset P_G^\varepsilon(x_0)$$

从而

$$D_\varepsilon(x_0)\geqslant D_{\frac{1}{3}\varepsilon}(x_k)\geqslant\frac{1}{n}$$

所以

$$D_0(x_0)\geqslant\frac{1}{n}$$

即 $x_0\in F_n^0$，F_n^0 是 X 中的闭子集．证毕．

定理2.3 设 X 是一致凸 Banach 空间，G 是 X 的闭子集，则 G 是几乎 Chebyshev 子集.

证 令

$$K_G = \{x \in X : D_0(x) = 0\}$$

则 $U_G \supset K_G$. 事实上，由于 $\forall\ x \in K_G$

$$P_G(x) \subset P_G^{\varepsilon}(x), \qquad \forall\ \varepsilon > 0$$

故

$$\mathrm{diam} P_G(x) \leqslant \lim_{\varepsilon \to 0} D_\varepsilon(x) = 0$$

从而 $P_G(x)$ 至多是单点集. 另一方面，$\forall\ m > 1$. 取 $x_m \in P_G^{\frac{1}{m}}(x)$，则

$$x_k \in P_G^{\frac{1}{m}}(x), \qquad k \geqslant m$$

而由 $D_0(x) = \lim\limits_{\varepsilon \to 0} D_\varepsilon(x) = 0$ 知，$\{x_m\}$ 必是 Cauchy 列，故 $x_m \to x_0 \in P_G(x)$，即 $P_G(x) \neq \Phi$. 因此

$$U_G \supset K_G$$

由于 $K_G = X \setminus \bigcup\limits_{n=1}^{\infty} F_n^0$，故我们只需证明 F_n^0 是 X 中的疏朗集.

由于 F_n^0 是闭集，因此，我们只要证明，$\forall\ x \in F_n^0$，及 x 的任何开邻域 $U(x)$，$U(x) \setminus F_n^0 \neq \phi$. 为方便起见，设 $x = 0, d_G(0) = 1$，$U = U(0)$，取 $\alpha > 0$ 使 $B(0, \alpha) \subset U$. $\forall\ \varepsilon > 0$，$\varepsilon < \dfrac{1}{n}$，由引理2.2知，存在 $\delta_0 > 0$，$\forall\ x_0 \in X$，$\|x_0\| = \alpha$，及 $0 < \delta < \delta_0$ 有

$$\mathrm{diam} M_\delta(x_0) < \varepsilon < \frac{1}{n}$$

从而，由 $d_G(0) = 1$ 知，存在 $g_1 \in G$ 使 $\|g_1\| < 1 + \delta$

令

$$x_1 = \alpha \frac{g_1}{\|g_1\|}$$

则 $\|x_1\| = \alpha$，$x_1 \in U$ 且当 $0 < \delta < \dfrac{1}{2}\delta_0$ 时

有

$$P_G^{\delta}(x_1) \subset M_{\delta_0}(x_1)$$

事实上，$\forall\ g \in P_G^{\delta}(x_1)$ 则

$$\| g \| \geqslant d_G(0) = 1$$

由于

$$d_G(x_1) \leqslant \| x_1 - g_1 \| = \left\| \alpha \frac{g_1}{\| g_1 \|} - g_1 \right\|$$
$$= \| g_1 \| - \alpha < 1 + \delta - \alpha$$

故

$$\begin{aligned} \| g - x_1 \| &\leqslant d_G(x_1) + \delta \\ &< 1 + 2\delta - \alpha < 1 + \delta_0 - \alpha \end{aligned}$$

所以 $P_G^\delta(x_1) \subset M_{\delta_0}(x_1)$，从而

$$\operatorname{diam} P_G^\delta(x_1) \leqslant \operatorname{diam} M_{\delta_0}(x_1) < \varepsilon < \frac{1}{n}$$

故

$$D_0(x_1) = \lim_{\delta \to 0} \operatorname{diam} P_G{}^\delta(x_1) < \frac{1}{n}$$

即 $x_1 \overline{\in} F_n^0$，但 $x_1 \in U$. 因此，F_n^0 是疏朗集. 这样，K_G 是稠 G_δ 型集，即 G 是几乎 Chebyshev 子集. 证毕.

三、局一致凸 Banach 空间中的几乎 Chebyshev 子集

在局一致凸 Banach 空间中考虑几乎 Chebyshev 集问题要比一致凸空间情形困难. 本小节主要证明自反的局一致凸空间中的任何闭子集都是几乎 Chebyshev 子集. 为此，我们先证明几个命题. 它们不仅在这里起了关键的作用，而且在非光滑分析理论研究中也是非常有用的.

命题2.1(Ekeland 变分原理)　设(X,d)是完备距离空间，f：$X \to R \cup \{\infty\}$是下半连续函数，且

$$\inf\{f(x): x \in X\} > -\infty, \quad f \not\equiv +\infty$$

若 $\varepsilon > 0$，$x_0 \in X$ 满足

$$f(x_0) \leqslant \inf f(x) + \varepsilon$$

则$\forall\ \lambda > 0$，存在 $x_\lambda \in X$ 满足

i) $f(x_\lambda)\leqslant f(x_0)-\varepsilon\lambda d(x_0,x_\lambda)$

ii) $d(x_\lambda,x_0)<1/\lambda$

iii) $\forall\ x\neq x_\lambda, f(x)>f(x_\lambda)-\varepsilon\lambda d(x,x_\lambda)$

证 递归定义$\{u_n\}$如下：

a) $u_0=x_0$

b) 若 u_n 已知，则

1) 当 $f(x)>f(u_n)-\lambda\varepsilon d(x,u_n),\forall\ x\neq u_n$ 时，令

$$u_{n+1}=u_n$$

2)否则取 $u_{n+1}\in A_n$ 使

$$f(u_{n+1})-\inf_{x\in A_n}f(x)\leqslant\frac{1}{2}[f(u_n)-\inf_{x\in A_n}f(x)]$$

其中

$$A_n=\{x\in X:f(x)\leqslant f(u_n)-\lambda\varepsilon d(x,u_n)\}$$

由$\{u_n\}$的定义，我们有

$$\lambda\varepsilon d(u_n,u_{n+1})\leqslant f(u_n)-f(u_{n+1})\quad n=1,2,\cdots$$

从而，对任何$n\leqslant m$ 的正整数，n，m，有

$$\lambda\varepsilon d(u_n,u_m)\leqslant f(u_n)-f(u_m)$$

显然，$\{f(u_n)\}$是单调下降且下方有界，故$\{u_n\}$是 Canchy 列．令 $u_n\to x^*$，则由 f 的下半连续性，

$$f(x^*)\leqslant\lim_{n\to\infty}\inf f(u_n)$$

今证 $x_\lambda=x^*$ 即满足要求．事实上，由

$$\begin{aligned}\lambda\varepsilon d(x_0,x^*)&=\lambda\varepsilon\lim d(x_0,u_n)\\&\leqslant\lim_n\sum_{j=1}^{n}\lambda\varepsilon d(u_j,u_{j-1})\\&\leqslant\overline{\lim_n}[f(x_0)-f(u_n)]\\&\leqslant f(x_0)-f(x^*)\\&\leqslant f(x_0)-\inf_{x\in X}f(x)\leqslant\varepsilon\end{aligned}$$

故 i)，ii) 成立．为证 iii)．注意到如果存在无限多的指标 n_k 使 U_{nk} 是由情形 1) 所定义，则结论显然成立．否则，可设对$\forall_n$，u_n 均由情形 2) 所定义．反设 iii) 不成立，于是存在 $x\neq x^*$ 使

$$f(x) \leqslant f(x^*) - \varepsilon\lambda d(x^*, x)$$

从而由

$$\varepsilon\lambda d(x^*, u_n) \leqslant f(u_n) - f(x^*)$$

知

$$f(x) \leqslant f(u_n) - \lambda\varepsilon d(x^*, x) - \lambda\varepsilon d(x^*, u_n)$$
$$\leqslant f(u_n) - \lambda\varepsilon d(x, u_n)$$

即 $x \in \bigcap_{n=1}^{\infty} A_n$. 另一方面，由

$$2f(u_{n+1}) - f(u_n) \leqslant \inf_{x \in A_n} f(x) \leqslant f(x)$$

知

$$f(x^*) \leqslant \varliminf_{n} f(u_n) \leqslant f(x)$$

与假设矛盾. 故命题成立. 证毕.

定义2.1 设 f 是定义在 X 的开子集 A 上的实函数，$x \in A$，若存在 $x^* \in X^*$ 使$\forall\ \varepsilon > 0$，存在 $\delta = \delta(\varepsilon, x) > 0$ 满足

$$|f(x+y) - f(x) - x^*(y)| \leqslant \varepsilon \| y \|, \forall \ \| y \| < \delta$$

则称 f 在 x 处是 Frechet 可微的. 若 f 在 A 中的每点都 Frechet 可微，则称 f 在 A 上 Frechet 可微. 特别地，若 $A = X$. 则称 f 是 Frechet 可微函数.

对定义在 X 上的实函数 f，若集合

$$\{x \in X : f(x) \neq 0\} = \operatorname{supp} f$$

是有界，则称 f 是有界支撑函数.

定义2.2 设 f 是定义在 Banach 空间 X 上的实函数，$x^* \in X^*$. 若存在 $\eta > 0$ 使$\forall\ y \in X$.

$$\| y - x \| \leqslant \eta \Rightarrow f(y) - f(x) \geqslant x^*(y - x) - \varepsilon \| y - x \|$$

则称 x^* 是 f 在 x 处的局部 ε 支撑. f 在 x 处的局部 ε 支撑全体记为 $S_\varepsilon f(x)$，其中 $\varepsilon > 0$.

由定义不难得到

命题2.2 设 f, g 是定义在 X 上的实函数，则

i) $S_\varepsilon f(x)$是 X^* 的凸集，

ii) $S_\varepsilon f(x) + S_\delta g(x) \subset S_{\varepsilon+\delta}(f+g)(x)$.

iii) $\forall \delta \geqslant \varepsilon, S_{\varepsilon}f(x) \subset S_{\delta}f(x)$

iv) $x^* \in \bigcap_{\varepsilon > 0}(S_{\varepsilon}f(x) \bigcap [-S_{\varepsilon}(-f)(x)]) \Longleftrightarrow f$ 在 x 处是 Frechet 可微的，且 $x^* = f'(x)$ 是 f 在 x 处的 Frechet 导数.

命题2.3 设 X 是 Banach 空间，若存在定义在 X 上的具有有界非空支撑的 Frechet 可微函数，则对 $\forall \varepsilon > 0$, 任何下半连续的实函数 $f: X \to R$, 必存在 X 中的稠子集，使 f 在该子集的每一点都被 ε 支撑.

证 $\forall x_0 \in X$, $f(x_0) \neq \infty$, 及原点的任何开邻域 W, 我们将证明在 $x_0 + W$ 上存在点 x' 使 $f(x)$ 在 x' 处被 ε-支撑.

因 f 是下半连续，故可设开集 $V \subset W$ 使
$$\inf\{f(x): x \in X_0 + V\} > -\infty$$
设 h 是定义在 X 上的具有有界非空支撑的 Frechet 可微函数，通过变换，可设 $\operatorname{supp} h \subset V$. 定义
$$\Phi(x) = 1/h(x - x_0)$$
$$g(x) = f(x) + \Phi(x)$$
则
$$\operatorname{dom}(g) = \operatorname{dom}(f) \bigcap \operatorname{dom}(\Phi) \subset \operatorname{dom}(f) \bigcap (x_0 + V)$$
其中
$$\operatorname{dom}(g) = \{x \in X: g(x) \neq \infty\}$$
由于 g 在 $\operatorname{dom}(g)$ 中是下方有界的，从而由命题2.1知，对 $\lambda = \frac{1}{2}$ 存在 $x_{\varepsilon} \in \operatorname{dom}(g)$ 使
$$\forall x \in X: g(x) \geqslant g(x_{\varepsilon}) - \frac{1}{2}\varepsilon \| x_{\varepsilon} - x \|$$
即 $0 \in S_{\frac{\varepsilon}{2}}g(x_{\varepsilon})$ 设 x^* 是 $-\Phi$ 在 x_{ε} 处的 Frechet 导数，由命题2.2 iv) 知
$$x^* \in S_{\frac{\varepsilon}{2}}(-\Phi(x_{\varepsilon}))$$
而由命题2.2，ii) 得
$$x^* \in S_{\varepsilon}(g - \Phi)(x_{\varepsilon}) = S_{\varepsilon}f(x_{\varepsilon})$$
即 x^* 是 f 在 x_{ε} 处的局部 ε 支撑. 由于

$$x^* \in \mathrm{dom}(g) \subset (x_0 + V)$$

故命题成立. 证毕.

引理2.4 设 G 是 Banach 空间 X 的闭子集, $f(x)=d_G(x)$. 若 x^* 是 f 在 x 处的局部 ε 支撑, 则 $|\|x^*\|-1|\leqslant\varepsilon$.

证 对 $\forall\ 0<\delta<\min\{d_G(x),1\}$ 存在 $g\in G$, 使

$$\| x - g \| < d_G(x) + \delta^2 = f(x) + \delta^2$$

取 $y\in[x,g]$, 使 $\|x-y\|=\delta$, 则

$$\frac{f(x) - f(y)}{\| x - y \|} \geqslant \frac{\| x - g \| - \| y - g \| - \delta^2}{\delta} = 1 - \delta$$

故

$$\overline{\lim_{y\to x}} \frac{f(x) - f(y)}{\| x - y \|} \geqslant 1, \quad \forall\ x \overline{\in} G$$

由于 x^* 是 f 在 x 处的局部 ε 支撑, 故存在 $\eta>0$, 使 $\forall\ y\in X$,

$$\| y - x \| < \eta \Rightarrow f(y) - f(x) \geqslant x^*(y - x) - \varepsilon \| x - y \|$$

故

$$\frac{f(x) - f(y)}{\| x - y \|} - \varepsilon \leqslant x^*\left(\frac{x - y}{\| x - y \|} \right) \leqslant \| x^* \|$$

从而

$$\| x^* \| \geqslant \overline{\lim_{y\to x}} \frac{f(x) - f(y)}{\| x - y \|} - \varepsilon \geqslant 1 - \varepsilon$$

另一方面, 由于

$$x^*\left(\frac{y - x}{\| y - x \|} \right) \leqslant \frac{f(y) - f(x)}{\| x - y \|} + \varepsilon \leqslant \frac{\| y - x \|}{\| x - y \|} + \varepsilon = 1 + \varepsilon$$

故

$$\| x^* \| \leqslant 1 + \varepsilon$$

所以

$$|\| x^* \| - 1| < \varepsilon$$

引理成立. 证毕.

对$\forall\ x\overline{\in}G$，$x^*\in X^*$，$\varepsilon$，$\delta>0$，定义

$$S(x,x^*,\varepsilon,\delta)=\{y\in B(x,d_G(x)+\delta):\ x^*(y-x)\leqslant -d_G(x)(1-\varepsilon)\}$$

$$A_\varepsilon=\left\{x\in X\backslash G:\begin{array}{l}\text{存在}\,\delta>0,x^*\in X^*,\left|\,\|x^*\|-1\right|<\varepsilon,\text{使}\\ B(x,d_G(x)+\delta)\cap G\subset S(x,x^*,\varepsilon,\delta)\end{array}\right\}$$

引理2.5 设G是X的闭子集，若$\overline{\text{span}G}$是自反的，则$\forall\ 0<\varepsilon<\frac{1}{2}$，$A_\varepsilon$是$X\backslash G$中的稠开子集.

证 首先来证A_ε是$X\backslash G$中的开子集. $\forall\ x\in A_\varepsilon$，按定义，存在$x^*\in X^*$，$\delta>0$，$\left|\,\|x^*\|-1\right|<\varepsilon$，使

$$B(x,d_G(x)+\delta)\cap G\subset S(x,x^*,\varepsilon,\delta)$$

无妨设$B(x,d_G(x)+\delta)\cap G$与$B(x,d_G(x)+\delta)\backslash S(x,x^*,\varepsilon,\delta)$有正距离$\beta$(否则,可取$c>1$,使$|\,\|cx^*\|-1|<\varepsilon$,让$cx^*$取代$x^*$即可). 令

$$\alpha=\min\left\{\frac{\delta}{5},\frac{1}{2}\beta\right\}$$

$$y^*=x^*,\qquad \forall\ y,\|y-x\|<\alpha$$

下证 $\forall\ y$，$\|y-x\|<\alpha$时

$$B(y,d_G(y)+\alpha)\cap G\subset S(y,y^*,\varepsilon,\alpha)$$

$\forall\ z\in B(y,d_G(y)+\alpha)\cap G$，则

$$\begin{aligned}\|z-x\|&\leqslant\|y-z\|+\|y-x\|\\&\leqslant d_G(y)+\alpha+\alpha\leqslant d_G(x)+3\alpha\end{aligned}$$

由于$\forall\ w\in X$，若$\|w\|\leqslant 2\alpha$，则

$$\begin{aligned}\|z+w-x\|&\leqslant\|x-z\|+\|w\|\\&\leqslant d_G(x)+5\alpha\leqslant d_G(x)+\delta\end{aligned}$$

故

$$z+w\in B(x,d_G(x)+\delta),\qquad \forall\ \|w\|\leqslant 2\alpha$$

因$\alpha\leqslant\frac{1}{2}\beta$，所以

$$z+w\in S(x,x^*,\varepsilon,\delta),\qquad \forall\ \|w\|\leqslant 2\alpha$$

事实上，不然的话，$z+w\overline{\in}S(x,x^*,\varepsilon,\delta)$，从而

$$z+w\in B(x,d_G(x)+\delta)\setminus S(x,x^*,\varepsilon,\delta)$$

故由 $Z\in B(x,d_G(x)+\delta)\cap G$ 知

$$\beta<\|z+w-z\|\leqslant 2\alpha\leqslant\beta$$

矛盾. 这样，$\forall\ w$，$\|w\|\leqslant 2\alpha$，由

$$z+w\in S(x,x^*,\varepsilon,\delta)$$

得

$$x^*(z-x)\leqslant -d_G(x)(1-\varepsilon)-x^*(w)$$

$$x^*(z-x)\leqslant -d_G(x)(1-\varepsilon)-2\alpha\|x^*\|$$

因此，$\forall\ z\in B(y,d_G(y)+\alpha)\cap G$，有

$$\begin{aligned} y^*(z-y) &= x^*(z-y) \\ &\leqslant x^*(z-x)+\alpha\|x^*\| \\ &\leqslant -d_G(x)(1-\varepsilon)-\alpha\|x^*\| \\ &\leqslant -d_G(y)(1-\varepsilon)+\alpha(1-\varepsilon)-\alpha\|x^*\| \\ &\leqslant -d_G(y)(1-\varepsilon) \end{aligned}$$

即 $z\in S(y,y^*,\varepsilon,a)$，故

$$B(y,d_G(y)+\alpha)\cap G\subset S(y,y^*,\varepsilon,\alpha),\quad \forall\ \|y-x\|<\alpha$$

因此，A_ε 是 $X\setminus G$ 的开集.

下面来证 A_ε 在 $X\setminus G$ 中稠. 我们只需证明，$\forall\ x_0\in X\setminus G$，及 x_0 的任何开邻域 $U(x_0)$，$A_\varepsilon\cap U(x_0)\neq\varnothing$. 为此，令

$$X_0=\overline{\mathrm{span}\{x_0,G\}}$$

则 X_0 是自反的子空间. 所以 X_0 上有等价的 Frechet 可微的范数，从而存在定义在 X_0 上的具有有界非空支撑的 Frechet 可微函数. 于是由命题2.3，存在 $x\in X_0\cap U(x_0)$，$\bar{x}^*\in X_0^*$ 使 $\bar{x}^*$ 是 $d_G(x)$ 在 x 处的局部 $\frac{\varepsilon}{4}$ 支撑. 下证 $x\in A_\varepsilon$.

令 $x^*\in X^*$ 是 $\bar{x}^*$ 的保范延拓，则由引理2.4，$\big|\|x^*\|-1\big|<\varepsilon$. 不妨设 $d_G(x)\leqslant 1$. 令 $\eta>0,\eta<1$，使 $\forall\ y\in X_0$，$\|y-x\|<\eta$，则

$$d_G(y)-d_G(x)\geqslant x^*(y-x)-\frac{\varepsilon}{4}\|x-y\|$$

取 $\delta=\frac{1}{4}\eta\varepsilon d_G(x)$，则$\forall\ z\in B(x,d_G(x)+\delta)\cap G$，有

$$\left\|\frac{\eta}{2}(z-x)\right\|\leqslant\frac{1}{2}\eta(d_G(x)+\delta)<\eta$$

又因为

$$\frac{1}{2}\eta(z-x)=\frac{\eta}{2}z+\left(1-\frac{\eta}{2}\right)x-x$$

而$\frac{1}{2}\eta z+\left(1-\frac{\eta}{2}\right)x\in X_0$，故

$$\begin{aligned}&-\frac{\varepsilon}{4}\cdot\frac{\eta}{2}\|z-x\|+x^*\left(\frac{1}{2}\eta(z-x)\right)\\&\leqslant d_G\left(\frac{\eta}{2}z+\left(1-\frac{1}{2}\eta\right)x\right)-d_G(x)\\&\leqslant\left\|\frac{\eta}{2}z+\left(1-\frac{1}{2}\eta\right)x-z\right\|-\|z-x\|+\delta\\&\leqslant\left(1-\frac{1}{2}\eta\right)\|z-x\|-\|z-x\|+\delta\\&\leqslant-\frac{1}{2}\eta d_G(x)+\delta\end{aligned}$$

在上式中，两边同除以$\frac{1}{2}\eta$得

$$\begin{aligned}x^*(z-x)&\leqslant-d_G(x)+\frac{2}{\eta}\delta+\frac{\varepsilon}{4}\|z-x\|\\&\leqslant-d_G(x)+\frac{2}{\eta}\delta+\frac{\varepsilon}{4}d_G(x)+\frac{\varepsilon}{4}\delta\\&\leqslant-d_G(x)(1-\varepsilon)\end{aligned}$$

即 $z\in S(x,x^*,\varepsilon,\delta)$，故

$$B(x,d_G(x)+\delta)\cap G\subset S(x,x^*,\varepsilon,\delta)$$

即 $x\in A_\varepsilon$，所以 A_ε 在 $X\backslash G$ 中是稠开集. 证毕.

引理2.6 设 X 是具有 H 性质的 Banach 空间，G 是 X 的闭集. 若$\overline{\mathrm{span}G}$是自反，令

$$\mathscr{A}=\bigcap_{n=2}^{\infty}A_{\frac{1}{n}}$$

则 G 是 A 逼近紧的，且 A 是稠 G_δ 集.

证 由引理2.5知，A 是稠 G_δ 集，故我们只需证明 G 是 A 逼近紧的.

$\forall\ x\in\mathscr{A}$，$x\in A_{\frac{1}{n}}$，则$\forall\ n\geqslant 2$. 由 $A_{\frac{1}{n}}$的定义知，存在 $\delta_n>0$，$x_n^*\in X$，$|\,\|x_n^*\|-1\,|<\dfrac{1}{n}$，且

$$B(x,d_G(x)+\delta_n)\cap G\subset S\left(x,x_n^*,\frac{1}{n},\delta_n\right)$$

设 $\beta_n=\min\left\{\dfrac{1}{n},\delta_n\right\}$. 不妨设

$$\delta_n\leqslant\delta_m,\qquad\forall\ n\geqslant m$$

则

$$\beta_n\leqslant\beta_m,\qquad\forall\ n\geqslant m$$

对 x 的任一极小化序列$\{z_n\}\subset G$,无妨可设

$$z_n\in B(x,d_G(x)+\beta_n)\cap G$$

由于

$$B(x,d_G(x)+\beta_n)\cap G\subset B(x,d_G(x)+\beta_m)\cap G,\forall\ n\geqslant m$$

故

$$z_n\in S\left(x,x_m^*,\frac{1}{m},\delta_m\right),\forall\ n\geqslant m$$

即

$$x_m^*(z_n-x)\leqslant -d_G(x)\left(1-\frac{1}{m}\right),\forall\ n\geqslant m$$

由于 $X_0=\overline{\mathrm{span}\{G,x\}}$ 自反,故可设 $z_n\xrightarrow{w}z\in X_0$. 而 $\widetilde{x}_m^*={}_m^*|_{X_0}\in X_0^*$,因此

$$\widetilde{x}_m^*(z-x)\leqslant -d_G(x)\left(1-\frac{1}{m}\right),m=1,2,\cdots$$

所以

$$\|\widetilde{x}_m^*\|\,\|z-x\|\geqslant d_G(x)\left(1-\frac{1}{m}\right),m=1,2,\cdots$$

因

$$\|\widetilde{x}_m^*\|\leqslant\|x_m^*\|\leqslant 1+\frac{1}{m}$$

故

$$\| z - x \| \geqslant d_G(x)$$

从而

$$\| z - x \| = \lim_n \| z_n - x \| = d_G(x)$$

由 X 具有 H 性质知

$$z_n - x \to z - x \quad (n \to \infty)$$

即 $z_n \to z$，且 $z \in G$，故 G 是 $\mathscr{A}$ 逼近紧. 证毕.

由引理2. 6，立即有下面的推论.

推论2. 1 自反的具有 H 性质的 Banach 空间中的每个闭子集是几乎存在性集.

定理2. 4 自反严格凸的且具有 H 性质的 Banach 空间中的每个闭子集 G 都是几乎 Chebyshev 子集.

证 设 $\mathscr{A}$ 是由引理2. 6所给，则 G 是 $\mathscr{A}$ 逼近紧. $\forall\ x_0 \in \mathscr{A}$，设 $y_{x_0} \in P_G(x_0)$，使$\forall\ x \in (x_0, y_{x_0})$有 $P_G(x) = y_{x_0}$. 定义

$$\mathscr{C} = \bigcup_{x \in A} [x, y_x)$$

下证 G 是 $\mathscr{C}$ 逼近紧的. 事实上，$\forall\ x \in \mathscr{C}$，不妨设存在 $x_0 \in \mathscr{A}$，使 $x \in (x_0, y_{x_0})$，则 $x = \alpha x_0 + (1-\alpha) y_{x_0}$，$0 < \alpha < 1$，令$\{z_n\} \subset G$ 是 x 的任一极小化序列. 则由

$$\begin{aligned} d_G(x_0) &\leqslant \lim_n \| x_0 - z_n \| \\ &\leqslant \lim_n [\, \| x_0 - x \| + \| x - z_n \| \,] \\ &= \| x_0 - x \| + \lim_n \| x - z_n \| \\ &= (1 - \alpha) d_G(x_0) + d_G(x) \\ &= d_G(x_0) \end{aligned}$$

知，$\{z_n\}$也是 x_0 的极小化序列. 故$\{z_n\}$有收敛的子列. 因此，G 是 $\mathscr{C}$ 逼近紧. 这样由命题1. 2知，G 是几乎 Chebyshev 子集. 证毕.

推论2. 2 自反局一致凸的Banach 空间的每个闭子集都是几乎 Chebyshev 子集.

下面的定理说明局一致凸性能保证几乎半 Chebyshev 集性.

定理2. 5 局一致凸空间中的每个子集都是几乎半 Chebyshev 子集.

证 $\forall\ x_0\in S$，$0<\alpha<1$，$M_\varepsilon(x_0)$同引理2.2，类似于引理2.2的证明知，若 X 局一致凸，则

$$\lim_{\varepsilon\to 0}\operatorname{diam}M_\varepsilon(x_0)=0$$

记

$$F_n=\left\{x\in X:\operatorname{diam}P_G(x)\geqslant\frac{1}{n}\right\}$$

则易见（F_n^0 同引理 2. 3）

$$F_n^0\supset F_n,\qquad n=1,2,\cdots$$

下证 F_n 是疏朗集.

$\forall\ x\in F_n$，则 $x\overline{\in}G$. 设 $y_0\in P_G(x)$，$z\in(x,y_0)$，由上所述，

$$D_0(z)=\lim_{\varepsilon\to 0}\operatorname{diam}P_G^\varepsilon(z)=0$$

故 $z\overline{\in}F_n^0$. 由引理2.3知，$G_n=X\backslash F_n^0$ 是开集，而 $z\in G_n$，故有 z 的开邻域 $U(z)\subset G_n$. 从而 $U(z)\cap F_n^0=\varnothing$，更有 $U(z)\cap F_n=\varnothing$，所以 F_n 是疏朗集. 显然

$$Q_G=X\backslash\bigcup_{n=1}^{\infty}F_n$$

是第一纲集，因此，G 是几乎半 Chebyshev 集. 证毕.

注2.1 由推论2.1及定理2.5也立即可得推论2.2.

注2.2 在定理2.4中，条件自反是必要的. 事实上，若 X 不自反，则由 James 定理，存在 $x^*\in B^*$，使

$$x^*(x)<1,\qquad\forall\ x\in B$$

令

$$G=\{x\in X:x^*(x)=0\}$$

则易证，$\forall\ x\in X\backslash G$，$P_G(x)=\varnothing$，故定理不真.

注2.3 在定理2.4中，若 X 不具有 H 性质，则定理不成立. 由此可得，推论2.2中，将局一一致凸改为严格凸，结论不真.

例2.1 设 $X=l_2\oplus R$，定义

$$\|(x,r)\|=\max\{\|x\|_2,|r|\},\forall\ (x,r)\in l_2\oplus R$$

$$|||(x,r)|||=\|(x,r)\|+\left(r^2+\sum_{n=1}^{\infty}x_n^2/2^{2n}\right)^{\frac{1}{2}}$$

其中

$$x=(x_1,\cdots,x_n,\cdots)\in l_2$$

易知，$\forall\ (x,r)\in l_2\oplus R$

$$\|\ (x,\ r)\ \|\leqslant|\!|\!|\ (x,\ r)\ |\!|\!|\leqslant 3\|\ (x,\ r)\ \|$$

故 X 是自反的且关于$|\!|\!|\cdot|\!|\!|$是严格凸. 令

$$G=\left\{\left(e_k,2+\frac{1}{k}\right):k=1,2,\cdots\right\}$$

其中 $e_k=(0,\cdots,0,\overset{k}{1},0\cdots)$. 对$\forall\ (u,r)\in l_2\oplus R$，若

$$\|u\|_2<\frac{1}{2},|r|<\frac{1}{2}$$

则

$$\begin{aligned}&\left|\!\left|\!\left|(u,r)-(e_k,2+\frac{1}{k}\right|\!\right|\!\right|\\&=2-r+\frac{1}{k}+\left[\left(2-r+\frac{1}{k}\right)^2\right.\\&\quad\left.+\sum_{n\neq k}x_n^2/2^{2n}+(1-x_k)^2/2^{2k}\right]^{\frac{1}{2}}\\&>2-r+\left[(2-r)^2+\sum_{n=1}^{\infty}x_n^2/2^{2n}\right]^{\frac{1}{2}}\\&=d_G((u,r))\end{aligned}$$

即 $P_G((u,r))=\varnothing$. 显然,G 是闭子集,但 G 不是几乎 Chebyshev 子集.

四、有界序列同时逼近的几乎 Chebyshev 集

作为前面内容的例和应用,本小节考虑有界序列同时逼近情形的几乎 Chebyshev 子集.

设 X 是 Banach 空间,(x_n)是 X 中的有界序列，G 是 X 的子集,如第二章,我们定义 G 对(x_n)的最佳同时逼近(或相对 Chebyshev 中心）为 $g_0\in G$ 满足

$$\sup_n\|x_n-g_0\|=\inf_{g\in G}\sup_n\|x_n-g\|$$

令 $l_\infty(X)$ 表示 X 中的有界序列全体，并定义

$$\|(x_n)\| = \sup \|x_n\|, \qquad \forall (x_n) \in l_\infty(X)$$

若对$\forall\ x\in X$，视 x 为(x)，则易见 $X\subset l_\infty(X)$，即 X 是 $l_\infty(X)$的子空间. 令$l_\infty^0(X)$是 $l_\infty(X)$中所有相对紧有界子列全体组成的集合，则 $X\subset l_\infty^0(X)\subset l_\infty(X)$. 本节将证明，对 X 中的任何闭子集G，若 X 一致凸，则G 是 $l_\infty(X)$中的几乎 Chebyshev 子集，若 X 自反局一致凸，则 G 是 $l_\infty^0(X)$中的几乎 Chebyshev 集.

引理2.7 设G 是 X 的子集，若 X 各向一致凸，则G 是$l_\infty(X)$中的稠半 Chebyshev 集；若 X 严格凸，则 G 是 $l_\infty^0(X)$中的稠半 Chebyshev 集.

证 先对 X 是严格凸空间来证

$$\forall\ (x_n^0) \in l_\infty^0(X)$$

不妨设 $P_G((x_n^0))\neq\varnothing$. 取 $g_0\in P_G((x_n^0))$，则对$\forall\ 0<\alpha<1$

$$x_n^\alpha = (1-\alpha)(x_n^0) + \alpha g_0 = ((1-\alpha)x_n^0 + \alpha g_0)$$

有 $P_G((x_n^\alpha))=g_0$. 事实上，由第二章命题1.1知，$g_0\in P_G((x_n^\alpha))$. 反设存在 $\bar g\neq g_0$，$\bar g\in P_G((x_n^\alpha))$，则由

$$\begin{aligned}
&\sup_n \|x_n^0 - \bar g\| \leqslant \sup_n \|x_n^0 - x_n^\alpha\| + \sup_n \|x_n^\alpha - \bar g\| \\
&\leqslant \alpha \sup_n \|x_n^0 - g_0\| + \sup_n \|x_n^\alpha - g_0\| \\
&= \alpha \sup_n \|x_n^0 - g_0\| + (1-\alpha) \sup_n \|x_n^0 - g_0\| \\
&= \sup_n \|x_n^0 - g_0\|
\end{aligned}$$

得 $\bar g\in P_G((x_n^0))$. 由 $l_\infty^0(X)$的定义，存在 $x_0\in\overline{\{x_n^0\}}$使

$$\|x_0 - \bar g\| = \sup_n \|x_n^0 - \bar g\|$$

令 $x_\alpha=(1-\alpha)x_0+\alpha g_0$，则 $x_\alpha\in\overline{\{x_n^\alpha\}}$. 由于

$$\begin{aligned}
&(1-\alpha)\sup_n \|x_n^0 - \bar g\| = (1-\alpha)\|x_0 - \bar g\| \\
&= \|\alpha(x_\alpha - g_0) + (1-\alpha)(x_\alpha - \bar g)\| \\
&\leqslant \alpha\|x_\alpha - g_0\| + (1-\alpha)\|x_\alpha - \bar g\| \\
&\leqslant \alpha \sup_n \|x_n^\alpha - g_0\| + (1-\alpha)\sup_n \|x_\alpha^n - \bar g\| \\
&= \sup_n \|x_n^\alpha - g_0\| = (1-\alpha)\sup_n \|x_n^0 - \bar g\|
\end{aligned}$$

故

$$\begin{aligned}&\| \alpha(x_\alpha - g_0) + (1-\alpha)(x_\alpha - \bar{g}) \| \\ = {}& \alpha \| x_\alpha - g_0 \| + (1-\alpha) \| x_\alpha - \bar{g} \| \\ = {}& \| x_\alpha - g_0 \| = \| x_\alpha - \bar{g} \|\end{aligned}$$

由 X 严格凸知

$$x_\alpha - g_0 = x_\alpha - \bar{g}$$

矛盾. 因此，$\forall\ \alpha$，$0<\alpha<1$，有 $P_G((x_n^\alpha))=g_0$. 令 $\alpha\to 0$，则$(x_n^\alpha)\to(x_n^0)$. 故 G 是 $l_\infty^0(X)$中的稠半 Chebyshev 子集.

下面对 X 是各向一致凸来证.

$\forall\ (x_n^0)\in l_\infty(X)$，类似于严格凸情形，不妨设 $P_G((x_n^0))\neq\varnothing$，且 $g_0\in P_G((x_n^0))$，并对 $0<\alpha<1$，定义(x_n^α). 下面来证 $P_G((x_n^\alpha))=g_0$. 反设存在$\bar{g}_0\neq g_0$，使$\bar{g}_0\in P_G((x_n^\alpha))$. 类似于严格凸情形，可得，$\bar{g}_0\in P_G((x_n^0))$. 若存在 $x_0\in\overline{\{x_n^0\}}$，使

$$\| x_0 - \bar{g}_0 \| = \sup_n \| x_n^0 - \bar{g}_0 \|$$

因各向一致凸必导致严格凸，故由前所证，$\bar{g}=g_0$，矛盾. 这样，可设存在$\{n_k\}$，使

$$\lim_k \| x_{n_k}^0 - \bar{g}_0 \| = \sup_n \| x_n^0 - \bar{g}_0 \|$$

这样，由

$$\begin{aligned}&(1-\alpha)\sup_n \| x_n^0 - g_0 \| = (1-\alpha)\sup_n \| x_n^0 - \bar{g}_0 \| \\ = {}& \lim_k (1-\alpha) \| x_{n_k}^0 - \bar{g}_0 \| \\ = {}& \lim_k \| \alpha(x_{n_k}^\alpha - g_0) + (1-\alpha)(x_{n_k}^\alpha - \bar{g}_0) \| \\ \leqslant {}& \underline{\lim_k}[\alpha \| x_{n_k}^\alpha - g_0 \| + (1-\alpha) \| x_{n_k}^\alpha - \bar{g}_0 \|] \\ \leqslant {}& \alpha \overline{\lim_k} \| x_{n_k}^\alpha - g_0 \| + (1-\alpha) \underline{\lim_k} \| x_{n_k}^\alpha - \bar{g}_0 \|] \\ \leqslant {}& \alpha \overline{\lim_k} \| x_{n_k}^\alpha - g_0 \| + (1-\alpha) \overline{\lim_k} \| x_{n_k}^\alpha - \bar{g}_0 \|] \\ \leqslant {}& \alpha \sup_n \| x_n^\alpha - g_0 \| + (1-\alpha) \sup_n \| x_n^\alpha - \bar{g}_0 \| \\ = {}& (1-\alpha)\sup_n \| x_n^0 - g_0 \|\end{aligned}$$

知

$$\lim_k \| \alpha(x^\alpha_{n_k} - g_0) + (1-\alpha)(x^\alpha_{n_k} - \bar{g}_0) \|$$
$$= \lim_k \| x^\alpha_{n_k} - g_0 \| = \lim_k \| x^\alpha_{n_k} - \bar{g}_0 \|$$
$$= \sup_n \| x^\alpha_{n_k} - g_0 \|$$

取 $x_k^* \in B^*$，使

$$x_k^* [\alpha(x^\alpha_{n_k} - g_0) + (1-\alpha)(x^\alpha_{n_k} - \bar{g}_0)]$$
$$= \| \alpha(x^\alpha_{n_k} - g_0) + (1-\alpha)(x^\alpha_{n_k} - \bar{g}_0) \|$$

则易证

$$\lim_k x_k^* (x^\alpha_{n_k} - g_0) = \| x^\alpha_{n_k} - g_0 \|$$
$$\lim_k x_k^* (x^\alpha_{n_k} - \bar{g}_0) = \| x^\alpha_{n_k} - \bar{g}_0 \|$$

故对$\forall\ 0 \leqslant \beta_k \leqslant 1$，有

$$\lim_k \| \beta_k(x^\alpha_{n_k} - g_0) + (1-\beta_k)(x^\alpha_{n_k} - \bar{g}_0) \|$$
$$\geqslant \overline{\lim_k} x_k^* [\beta_k(x^\alpha_{n_k} - g_0) + (1-\beta_k)(x^\alpha_{n_k} - \bar{g}_0)]$$
$$= \overline{\lim_k} [\beta_k \| x^\alpha_{n_k} - g_0 \| + (1-\beta_k) \| x^\alpha_{n_k} - \bar{g}_0 \|]$$
$$\geqslant \overline{\lim_k} \beta_k \| x^\alpha_{n_k} - g_0 \| + \underline{\lim_k} (1-\beta_k) \| x^\alpha_{n_k} - \bar{g}_0 \|$$
$$= [\overline{\lim_k} \beta_k + \underline{\lim_k} (1-\beta_k)] \lim_k \| x^\alpha_{n_k} - g_0 \|$$
$$= \lim_k \| x^\alpha_{n_k} - g_0 \|$$

因此 $\forall\ 0 \leqslant \beta_k \leqslant 1$，有

$$\lim_k \| \beta_k(x^\alpha_{n_k} - g_0) + (1-\beta_k)(x^\alpha_{n_k} - \bar{g}) \|$$
$$= \lim_k \| x^\alpha_{n_k} - g_0 \| = \lim_k \| x^\alpha_{n_k} - \bar{g}_0 \|$$

不妨设

$$\| x^\alpha_{n_k} - g_0 \| \geqslant \| x^\alpha_{n_k} - \bar{g}_0 \|, k = 1,2,\cdots$$

令

$$y^\alpha_{n_k} = g_0 + \beta_k(\bar{g}_0 - g_0), k = 1,2,\cdots$$

并取 $\beta_k \geqslant 1$ 使

$$\| y^\alpha_{n_k} - x^\alpha_{n_k} \| = \| x^\alpha_{n_k} - g_0 \|, \quad k = 1,2,\cdots$$

记

$$u_k = \frac{g_0 - x^a_{n_k}}{\| g_0 - x^a_{n_k} \|}, \quad v_k = \frac{y^a_{n_k} - x^a_{n_k}}{\| y^a_{n_k} - x^a_{n_k} \|}$$

则

$$\| u_k + v_k \| = \frac{2}{\| g_0 - x^a_{n_k} \|} \left\| \left(1 - \frac{\beta_k}{2}\right) g_0 + \frac{\beta_k}{2} \bar{g}_0 - x^a_{n_k} \right\|$$
$$= \frac{2}{\| g_0 - x^a_{n_k} \|} \left\| \left(1 - \frac{\beta_k}{2}\right) (g_0 - x^a_{n_k}) + \frac{\beta_k}{2} (\bar{g}_0 - x^a_{n_k}) \right\|$$

这样，若 $0 \leqslant \frac{\beta_k}{2} \leqslant 1$，则

$$\lim_k \| u_k + v_k \| = 2$$

若 $\beta_k > 2$，则可设 $\beta_k \to \beta_0 \geqslant 2$. 故

$$2 \geqslant \lim_k \| u_k + v_k \|$$
$$\geqslant \lim_k \frac{2}{\| g_0 - x^a_{n_k} \|} \left[\frac{\beta_k}{2} \| \bar{g}_0 - x^a_{n_k} \| - \left| 1 - \frac{\beta_k}{2} \right| \| g_0 - x^a_{n_k} \| \right]$$
$$= 2$$

而

$$u_k - v_k = \frac{\beta_k}{\| g_0 - x^a_{n_k} \|} (g_0 - \bar{g}_0)$$

故由 X 的各向一致凸性知，$g_0 = \bar{g}_0$. 矛盾. 证毕.

定理2. 6 设 G 是 X 的闭子集. 若 X 一致凸则 G 是 $l_\infty(X)$ 中的几乎 Chebyshev 子集；若 X 自反且局一致凸，则 G 是 $l^0_\infty(X)$ 中的几乎 Chebyshev 子集.

证 设 $A_{\frac{1}{n}}$ 是引理2. 5中用 $l_\infty(X)(l^0_\infty(X))$ 代 X 时所得的集合 $A_{\frac{1}{n}}$，则由引理2. 5知，$\mathscr{A} = \bigcap_{n=2}^{\infty} A_{\frac{1}{n}}$ 是 $l_\infty(X)(l^0_\infty(X))$ 中的稠 G_δ 集. 由引理2. 7和命题1. 2，及定理2. 4的证明知，我们只需证明 G 是 A 逼近紧.

对∀ $(x_n) \in l_\infty(X)$ 及 (x_n) 的任一极小化序列 $\{z_m\}$，即 $\{z_n\} \subset G$.

$$\lim_m \sup_n \| x_n - z_m \| = \inf_{g \in G} \sup_n \| x_n - g \|$$

类似于引理2.6的证明，可设 $z_m \xrightarrow{w} z$，且

$$\lim_m \sup_n \| x_n - z_m \| = \sup_n \| x_n - z \|$$

取 $f \in [l_\infty(X)]^*$，$\| f \| = 1$，使

$$f[(x_n - z)] = \sup_n \| x_n - z \|$$

则

$$\begin{aligned}\sup_n \| x_n - z_m + x_n - z \| &\geqslant f[(x_n - z_m) + (x_n - z)] \\ &= f[(x_n - z_m)] + f[(x_n - z_n)] \\ &\to 2f[(x_n - z)]\end{aligned}$$

故

$$\lim_m \sup_n \| x_n - z_m + x_n - z \| = 2 \sup_n \| x_n - z \|$$

若 X 是一致凸，则取 $\{n_k\}\{m_k\}$，使

$$\lim_k \| x_{n_k} - z_{m_k} + x_{n_k} - z \| = 2 \sup_n \| x_n - z \|$$

从而

$$\lim_k \| x_{n_k} - z_{m_k} \| = \lim_k \| x_{n_k} - z \| = \sup_n \| x_n - z \|$$

故

$$\lim_k \| z_{m_k} - z \| = \lim_k \| (x_{n_k} - z) - (x_{n_k} - z_{m_k}) \| = 0$$

即 $\{z_m\}$ 有子列 $\{z_{m_k}\}$，使 $z_{m_k} \to z \in G$.

若 X 是局一致凸，则 X 有性质 H. 此时，$(x_n) \in l_\infty^0(X)$，即 $\overline{\{x_n\}}$ 是紧的. 取 $\bar{x}_m \in \overline{\{x_n\}}$，使

$$\| \bar{x}_m - z_m + \bar{x}_m - z \| = \sup_n \| x_n - z_m + x_n - z \|$$

则

$$\lim_m \| \bar{x}_m - z_m + \bar{x}_m - z \| = 2 \sup_n \| x_n - z \|$$

设 $\{m_k\}$，使

$$\lim_k \bar{x}_{m_k} = \bar{x}$$

则

$$\begin{aligned}\lim_k \| \bar{x} - z_{m_k} \| &= \lim_k \| \bar{x}_{m_k} - z_{m_k} \| \\ &= \lim_k \| \bar{x}_{m_k} - z \| = \sup_n \| x_n - z \| = \| \bar{x} - z \|\end{aligned}$$

而 $z_{m_k}\xrightarrow{w}z$，故由 H 性质知

$$z_{m_k}\to z\in G$$

即$\{z_m\}$有子列 $z_{m_k}\to z\in G$. 所以 G 是 A 逼近紧. 证毕.

注2.4 由于 $g_0\in G$ 是 G 对(x_n)的最佳同时逼近等价于 $G\subset l_\infty(X)$对$(x_n)\in l_\infty(X)$在$l_\infty(X)$中的最佳逼近. 因此，定理2.6给出了有界序列的同时最佳逼近的几乎 Chebyshev 子集的结果.

注2.5 当 X 一致凸时，定理2.6也可由引理2.2类似于定理2.3的证明得到.

第三节 几乎 K－Chebyshev 子集

K 凸性是F. Sullivan引入的一致和局一致凸的推广，近年来有不少研究. 本小节将考虑 K 局一致凸空间中的几乎 K－Chebyshev 子集问题. 由线性逼近论的知识可知，自反 K 严格凸空间中的任何闭子空间（闭凸集）都是 K－Chebyshev 集. 但对一般的闭子集，此结论未必成立. 这样，我们引入几乎 K－Chebyshev 子集的概念. 这里，K 是正整数.

定义3.1 设 G 是 X 的子集，令

$$Q_G^K=\{x\in X;\dim P_G(x)<K\}$$

若 $X\backslash Q_G^K$ 是第一纲集，则称 G 是几乎 K－半 Chebyshev 子集，其中 $\dim P_G(x)$是集合 $P_G(x)$的维数，即

$$\dim P_G(x)=\dim\operatorname{span}(P_G(x)-P_G(x))$$

若对

$$U_G^K=Q_G^K\cap E_G$$

$X\backslash U_G^K$ 是第一纲集，则称 G 是几乎 K－Chebyshev 集.

显然，当 $K=1$ 时，几乎 K－（半）Chebyshev 子集就是几乎（半）Chebyshev 子集.

命题3.1 设 G 是 X 的子集，$x\in X$，则 $x\in Q_G^K\Longleftrightarrow$

$V(x)=\sup\{A(x_1,\cdots,x_{K+1})$:

$$x_i \in P_G(x), i = 1, 2, \cdots, K + 1\} = 0$$

其中

$$A(x_1, \cdots, x_{K+1}) = \sup\left\{ \begin{vmatrix} 1 & 1 & \cdots & 1 \\ f_1(x_1) & f_1(x_2) & \cdots & f_1(x_{K+1}) \\ \vdots & \vdots & \vdots\ \vdots\ \vdots & \vdots \\ f_K(x_1) & f_K(x_2) & \cdots & f_K(x_{K+1}) \end{vmatrix} \middle| \begin{array}{l} f_i \in B^* \\ i = 1, 2, \cdots, K \end{array} \right\}$$

证 “$\Rightarrow$”

由于 $\dim P_G(x)$ 等于集合

$$\{g - g_0 : g \in P_G(x)\}$$

中最大线性无关的元的个数，其中 $g_0 \in P_G(x)$. 故当 $x \in Q_G^K$. 即 $\dim P_G(x) < K$ 时，$\forall\ g_1, \cdots, g_{K+1} \in P_G(x)$,

$$g_2 - g_1, g_3 - g_1, \cdots, g_{K+1} - g_1$$

必线性相关. 从而$\forall\ f_i \in B^*$, $i = 1, 2, \cdots, K$.

$$\begin{vmatrix} 1 & 1 & \cdots & 1 \\ f_1(g_1) & f_1(g_2) & \cdots & f_1(g_{K+1}) \\ \vdots & \vdots & \vdots\ \vdots\ \vdots & \vdots \\ f_K(g_1) & f_K(g_2) & \cdots & f_K(g_{K+1}) \end{vmatrix}$$

$$= \begin{vmatrix} f_1(g_2 - g_1) & \cdots & f_1(g_{K+1} - g_1) \\ \vdots & \vdots\ \vdots\ \vdots & \vdots \\ f_K(g_2 - g_1) & \cdots & f_K(g_{K+1} - g_1) \end{vmatrix}$$

$$= 0$$

故 $V(x) = 0$

“$\Leftarrow$”

反设 $x \overline{\in} Q_G^K$，即 $\dim P_G(x) \geqslant K$. 从而存在 $g_0, g_1, \cdots, g_K \in P_G(x)$，使 $g_1 - g_0, \cdots, g_K - g_0$ 线性无关. 取 $f_i \in B^*$，使

$$f_j(g_i - g_0) = \begin{cases} a_i > 0, & i = j. \quad i = 1, 2, \cdots, K \\ 0, \quad i \neq j, & j = 1, 2, \cdots, K \end{cases}$$

所以

$$V(x) \geqslant A(g_0, g_1, \cdots, g_K) \geqslant a_1, \cdots, a_K > 0$$

故命题成立. 证毕.

引理3.1 $\forall x, y \in X$, $\alpha > 0$, $\beta > 0$, 则

$$\|x + y\| = \|x\| + \|y\|$$
$$\Longleftrightarrow \|\alpha x + \beta x\| = \alpha\|x\| + \beta\|y\|$$

证 显然, 我们只需证明必要性即可. 为此, 取 $x^* \in B^*$, 使

$$x^*(x + y) = \|x + y\|$$

则

$$x^*(x) = \|x\|, \quad x^*(y) = \|y\|$$

故

$$\|\alpha x + \beta y\| \geqslant x^*(\alpha x + \beta y) = \alpha\|x\| + \beta\|y\|$$

引理成立. 证毕.

对 $x \in S$, 则 B 中含 x 的端子集是存在的. 由 Zorn 引理不难验证, 存在含 x 的极小端子集. 设 $E(x)$ 为含 x 的 B 中的一个极小端子集, 则有

引理3.2 $\forall x \in S$

$$E(x) = \{v \in S : x = \lambda v + (1 - \lambda)u, 0 < \lambda < 1, u \in S\}$$
$$= \{v \in S : \|x - \lambda v\| = 1 - \lambda, 0 < \lambda < 1\}$$

证 首先证明

$$\{v \in S : x = \lambda v + (1 - \lambda)u, 0 < \lambda < 1, u \in S\}$$
$$= \{v \in S : \|x - \lambda v\| = 1 - \lambda, 0 < \lambda < 1\}$$

显然

$$\{v \in S : x = \lambda v + (1 - \lambda)u, 0 < \lambda < 1, u \in S\}$$
$$\subseteq \{v \in S. \|x - \lambda v\| = 1 - \lambda, 0 < \lambda < 1\}$$

反之, 令 $u = \frac{1}{1-\lambda}(x - \lambda v)$, 则 $u \in S$, 且

$$x = \lambda v + (1 - \lambda)u$$

故相反的包含关系成立.

下面证明

$$E(x) = \{v \in S : x = \lambda v + (1 - \lambda)u, 0 < \lambda < 1, u \in S\}$$

是含 x 的极小端子集. $\forall u_1, u_2 \in S$, 若 $\frac{1}{2}(u_1 + u_2) \in E(x)$, 则存

在 $u\in S$，$0<\lambda<1$，使

$$x=\lambda\frac{1}{2}(u_1+u_2)+(1-\lambda)u$$

由于

$$\begin{aligned}1=\|x\|&=\left\|\frac{\lambda}{2}(u_1+u_2)+(1-\lambda)u\right\|\\&\leqslant\frac{\lambda}{2}\|u_1+u_2\|+(1-\lambda)\|u\|\\&\leqslant\frac{\lambda}{2}\|u_1\|+\frac{\lambda}{2}\|u_2\|+(1-\lambda)\|u\|\\&=\frac{1}{2}\lambda+\frac{1}{2}\lambda+(1-\lambda)=1\end{aligned}$$

故

$$\|u_1+u_2\|=\|u_1\|+\|u_2\|$$
$$\|u_i+u\|=\|u_i\|+\|u\|,\qquad i=1,2$$

定义

$$u_i'=\frac{(1-\lambda)u+\frac{1}{2}\lambda u_i}{1-\frac{1}{2}\lambda},\qquad i=1,2$$

则由引理 3.1 知，$u_i'(i=1,2)\in S$. 而

$$\begin{aligned}x&=\frac{\lambda}{2}u_1+\left(1-\frac{\lambda}{2}\right)u_2'\\&=\frac{\lambda}{2}u_2+\left(1-\frac{\lambda}{2}\right)u'_2\end{aligned}$$

所以 $u_i\in E(x)(i=1,2)$，即 $E(x)$是含 x 的端子集

再设 N 是含 x 的任一端子集，且 $N\subset E(x)$. 对$\forall$ $y\in E(x)$，设 $u\in S$，$0<\lambda<1$，使

$$x=\lambda y+(1-\lambda)u$$

由 $x\in N$，及 N 是端子集知，$y\in N$，故 $N=E(x)$，即 $E(x)$是含 x 的极小端子集. 证毕.

命题 3.2 设 X 的闭单位球面 S 上的所有凸子集都是有限维

的．$x_0 \in X \backslash G, P_G(x_0) \neq \phi$，则存在 $y_0 = y_{x_0} \in P_G(x_0)$，使$\forall\ x \in (x, y_0)$有

$$COP_G(x) \subset S(x_0, d_G(x_0))$$

证 $\forall\ x_0 \in X \backslash G$，不妨设 $x_0 = 0, d_G(x_0) = 1$. 由于 $S = \bigcup \{E(x): x \in S\}$，故

$$P_G(0) = \bigcup_{x \in S}(G \cap E(x)) = \bigcup_{g \in G \cap S}(G \cap E(g))$$

令

$$\mathscr{F} = \{E(g): g \in S \cap G\}$$

按包含关系 $\mathscr{F}$ 形成半序．设 $\mathscr{F}_0$ 是 $\mathscr{F}$ 的一个全序集，记

$$E = \bigcup \{E: E \in \mathscr{F}_0\}$$

则易证 E 是 S 上的一个端子集．由于 $\dim E < \infty$，故 E 是有限个 $E(g)$ 的并，所以 $E \in \mathscr{F}$，即 E 是 $\mathscr{F}_0$ 的一个上界。由 Zorn 引理，存在极大元 $E(y_0)$，则 $y_0 \in G \cap S$ 满足命题要求，且$\forall\ x \in (0, y_0)$有

$$P_G(x) \subset E(y_0)$$

事实上，$\forall\ x = \lambda y_0 \in (0, y_0), 0 < \lambda < 1$. 若存在 $g \in P_G(x) \backslash E(y_0)$，则 $\| g \| = 1$，且

$$\| g - \lambda y_0 \| = \| g - x \| = \| y_0 - x \| = 1 - \lambda$$

故 $y_0 \in E(g)$，从而 $E(y_0) \subset E(g)$. 由于 $E(y_0)$是极大元，则 $E(y_0) = E(g)$，故 $g \in E(y_0)$. 矛盾．证毕.

定理 3.1 设 X 是 k 严格凸，$\forall\ x_0 \in X \backslash G$，若 $P_G(x_0) \neq \varnothing$，则存在 $y_{x_0} \in P_G(x_0)$，使

$$\dim P_G(x) < K, \qquad \forall\ x \in (x_0, y_{x_0})$$

注 3.1 若 S 上的凸子集不都是有限维的，则命题 3.1 未必成立．

例 3.1 设 X 是[0,1]上本性有界的 Lebesgue 可积函数空间 $L_\infty[0,1]$，$G = S$. 显然，G 是紧迫的．下面说明命题 3.2 不成立．

$\forall\ x \in X, \| x \| < \frac{1}{2}$，只要证明，存在 $g_1, g_2 \in P_G(x)$，但 $\left\| \frac{1}{2}(g_1 + g_2) \right\| < 1$ 即可.

对 $n \geqslant 3$，令

$$T_n = \left\{t \in [0,1]:\quad |x(t)| > \|x\| - \frac{1}{n}\right\}$$

则 $\mu(T_n) > 0$ 且

$$T_n \supset T_{n+1}, \qquad \forall\, n = 3,4,\cdots$$

由于

$$T = \{t \in [0,1]:\quad |x(t)| = \|x\|\} = \bigcap_{n=3}^{\infty} T_n$$

故

$$\mu(T) = \lim_n \mu(T_n)$$

下面分 $\mu(T) > 0$ 和 $\mu(T) = 0$ 来考虑：

i) $\mu(T) > 0$，取 A, B $\mu(A) > 0, \mu(B) > 0$，使 $A \cap B = \varnothing$，$A \cup B = T$. 定义

$$g_1(t) = \operatorname{sgn} x(t) \cdot \chi_A$$

$$g_2(t) = \operatorname{sgn} x(t) \cdot \chi_B$$

则

$$\|g_i\| = 1, \quad \|g_i - x\| = 1 - \|x\|, \qquad i = 1,2$$

故 $g_i \in P_G(x)$，但 $\left\|\frac{1}{2}(g_1 + g_2)\right\| = \frac{1}{2} < 1$.

ii) $\mu(T) = 0$， 定义

$$M_n = T_n \setminus T_{n+1}, \qquad n = 3,4,\cdots$$

则 M_n 是互不相交的集列．无妨可设 $\mu(M_n) > 0$.

定义

$$g_1(t) = \operatorname{sgn} x(t) + \sum_{2}^{\infty}\left(1 - \frac{1}{2n}\right)\chi_{E_{2n}}$$

$$g_2(t) = \operatorname{sgn} x(t) + \sum_{1}^{\infty}\left(1 - \frac{1}{2n+1}\right)\chi_{E_{2n+1}}$$

则 $g_i \in P_G(x)$，但 $\left\|\frac{1}{2}(g_1 + g_2)\right\| = \frac{1}{2} < 1$.

注 3.2 若 X 不是 K 严格凸；则定理 3.1 也未必成立．

例 3.2 $X = l_1$，$G = S$，则 G 是近迫的．令

$$e_i = (0,0,\cdots,0,1,0,\cdots)$$

对$\forall\ g=\sum_{i=1}^{\infty}a_ie_i\in G$,则$\forall\ 0<\lambda<1, x=\lambda g, \forall\ K>0$,有

$$\dim P_G(x)>K$$

事实上,由$g\in P_G(x)$,且

$$d_G(x)=\|x-g\|=1-\lambda$$

知,对$\forall\ i$,若$a_i\geqslant 0$,则令$g_\alpha^i=(1-\alpha)g+\alpha e_i\in G$. 若$a_i<0$,则令$g_x^i=(1-x)g-\alpha e_i\in G$. 因此,当$0<\alpha<(1-\lambda)$时

$$\begin{aligned}\|x-g_\alpha^i\| &= \|x-(1-\alpha)g\pm\alpha e_i\| \\ &= \|\lambda g-(1-\alpha)g\pm\alpha e_i\| \\ &= \sum_{j\neq i}|\lambda-(1-\alpha)||a_j|+|\lambda a_i-(1-\alpha)a_i\pm\alpha| \\ &= |\lambda-(1-\alpha)|\sum_{j\neq i}|a_j|+|\lambda-(1-\alpha)||a_i|+\alpha \\ &= (1-\lambda-\alpha)+\alpha=1-\lambda\end{aligned}$$

即$g_\alpha^i\in P_G(x)$. 所以$\dim P_G(x)>K$.

引理 3.3 设N是固定的正数,令

$$E_{K+1}=\{(x_1,\cdots,x_{K+1}): x_i\in X: \|x_i\|\leqslant N\}$$

对$\forall\ \tilde{x}=(x_1,\cdots,x_{K+1}),\tilde{y}=(y_1,\cdots,y_{K+1})\in E_{K+1}$,定义

$$d(\tilde{x},\tilde{y})=\sum_{i=1}^{K+1}\|x_i-y_i\|$$

则 $A(x_1,\cdots,x_{K+1})$是E_{K+1}上的连续函数.

证 由归纳法可证,$\forall\ f_1,\cdots,f_K\in B^*$

$$\left\|\begin{vmatrix}1 & 1 & \cdots & 1 \\ f_1(x_1) & f_1(x_2) & \cdots & f_1(x_{K+1}) \\ \vdots & \vdots & & \vdots \\ f_K(x_1) & f_K(x_2) & \cdots & f_K(x_{K+1})\end{vmatrix} - \begin{vmatrix}1 & 1 & \cdots & 1 \\ f_1(y_1) & f_1(y_2) & \cdots & f_1(y_{K+1}) \\ \vdots & \vdots & & \vdots \\ f_K(y_1) & f_K(y_2) & \cdots & f_K(y_{K+1})\end{vmatrix}\right\|$$

$$\leqslant T_{K,N}\sum_{i=1}^{K+1}\| x_i - y_i \|$$

其中，$T_{K,N}$仅与K，N有关，所以

$$|A(x_1,\cdots,x_{K+1}) - A(y_1,\cdots,y_{K+1})|$$

$$\leqslant T_{K,N}\sum_{i=1}^{K+1}\| x_i - y_i \|$$

故 $A(x_1,\cdots,x_{K+1})$在E_{K+1}上是连续的．证毕．

定理 3.2 设 X 是自反的具有 H 性质的 K 严格凸 Banach 空间，G 是 X 的闭子集，则 G 是几乎 Chebyshev 子集．

证 设 $\mathscr{A}=\bigcap_{n=2}^{\infty}A_{\frac{1}{n}}$同引理 2.6，则 $\mathscr{A}$ 是稠 G_δ 集，且 G 是 $\mathscr{A}$ 逼近紧的．由定理 3.1，$\forall\ x_0\in\mathscr{A}$，存在 $y_{x_0}\in P_G(x_0)$，使$\forall\ x\in(x_0,y_{x_0})$，有

$$\dim P_G(x) < K$$

定义

$$\widetilde{\mathscr{A}}=\bigcup_{x_0\in \widetilde{A}}[x_0,y_{x_0})$$

则由定理 2.4 的证明知，G 是 $\widetilde{\mathscr{A}}$ 逼近紧的．设

$$D_K(x)=\sup\{A(x_1,\cdots,x_{K+1}):x_1,\cdots,x_{K+1}\in P_G(x)\}$$

$$F_n(G)=\left\{x\in\widetilde{\mathscr{A}}:D_K(x)\geqslant\frac{1}{n}\right\}$$

下证 $F_n(G)$在 $\widetilde{\mathscr{A}}$ 是闭集

$\forall\ x_k\in F_n(G)$，$x_k\to x_0\in\widetilde{\mathscr{A}}$，由于$G$ 是 $\widetilde{\mathscr{A}}$ 逼近紧的，故$P_G(x_k)$紧，从而存在 $g_1^k,\cdots,g_{K+1}^k\in P_G(x_k)$使

$$A(g_1^k,\cdots,g_{K+1}^k)\geqslant\frac{1}{n},\quad k=1,2,\cdots$$

由于

$$d_G(x_0)\leqslant\|g_i^k-x_0\|\leqslant\|g_i^k-x_k\|+\|x_k-x_0\|$$
$$=d_G(x_k)+\|x_k-x_0\|$$

故

$$\lim_k\|g_i^k-x_0\|=d_G(x_0),\quad i=1,2,\cdots,K+1$$

由 G 的逼近紧性知，可设

$$g_i^k \to g_i \in P_G(x_0), \quad i = 1,2,\cdots,K+1$$

由引理 3.3 得

$$A(g_1,\cdots,g_{K+1}) \geqslant \frac{1}{n}$$

故 $D_K(x_0) \geqslant \frac{1}{n}$. 所以 $x_0 \in F_n(G)$，即 $F_n(G)$ 闭.

另一方面，$\forall\ x_0 \in F_n(G)$，则 $x_0 \in \mathscr{A}$. 从而对 x 的任何邻域 $\cup(x_0)$，必存在 $x \in (x_0, y_{x_0})$，使

$$\dim P_G(x) < K$$

即 $x \overline{\in} F_n(G)$. 由此即得 $F_n(G)$ 在 $\widetilde{A}$ 中是疏朗集

由于 $X \backslash \widetilde{A}$ 是第一纲集，从而 $F_n(G)$ 在 X 中是疏朗集，而

$$U_G^k \supset \widetilde{A} \backslash \bigcup_{n=1}^{\infty} F_n(G)$$

故

$$X \backslash U_G^k \subset (X \backslash \widetilde{A}) \cup \left(\bigcup_{n=1}^{\infty} F_n(G) \right)$$

是第一纲集. 因此，G 是几乎 K - Chebyshev 子集. 证毕.

由于 K 局一致凸空间必有 H 性质，且 K 严格凸，所以我们有

定理 3.3 自反 K 局一致凸空间中的每个闭子集必是几乎 K - Chebyshev 子集.

第四节 评注与参考文献

第一节中的 Banach 空间中的几乎 Chebyshev 子集这一性质首先由 Stechkin[14] 研究. 但最先使用"几乎 Chebyshev"这一名称似乎应是 Garkavi[5]. 他证明了 i) 每个可分的 Banach 空间均存在任何有限维的几乎 Chebyshev 子空间. ii) 任何自反的 Banach 空间均存在无限维的几乎 Chebyshev 子空间，并指出上述结果中，条件可分和自反都是不可去的. 事实上，存在非可分的 Banach 空间，其中没有任何几乎 Chebyshev 子空间.

对于一些具体空间，几乎 Chebyshev 子空间的性质也有不少研究. Garkavi[6] 刻划了 $C(\Omega)$ 中有限维几乎 Chebyshev 子空间的

特征．Rozema[12]证明了 Co 中的几乎 Chebyshev 子空间必是 Chebyshev 子空间．Rozema[13]还证明了 Bochner 可积函数空间 $L_1(\mu, X)$中，任何有限维凸子集均是几乎 Chebyshev 子集，其中 μ 是无原子测度，X 是任何 Banach 空间．

本节内容主要由 Stechkin[14]和 Garkavi[5]的有关结果综合而得．

第二节中的一致凸 Banach 空间的几乎 Chebyshev 集的结果属于 Stechkin[14]，而局一致凸空间中几乎 Chebyshev 集结果应归于 K. S. Lau[9]，其中命题 2.1 是由 Ekeland[3]所给．命题 2.3 取自 Ekeland，Lebourg[4]，而例 2.1 则属于 Edelstein[2]，这里问题的处理有所不同．

关于在序列同时逼近中的应用的结果由李冲所给[11]

第三节的内容基本上取自李冲的文章[12]，而其中的例 3.1 和引理 3.2 则属于 Brosowski，Deutsch[1].

关于几乎 Chebyshev 集的其它研究还可参看文献[7—8].

参 考 文 献

[1] B. Brosowski and F. Deutsch (1974), Radial continuity of set-valued metric projections, J. Approx. Theory, 11, 236—253.

[2] M. Edlstein (1976), Weakly proximal sets, J. Approx. Theory, 18, 1—8.

[3] I. Ekeland (1974), On variational principle, J. Math. Anal. Appl., 47, 324—353.

[4] I. Ekeland and G. Lebourg (1976), Generic Frechet—differentiability and perturbed optimization problems in Banach spaces, Trans. Amer. Math. Soc., 224, 193—216.

[5] A. Garkavi (1964), On Chebyshev and almost Chebyshev subspaces, Izv. Akad. Nauk. SSSR. Ser Mat., 28, 799—818. Translated in Amer. Math. Soc. Transl., 96 (1970), 153—175.

[6] A. Garkavi (1965), Almost Chebyshev systems of Continuous functions. Izv. Vyssh, Uchebn Zaved Mat., 45, 36—44. Translated in Amer. Math. Soc. Transl., 96 (1970), 177—187.

[7] K. S. Lau (1977), On almost Chebyshev subspaces, J. Approx. Theory, 21, 319—327.

[8] K. S. Lau (1978), Best approximation by closed in Banach spaces, J. Approx. Theory, 23, 29—36.

[9] K. S. Lau (1978), Almost Chebyshev subsets in reflexive Banach spaces, Indiana Univ. Math. J., 27, 791—795.

[10] 李 冲 (1990), 几乎 K - Chebyshev 子集, 数学学报, 33, 252—259.

[11] 李 冲 (1995), 若干非线性逼近问题之研究, 杭州大学博士论文, 1—18.

[12] E. Rozema (1974), Almost Chebyshev subspaces, lower semi - continuity, and unique Hahn - Banach extension, Proc. Amer. Math. Soc.

[13] E. Rozema (1974), Almost Chebyshev subspaces of $L^1(\mu, E)$, Pacific J. Math., 53, 585—604.

[14] S. Stechkin (1963), Approximation properties of sets in normed linear spaces, Rev. Math. Pures Appl., 8, 5—18 (Russian).

第七章　非线性优化及其应用

设 X 是线性赋范空间，φ 是定义在 X 上的连续凸函数．对 X 的子集 G，考虑非线性优化问题：

$$(\varphi,G):\inf_{g\in G}\varphi(g)$$

若取 $\varphi=\varphi_x(\cdot)=\|x-\cdot\|$，则易见非线性优化问题 (φ,G) 是一般非线性逼近问题的推广．本章第一节将研究非线性优化的定性理论，其中包括最优解的特征，唯一性和强唯一性等．第二和第三节将应用非线性优化的一般结果来研究在 80 年代相当活跃的联合逼近和同时逼近问题．

第一节　非线性优化理论

设 X 是线性空间，φ 是定义在 X 上的凸函数，G 是 X 的子集．对于优化问题

$$(\varphi,G):\inf_{g\in G}\varphi(g)$$

若 $g_0\in G$，满足

$$\varphi(g_0)=\inf_{g\in G}\varphi(g)$$

则称 g_0 是 (φ,G) 的最优解．这样的 g_0 全体记为 $P(\varphi,G)$，即

$$P(\varphi,G)=\{g_0\in G:\varphi(g_0)=\inf_{g\in G}\varphi(g)\}$$

若 $P(\varphi,G)$ 的单点集，则称 (φ,G) 的最优解是唯一的．

本节将分别讨论最优解的特征刻划，存在性，唯一性和强唯一性等问题．

一、最优解的特征

为讨论方便，我们引入下述记号

$$\varphi'(g_0,g)=\lim_{t\to 0+}\frac{\varphi(g_0+tg)-\varphi(g_0)}{t}$$

$$\widetilde{G}_{g_0}=\bigcup_{g\in G}[g_0,g]=\bigcup_{g\in G}\{g_\lambda=g_0+\lambda(g-g_0):\lambda\in[0,1]\}$$

若 X 是线性拓扑空间，则令

$$\partial\varphi(g_0)=\{f\in X^*:\mathrm{Re}f(y-g_0)\leqslant\varphi(y)-\varphi(g_0),\forall\ y\in X\}$$

其中 X^* 是 X 上的连续线性泛函全体.

定义 1.1 若由 $g_0\in P(\varphi,G)$ 推出 $g_0\in P(\varphi,\widetilde{G}_{g_0})$，则称 g_0 是 G 的 φ 太阳点；若 G 中的每一点都是 φ 太阳点，则称 G 是 φ 太阳.

首先，我们给出一个最一般的特征定理.

定理 1.1 设 X 是线性空间，φ 是 X 上的凸函数，$g_0\in G$，则下述论断等价.

i) g_0 是 G 的 φ 太阳点；

ii) $g_0\in P(\varphi,G)\Longleftrightarrow\forall\ g\in G$,

$$\varphi'(g_0,g-g_0)\geqslant 0$$

证 i)⇒ii).

由 i) 知，若 $g_0\in P(\varphi,G)$，则 $g_0\in P(\varphi,\widetilde{G}_{g_0})$. 于是 $\forall\ g\in G$ 有

$$\varphi(g_0+\lambda(g-g_0))\geqslant\varphi(g_0),\quad \lambda\in[0,1]$$

所以 $\forall\ \lambda\in(0,1]$ 有

$$\frac{\varphi(g_0+\lambda(g-g_0))-\varphi(g_0)}{\lambda}\geqslant 0$$

故

$$\varphi'(g_0,g-g_0)\geqslant 0$$

反之，若

$$\varphi'(g_0,g-g_0)\geqslant 0,\qquad \forall\ g\in G$$

由于 φ 是凸的，故当 $0<s<t$ 时，有

$$\varphi(g_0+s(g-g_0))=\varphi\left[\frac{s}{t}(g_0+t(g-g_0))+\frac{t-s}{t}g_0\right]$$

$$\leqslant\frac{s}{t}\varphi(g_0+t(g-g_0))+\frac{t-s}{t}\varphi(g_0)$$

所以

$$\frac{\varphi(g_0 + s(g - g_0)) - \varphi(g_0)}{s} \leqslant \frac{\varphi(g_0 + t(g - g_0)) - \varphi(g_0)}{t}$$

从而　当 $\lambda \downarrow 0$ 时

$$\frac{\varphi(g_0 + \lambda(g - g_0)) - \varphi(g_0)}{\lambda} \downarrow \varphi'(g_0, g - g_0)$$

由 $\varphi'(g_0, g - g_0) \geqslant 0$ 可得，$\varphi(g) \geqslant \varphi(g_0)$，故 $g_0 \in P(\varphi, G)$.

ii) $\Rightarrow$ i).

设 $g_0 \in P(\varphi, G)$，由 ii)

$$\varphi'(g_0, g - g_0) \geqslant 0, \quad \forall g \in G$$

所以对 $\forall \lambda \in (0, 1]$ 有

$$\frac{\varphi(g_0 + \lambda(g - g_0)) - \varphi(g_0)}{\lambda} \geqslant 0$$

因而

$$\varphi(g_0 + \lambda(g - g_0)) \geqslant \varphi(g_0), \quad \forall \lambda \in [0, 1]$$

即 $g_0 \in P(\varphi, \widetilde{G}_{g_0})$，故 g_0 是 G 的 φ 太阳点. 证毕.

引理 1. 1　设 X 是线性拓扑空间，φ 是 X 上的连续凸函数，则 $\partial \varphi(g_0)$ 是 X^* 中的非空弱*紧凸集.

证　显然，$\partial \varphi(g_0)$ 是 X^* 中的弱*闭凸集，故我们只需证 $\partial \varphi(g_0)$ 不空和相对紧.

先证 $\partial \varphi(g_0)$ 不空，由 φ 是凸，故 $\forall x \in X$，$\varphi'(g_0, x)$ 存在，且由 $\varphi'(g_0, x)$ 的正齐性和次可加性（关于 x），有

$$\varphi'(g_0 - x) + \varphi'(g_0, x) \geqslant \varphi'(g_0, 0) = 0$$

从而

$$\varphi'(g_0, x) \geqslant -\varphi'(g_0, -x)$$

任取 $x_0 \in X$，及满足

$$\varphi'(g_0, x_0) \geqslant \alpha \geqslant -\varphi'(g_0, -x_0)$$

的 α，并在 $X_1 = \{tx_0 : t \in R\}$ 上作实线性泛函

$$f_1(x) = f(tx_0) = t\alpha, \quad \forall x = tx_0 \in X_1$$

这样，对 $x = tx_0$，当 $t \geqslant 0$ 时

$$f_1(x)=t\alpha\leqslant t\varphi'(g_0,x_0)$$
$$=\varphi'(g_0,tx_0)=\varphi'(g_0,x)$$

而当 $t<0$ 时

$$f_1(x)=t\alpha=-|t|\alpha\leqslant|t|\varphi'(g_0,-x_0)$$
$$=\varphi'(g_0,tx_0)$$
$$=\varphi'(g_0,x)$$

所以

$$f_1(x)\leqslant\varphi'(g_0,x),\qquad\forall x\in X_1$$

由 Hahn-Banach 定理，在 X 上存在线性泛函 f，满足

$$f(x)=f_1(x),\qquad\forall x\in X_1$$
$$f(x)\leqslant\varphi'(g_0,x),\qquad x\in X$$

令

$$F(x)=f(x)-if(ix),\qquad\forall x\in X$$

则 F 是 X 上的复线性泛函，且满足

$$\mathrm{Re}F(x)\leqslant\varphi'(g_0,x),\qquad\forall x\in X$$

由于当 $t\downarrow 0$ 时

$$\frac{\varphi(g_0+tx)-\varphi(g_0)}{t}\downarrow\varphi'(g_0,x)$$

所以

$$\varphi(g_0+x)-\varphi(g_0)\geqslant\varphi'(g_0,x)$$

从而

$$\mathrm{Re}F(x)\leqslant\varphi(g_0+x)-\varphi(g_0),\qquad\forall x\in X$$

即

$$\mathrm{Re}(F(y)-F(g_0))\leqslant\varphi(y)-\varphi(g_0),\qquad\forall y\in X$$

由于

$$|F(x)|=\mathrm{sgn}F(x)\cdot F(x)=F(\beta x)$$
$$=\mathrm{Re}F(\beta x)\leqslant\varphi(g_0+\beta x)-\varphi(g_0)$$

且 φ 在 g_0 处连续，所以 F 在 $x=0$ 处连续，从而 $F\in\partial\varphi(g_0)$，其

中 $\beta=\mathrm{sgn}F(x)$.

再证 $\partial\varphi(g_0)$ 是弱*紧，由于 φ 在 g_0 处连续，故存在 0 的均衡邻域 U_0，使当 $x\in U_0$ 时

$$|\varphi(g_0+x)-\varphi(g_0)|<1$$

对 $\forall\ F\in\partial\varphi(g_0)$，$x\in U_0$，令 $\beta=\mathrm{sgn}F(x)$；则

$$|F(x)|=F(\beta x)=\mathrm{Re}F(\beta x)\leqslant|\varphi(g_0+\beta x)-\varphi(g_0)|\leqslant 1$$

即

$$\partial\varphi(g_0)\subset\{F\in X^*:|F(x)|\leqslant 1,\forall\ x\in U_0\}$$

而后者是 X^* 中的弱*紧集，故 $\partial\varphi(g_0)$ 是相对弱*紧，从而引理成立．证毕．

注 1.1 由引理 1.1 知，若 X 上存在非常值的连续凸函数，则必有足够多的定义在 X 上的连续线性泛函存在．

引理 1.2 设 X 是拓扑线性空间，φ 是 X 上的连续凸函数，则

$$\varphi'(g_0,x)=\max_{f\in\varepsilon(\partial\varphi(g_0))}\mathrm{Re}f(x)$$

$$=\max_{f\in\partial\varphi(g_0)}\mathrm{Re}f(x)$$

其中 $\varepsilon(\partial\varphi(g_0))$ 表示 $\partial\varphi(g_0)$ 的端点全体．

证 先证

$$\varphi'(g_0,x)=\max_{f\in\partial\varphi(g_0)}\mathrm{Re}f(x)$$

由于 $\partial\varphi(g_0)$ 是弱*紧，故 $\mathrm{Re}f(x)$ 在 $\partial\varphi(g_0)$ 中的最大值必可取到．因此，我们只需证

$$\varphi'(g_0,x)=\sup_{f\in\partial\varphi(g_0)}\mathrm{Re}f(x)$$

首先，由于 $\forall\ f\in\partial\varphi(g_0)$ 有

$$\mathrm{Re}f(x)=\frac{1}{t}\mathrm{Re}[f(g_0+tx)-f(g_0)]$$

$$\leqslant\frac{\varphi(g_0+tx)-\varphi(g_0)}{t},\forall\ t>0$$

所以

$$\mathrm{Re}f(x)\leqslant\varphi'(g_0,x),\qquad\forall\ f\in\partial\varphi(g_0)$$

从而

$$\sup_{f \in \partial \varphi(g_0)} \mathrm{Re} f(x) \leqslant \varphi'(g_0, x)$$

若等号不成立，则取 α 满足

$$\sup_{f \in \partial \varphi(g_0)} \mathrm{Re} f(x) < \alpha < \varphi'(g_0, x)$$

在 $X_1 = \{tx : t \in R\}$ 上作实线性泛函

$$f_1(tx) = t\alpha, \qquad \forall\, t \in R$$

则当 $t \geqslant 0$ 时

$$f_1(tx) \leqslant \varphi'(g_0, tx)$$

而当 $t < 0$ 时，由于

$$\max_{f \in \partial \varphi(g_0)} \mathrm{Re} f(-x) \leqslant \varphi'(g_0, -x)$$

因而

$$-\varphi'(g_0, -x) \leqslant -\max_{f \in \partial \varphi(g_0)} \mathrm{Re} f(-x) = \min_{f \in \partial \varphi(g_0)} \mathrm{Re} f(x) < \alpha$$

故

$$f_1(tx) = -|t|\alpha < |t|\varphi'(g_0, -x)$$
$$= \varphi'(g_0, -|t|x) = \varphi'(g_0, tx)$$

如引理 1.1 可证，存在 $F \in \partial \varphi(g_0)$，使

$$\mathrm{Re} F(x) = f_1(x) = \alpha$$

与

$$\sup_{f \in \partial \varphi(g_0)} \mathrm{Re} f(x) < \alpha$$

矛盾．因此

$$\max_{f \in \partial \varphi(g_0)} \mathrm{Re} f(x) = \varphi'(g_0, x)$$

下证

$$\max_{f \in \varepsilon(\partial \varphi(g_0))} \mathrm{Re} f(x) = \varphi'(g_0, x)$$

由 Krein - Milman 定理，$\varepsilon(\partial \varphi(g_0))$ 不空．记

$$\mu = \max_{f \in \partial \varphi(g_0)} \mathrm{Re} f(x)$$

$$\mathscr{B} = \{f \in \partial \varphi(g_0); \mathrm{Re} f(x) = \mu\}$$

则 $\mathscr{B}$ 是弱*紧闭凸集，且 $\mathscr{B}$ 是 $\partial \varphi(g_0)$ 的端子集，即 $\forall\, f_1, f_2 \in \partial \varphi(g_0)$，若存在 $\lambda \in (0,1)$，使 $\lambda f_1 + (1-\lambda) f_2 \in \mathscr{B}$，则 $f_1, f_2 \in \mathscr{B}$．

这样
$$\varepsilon(\mathscr{B}) = \varepsilon(\partial\varphi(g_0)) \bigcap \dot{\mathscr{B}}$$
故存在 $f_0 \in \varepsilon(\partial\varphi(g_0))$，使
$$\mathrm{Re}f_0(x) = \mu$$
即
$$\max_{f \in \varepsilon(\partial\varphi(g_0))} \mathrm{Re}f(x) = \max_{f \in \partial\varphi(g_0)} \mathrm{Re}f(x) = \varphi'(g_0, x)$$
证毕．

由引理 1.1，1.2 和定理 1.1 立即得

定理 1.2 设 X 是线性拓扑空间，φ 是 X 上的连续凸函数，G 是 X 的子集，$g_0 \in G$，则下述论断等价．

(1) g_0 是 G 的 φ 太阳点，

(2) $g_0 \in P(\varphi, G) \Longleftrightarrow \forall\ g \in G$
$$\varphi'(g, g - g_0) \geqslant 0$$

(3) $g_0 \in P(\varphi, G) \Longleftrightarrow \forall\ g \in G$
$$\max_{f \in \partial\varphi(g_0)} \mathrm{Re}f(g - g_0) \geqslant 0$$

(4) $g_0 \in P(\varphi, G) \Longleftrightarrow \quad \forall\ g \in G$
$$\max_{f \in \varepsilon(\partial\varphi(g_0))} \mathrm{Re}f(g - g_0) \geqslant 0$$

二、最优解的存在性

为研究最优解的存在性，我们给出 G 的 φ 逼近紧概念．

定义 1.2 设 G 是拓扑线性空间 X 中的子集，φ 是 X 上的凸连续函数．若对 G 中的任一序列 $\{g_n\}$，满足
$$\lim_n \varphi(g_n) = \inf_{g \in G} \varphi(g)$$
必存在子序列 $\{g_{n_k}\}$，使 $g_{n_k} \xrightarrow{\tau} g_0 \in G$，则称 G 是 φ-τ 逼近紧的，其中 τ 是指强收敛或弱收敛．

定理 1.3 设 G 是拓扑线性空间 X 中的 φ-弱逼近紧子集，则 (φ, G) 有最优解．

证 取 $\{g_n\} \subset G$ 是 φ 的极小化序列，即

$$\lim_n \varphi(g_n) = \inf_{g\in G} \varphi(g)$$

由于 G 是 φ-弱逼近紧，故存在子列，不妨仍记为 $\{g_n\}$，使 $g_n \xrightarrow{w} g_0 \in G$，任取 $f \in \partial\varphi(g_0)$，则

$$\mathrm{Re} f(g_n - g_0) \leqslant \varphi(g_n) - \varphi(g_0)$$

令 $n \to \infty$，则得

$$\varphi(g_0) \leqslant \inf_{g\in G} \varphi(g)$$

所以 g_0 是 (φ, G) 的最优解．证毕．

定理 1．4 设 G 是拓扑线性空间 X 中的有界弱序列紧子集，对任何 X 上的凸连续函数 φ，若 $\lim_{\|x\| \to +\infty} \varphi(x) = +\infty$，则 G 是 φ-弱逼近紧，从而 (φ, G) 有最优解．

证 事实上，对 φ 的任何极小化序列 $\{g_n\}$，$\{g_n\}$ 必是有界的．否则，必有子列 $\{g_{n_k}\}$，使 $\| g_{n_k} \| \to +\infty$，从而

$$\lim_k \varphi(g_{n_k}) = \infty$$

与 $\varphi(g_{n_k}) \to \inf_{g\in G} \varphi(g)$ 矛盾．这样由 G 是有界弱序列紧，立即可得 G 是 φ-弱逼近紧．证毕．

推论 1．1 设 X 是自反的 Banach 空间，G 是 X 中的弱闭子集，对 X 上的任何凸连续函数 φ，若 $\lim_{\|x\| \to +\infty} \varphi(x) = +\infty$，则 (φ, G) 有最优解．

注 1．2 定理 1．4 和推论 1．1 中，条件 $\lim_{\|x\| \to +\infty} \varphi(x) = +\infty$ 不能省．事实上，对 $X = R$，$G = R^+ = [0, +\infty)$，

$$\varphi(x) = \begin{cases} \dfrac{1}{x}, & x \geqslant 1 \\ 2 - x, & x < 1 \end{cases}$$

则 $\inf_{g\in G} \varphi(g) = 0$，但 $\forall g \in G$，$\varphi(g) > 0$，故 (φ, G) 没有最优解．

三、最优解的唯一性

为给出最优解的唯一性定理，我们引入凸函数的严格凸和一致凸概念．

定义1．3 设X是线性空间，G是X的子集，φ是X上的凸函数．若$\forall\ x,y\in G,x\neq y,\varphi(x)=\varphi(y)$，有

$$\varphi\left(\frac{1}{2}(x+y)\right)<\frac{1}{2}\varphi(x)+\frac{1}{2}\varphi(y)$$

则称φ是关于G严格凸的．

若存在μ：$X\to R^{+}=[0,+\infty)$，满足

$$\mu(x)=0\Longleftrightarrow x=0$$

使对$\forall\ x$，$y\in G$，$\lambda\in[0,1]$，有

$$\begin{aligned}&\varphi(\lambda x+(1-\lambda)y)\\&\quad\leqslant\lambda\varphi(x)+(1-\lambda)\varphi(y)-\lambda(1-\lambda)\mu(x-y),\end{aligned}$$

则称φ是关于G一致凸的．

特别地，若X是赋范线性空间，$\mu(x)=d\cdot\|x\|^{p}$，则称φ关于G是p一致凸，其中d是一常数．

定理1．5 设X是线性空间，G是X的子集，φ是X上的凸函数，若G是φ太阳集，φ关于G严格凸，则(φ,G)至多只有一个最优解．

证 反设存在$g_1,g_2\in G,g_1\neq g_2$，使$g_1,g_2\in P(\varphi,G)$，则$\varphi(g_1)=\varphi(g_2)$．从而

$$\varphi\left(\frac{1}{2}(g_1+g_2)\right)<\frac{1}{2}\varphi(g_1)+\frac{1}{2}\varphi(g_2)=\inf_{g\in G}\varphi(g)$$

由于G是φ太阳集，从而$g_1\in P(\varphi,\widetilde{G}_{g_1})$，故

$$\varphi(g_1)\leqslant\varphi\left(\frac{1}{2}(g_1+g_2)\right)$$

矛盾．

定理1．6 设X是线性空间，φ是X上的凸函数．若G是φ太阳集，φ关于G一致凸，则对$\forall\ g_0\in P(\varphi,G)$有

$$\varphi(g_0) \leqslant \varphi(g) - \mu(g - g_0), \forall\, g \in G$$

证 由于 G 是 φ 太阳，$g_0 \in P$（φ，G），从而 $\forall\, g \in G$ 有

$$\varphi(g_0) \leqslant \varphi(\lambda g_0 + (1-\lambda)g), \forall\, \lambda \in [0,1]$$

由 φ 关于 G 一致凸知，$\forall\, \lambda \in$（0，1），有

$$\varphi(g_0) \leqslant \lambda\varphi(g_0) + (1-\lambda)\varphi(g) - \lambda(1-\lambda)\mu(g - g_0)$$

即

$$\varphi(g_0) \leqslant \varphi(g) - \lambda\mu(g - g_0)$$

令 $\lambda \to 1$，即得定理结论．证毕．

推论 1．2 若 X 是赋范线性空间，φ 是 X 上的凸函数，G 是 φ 太阳集，若 φ 关于 G p 一致凸，$g_0 \in P$（φ，G），则存在常数 $d>0$，使

$$\varphi(g_0) \leqslant \varphi(g) - d\,\| g - g_0 \|^p, \forall\, g \in G$$

四、最优解的强唯一常数

设 X 是赋范线性空间，φ 是凸函数，G 是 X 的子集，$g_0 \in G$．若

$$\varphi(g_0) \leqslant \varphi(g) - C\,\| g - g_0 \|, \forall\, g \in G$$

则称 g_0 是优化问题（φ，G）的强唯一最优解，满足上述不等式的最大常数 C 称为（φ，G）的强唯一常数．

为讨论强唯一常数，我们引入记号

$$S_{g_0}(\varphi,G) = \inf_{\substack{g\in G\\ g\neq g_0}} \frac{\varphi(g) - \varphi(g_0)}{\| g - g_0 \|}$$

$$S_{\delta,g_0}(\varphi,G) = \inf_{\substack{g\in G\\ 0<\| g-g_0 \|<\delta}} \frac{\varphi(g) - \varphi(g_0)}{\| g - g_0 \|}$$

显然，若 $S_{g_0}(\varphi,G)>0$，则 g_0 是(φ,G)的强唯一最优解，且(φ,G)的强唯一常数为 $S_{g_0}(\varphi,G)$．类似地，若 $S_{\delta,g_0}(\varphi,G)>0$，则

$$\varphi(g_0) \leqslant \varphi(g) - \delta_{\delta,g_0}(\varphi,G)\,\| g - g_0 \|, \forall\, g \in \dot{B}(g_0,\delta) \cap G$$

即 g_0 是(φ,G)的局部强唯一最优解．反之也真，因此，$S_{\delta,g_0}(\varphi,G)$称

为 (φ, G) 关于 g_0 的局部强唯一常数.

进一步，我们定义

$$K_{g_0}(\varphi,G)=\inf_{\substack{g\in G\\ g\neq g_0}}\varphi'\left(g_0,\frac{g-g_0}{\|g-g_0\|}\right)$$

$$K_{\delta,g_0}(\varphi,G)=\inf_{\substack{g\in G\\ 0<\|g-g_0\|<\delta}}\varphi'\left(g_0,\frac{g-g_0}{\|g-g_0\|}\right)$$

显然，由引理 1.2，若 φ 是连续凸函数，则

$$\begin{aligned}K_{g_0}(\varphi,G)&=\inf_{\substack{g\in G\\ g\neq g_0}}\max_{f\in\partial\varphi(g_0)}\mathrm{Re}f\left(\frac{g-g_0}{\|g-g_0\|}\right)\\&=\inf_{\substack{g\in G\\ g\neq g_0}}\max_{f\in\varepsilon(\partial\varphi(g_0))}\mathrm{Re}f\left(\frac{g-g_0}{\|g-g_0\|}\right)\end{aligned}$$

$$\begin{aligned}K_{\delta,g_0}(\varphi,G)&=\inf_{\substack{g\in G\\ 0<\|g-g_0\|<\delta}}\max_{f\in\partial\varphi(g_0)}\mathrm{Re}f\left(\frac{g-g_0}{\|g-g_0\|}\right)\\&=\inf_{\substack{g\in G\\ 0<\|g-g_0\|<\delta}}\max_{f\in\varepsilon(\partial\varphi(g_0))}\mathrm{Re}f\left(\frac{g-g_0}{\|g-g_0\|}\right).\end{aligned}$$

为给出上述各常数之间的关系，我们先介绍 G 在 g_0 处（按 Dubovitsky-Miljutin 意义）的切锥：

$$C(g_0,G)=\{h\in x:\exists\ t_n\to 0,g_n\in G,\ 使\ \|g_n-g_0+t_nh\|=o(t_n)\}$$

或等价地：

$$C(g_0,G)=\{h\in x:\exists\ t_n\to\infty,g_n\in G,使\ t_n(g_n-g_0)\to h\}$$

这样我们可以给出下面的定理.

定理 1.7 设 φ 是赋范线性空间 X 上的凸函数，G 是 X 的子集，$g_0\in G$，则

$$\begin{aligned}K_{g_0}(\varphi,G)&\leqslant\min\{K_{\delta,g_0}(\varphi,G),S_{g_0}(\varphi,G)\}\\&\leqslant\max\{K_{\delta,g_0}(\varphi,G),S_{g_0}(\varphi,G)\}\leqslant S_{\delta,g_0}(\varphi,G)\end{aligned}$$

另外，若 $C(g_0,G)\neq\{0\}$，φ 连续，则

$$S_{\delta,g_0}(\varphi,G)\leqslant K_{g_0}(\varphi,g_0+C(g_0,G))$$

证 为叙述方便，将$K_{g_0}(\varphi,G)S_{g_0}(\varphi,G)$等简记为$K_{g_0}$，$S_{g_0}$等.

按K_{g_0}的定义，对$\forall\ g\in G\backslash\{g_0\}$，有

$$\varphi'(g_0,g-g_0)\geqslant K_{g_0}\|g-g_0\|$$

由于当$t\downarrow 0$时

$$\frac{\varphi(g_0+t(g-g_0))-\varphi(g_0)}{t}\downarrow\varphi'(g_0,g-g_0)$$

故

$$\frac{\varphi(g)-\varphi(g_0)}{\|g-g_0\|}\geqslant\varphi'\left(g_0\ \frac{g-g_0}{\|g-g_0\|}\right)\geqslant K_{g_0}$$

所以

$$K_{g_0}\leqslant S_{g_0}$$

再以$\dot{B}(g_0,\delta)\cap G$代$G$，由上所证，得

$$K_{\delta,g_0}\leqslant S_{\delta,g_0}$$

注意到显然的不等式：

$$K_{g_0}\leqslant K_{\delta,g_0},\quad S_{g_0}\leqslant S_{\delta,g_0}$$

有

$$K_{g_0}\leqslant\min\{K_{\delta,g_0},S_{g_0}\}\leqslant\max\{K_{\delta,g_0},S_{g_0}\}\leqslant S_{\delta,g_0}$$

故定理的第一个论断成立.

进一步，若$C(g_0,G)\neq\{0\}$，则$\forall\ h\in C(g_0,G)$，$\|h\|=1$存在$g_n\in G$，$t_n\in R^+$，满足

$$t_n\to\infty,\qquad t_n(g_n-g_0)\to h$$

$\forall\ \delta>0$，取n充分大，使$\|g_n-g_0\|<\delta$，从而

$$\frac{\varphi(g_n)-\varphi(g_0)}{\|g_n-g_0\|}\geqslant S_{\delta,g_0}$$

由于

$$\frac{\varphi(g_n)-\varphi(g_0)}{\|g_n-g_0\|}=\frac{t_n[\varphi(g_n)-\varphi(g_0+\frac{1}{t_n}h)]}{\|t_n(g_n-g_0)\|}$$

$$+\frac{1}{\|t_n(g_n-g_0)\|}\cdot\frac{\varphi\left(g_0+\frac{1}{t_n}h\right)-\varphi(g_0)}{\frac{1}{t_n}}$$

这样，若能证明

$$t_n[\varphi(g_n)-\varphi(g_0+\frac{1}{t_n}h)]\to 0$$

则有

$$\frac{\varphi(g_n)-\varphi(g_0)}{\|g_n-g_0\|}\to\phi(g_0,h)$$

取 $f_n\in\partial\varphi(g_n),\tilde{f}_n\in\partial\varphi\left(g_0+\frac{1}{t_n}h\right)$，则

$$\operatorname{Re}\tilde{f}_n(g_n-g_0-\frac{1}{t_n}h)\leqslant\varphi(g_n)-\varphi(g_0+\frac{1}{t_n}h)$$

$$\leqslant\operatorname{Re}f_n(g_n-g_0-\frac{1}{t_n}h)$$

即

$$\operatorname{Re}\tilde{f}_n(t_n(g_n-g_0)-h)\leqslant t_n[\varphi(g_n)-\varphi(g_0+\frac{1}{t_n}h)]$$

$$\leqslant\operatorname{Re}f(t_n(g_n-g_0)-h)$$

注意到 $\partial\varphi$ 是局部有界，故对充分大的 n，有 $M>0$ 使

$$\|f_n\|\leqslant M,\quad\|\tilde{f}_n\|\leqslant M,\quad n=1,2,\cdots$$

从而由 $t_n(g_n-g_0)\to h$ 知

$$t_n[\varphi(g_n)-\varphi(g_0+\frac{1}{t_n}h)]\to 0$$

所以

$$\frac{\varphi(g_n)-\varphi(g_0)}{\|g_n-g_0\|}\to\phi(g_0,h)$$

且

$$\phi(g_0,h)\geqslant S_{\delta,g_0}$$

由于 $h\in C(g_0,G)$，$\|h\|=1$ 是任意的，故

$$S_{\delta,g_0}\leqslant\inf_{\substack{h\in C(g_0,G)\\ \|h\|=1}}\phi(g_0,h)$$

这样，$\forall\ g\in g_0+C(g_0,G),g\neq g_0$，由 $h=\dfrac{g-g_0}{\|g-g_0\|}\in C(g_0,G)$ 知

$$S_{\delta,g_0} \leqslant \inf_{\substack{g \in g_0 + C(g_0,G) \\ g \neq g_0}} \varphi\left(g_0, \frac{g - g_0}{\|g - g_0\|}\right)$$

$$= K_{g_0}(\varphi, g_0 + C(g_0,G))$$

证毕.

推论 1.3 若 $G \subset g_0 + C(g_0,G)$，则对 X 上的任何连续凸函数有

$$K_{g_0}(\varphi,G) = S_{g_0}(\varphi,G) = K_{\delta,g_0}(\varphi,G)$$
$$= S_{\delta,g_0}(\varphi,G) = K_{g_0}(\varphi, g_0 + C(g_0,G))$$

推论 1.4 设 $G \subset X$，$g_0 \in G$ 是 G 的星形点(即 $\forall\, g \in G, [g_0, g] \subset G$)，则对 X 上的任何凸连续泛函有

$$K_{g_0}(\varphi,G) = S_{g_0}(\varphi,G) = K_{\delta,g_0}(\varphi,G)$$
$$= S_{\delta,g_0}(\varphi,G) = K_{g_0}(\varphi, g_0 + C(g_0,G))$$

证 $\forall\, g \in G$，$h = g - g_0$，取

$$g_n = (1 - t_n)g_0 + t_n g$$

则

$$g_n - g_0 - t_n h = 0$$

所以 $h \in C(g_0,G)$，故 $g \in g_0 + C(g_0,G)$. 由推论 1.3 得推论 1.4 之结果. 证毕.

定理 1.8 设 G 是 X 的子集，φ 是 X 上的连续凸函数，$g_0 \in G$，则下述论断等价.

i) $S_{g_0}(\varphi,G) > 0 \Rightarrow S_{g_0}(\varphi,\widetilde{G}_{g_0}) > 0$

ii) $S_{g_0}(\varphi,G) > 0 \Longleftrightarrow K_{g_0}(\varphi,G) > 0$

证 i) $\Rightarrow$ii).

由于

$$\widetilde{G}_{g_0} = \bigcup_{g \in G} [g_0, g]$$

故 g_0 是 $\widetilde{G}_{g_0}$ 的星形点，从而由推论 1.4 知

$$K_{g_0}(\varphi,\widetilde{G}_{g_0}) = S_{g_0}(\varphi,\widetilde{G}_{g_0})$$

而

$$K_{g_0}(\varphi,G)=K_{g_0}(\varphi,\widetilde{G}_{g_0})$$

故，若 $S_{g_0}(\varphi,G)>0$，则由 i) 知，$S_{g_0}(\varphi,\widetilde{G}_{g_0})>0$. 从而

$$K_{g_0}(\varphi,G)=K_{g_0}(\varphi,\widetilde{G}_{g_0})=S_{g_0}(\varphi,\widetilde{G}_{g_0})>0$$

反之，若 $K_{g_0}(\varphi,G)>0$，则由定理 1.7

$$S_{g_0}(\varphi,G)\geqslant K_{g_0}(\varphi,G)>0$$

故 ii) 成立.

ii) ⇒i).

若 $S_{g_0}(\varphi,G)>0$，则由 ii) 知，$K_{g_0}(\varphi,G)>0$. 从而

$$S_{g_0}(\varphi,\widetilde{G}_{g_0})=K_{g_0}(\varphi,\widetilde{G}_{g_0})=K_{g_0}(\varphi,G)>0$$

故 i) 成立. 证毕.

注 1.1 一般地，我们称满足定理 1.8 中 i) 条件的点 g_0 为 G 的 φ-强太阳点，而称满足 ii) 中条件的点 g_0 为 G 的 φ-强 Kolmogorov 点. 这样，定理 1.8 说明，g_0 是 G 的 φ-强太阳点 $\Longleftrightarrow g_0$ 是 G 的 φ-强 Kolmogoror 点.

为给出 K_{g_0} 与 K_{δ,g_0} 的关系，我们引进 G 的强切点概念：设 $C(g_0,G)$ 是 G 在 g_0 点的切锥，若

$$\lim_{\substack{g\to g_0\\ g\in G}}\frac{d(g,g_0+C(g_0,G))}{\|g-g_0\|}=0$$

则称 g_0 是 G 的强切点，或称 $g_0+C(g_0,G)$ 在 g_0 处强切于 G.

定理 1.9 设 φ 是 X 上的连续凸函数，G 是 X 的子集，$g_0+C(g_0,G)$ 在 g_0 处强切于 G，则对 $\forall\ \alpha\in(0,1)$，存在 $\delta_\alpha>0$，使

$$K_{\delta_\alpha,g_0}(\varphi,G)\geqslant(1-\alpha)K_{g_0}(\varphi,g_0+C(g_0,G))$$

证 因 g_0 是 G 的强切点，故 $C(g_0,G)\neq\{0\}$，且 $\forall\ \omega\in g_0+C(g_0,G)$，$\omega\neq g_0$，有

$$\sup_{f\in\partial\varphi(g_0)}\mathrm{Re}f\left(\frac{\omega-g_0}{\|\omega-g_0\|}\right)\geqslant K_{g_0}(\varphi,g_0+C(g_0,G))$$

为方便起见，我们记

$$K_{g_0}=K(\varphi,G),\qquad K'_{g_0}=K_{g_0}(\varphi,g_0+C(g_0,G))$$

由强切的定义，$\forall\ \varepsilon>0$，存在 $\delta_\varepsilon>0$，使当 $g\in G$，$\|g-g_0\|$

$<\delta_\varepsilon$时，有

$$d(g,g_0+C(g_0,G))<\varepsilon\|g-g_0\|$$

从而，存在$\omega\in g_0+C(g_0,G)$满足

$$\|\omega-g\|<\varepsilon\|g-g_0\|$$

而

$$\sup_{f\in\partial\varphi(g_0)}\mathrm{Re}f(g-g_0)=\sup_{f\in\partial\varphi(g_0)}[\mathrm{Re}f(\omega-g_0)-\mathrm{Re}f(\omega-g)]$$

$$\geqslant\sup_{f\in\partial\varphi(g_0)}\mathrm{Re}f(\omega-g_0)-\sup_{f\in\partial\varphi(g_0)}\|f\|\,\|\omega-g\|$$

且$\partial\varphi(g_0)$是X^*中的有界集，令$M=\sup\limits_{f\in\partial\varphi(g_0)}\|f\|$，则

$$\sup_{f\in\partial\varphi(g_0)}\mathrm{Re}f(g-g_0)\geqslant K'_{g_0}\|\omega-g_0\|-M\|\omega-g\|$$

$$\geqslant K'_{g_0}\|g-g_0\|-(M+K'_{g_0})\|\omega-g\|$$

$$\geqslant[K'_{g_0}-(M+K'_{g_0})\varepsilon]\|g-g_0\|$$

对$\forall\ \alpha\in(0,1)$，取$\varepsilon=\dfrac{\alpha K'_{g_0}}{M+K'_{g_0}}$，则我们有

$$\sup_{f\in\partial\varphi(g_0)}\mathrm{Re}f(g-g_0)\geqslant(1-\alpha)K'_g\|g-g_0\|$$

由于上式对所有满足$\|g-g_0\|<\delta_\varepsilon$的$g\in G$成立，故取$\delta_\alpha=\delta_\varepsilon$，则

$$K_{\delta_\alpha,g_0}\geqslant(1-\alpha)K'_{g_0}$$

证毕.

定理 1.10 设φ是X上的连续凸函数. $\forall\ a>0$，令

$$J_{g_0}(\varphi)=\{y\in X:\mathrm{Re}f(y)\leqslant a,\forall\ f\in\partial\varphi(g_0)\}$$

$$\mathrm{Con}(G-g_0)=\bigcup_{\lambda>0}\lambda(G-g_0)$$

则$K_{g_0}(\varphi,G)>0\Longleftrightarrow J_{g_0}(\varphi)\cap\mathrm{Con}(G-g_0)$有界.

证 “$\Leftarrow$”

因$J_{g_0}(\varphi)\cap\mathrm{Con}(G-g_0)$有界，则有$R>0$，使

$$J_{g_0}(\varphi)\cap\mathrm{Con}(G-g_0)\subset\mathring{B}(O,R)$$

于是对$\forall\ g\in G\setminus\{g_0\}$，有

$$R\cdot\frac{g-g_0}{\|g-g_0\|}\overline{\in}J_{g_0}(\varphi)\cap\mathrm{Con}(G-g_0)$$

而

$$R\frac{g-g_0}{\|g-g_0\|}\in \mathrm{Con}(G-g_0)$$

故

$$R\frac{g-g_0}{\|g-g_0\|}\overline{\in} J_{g_0}(\varphi)$$

从而

$$\sup_{f\in\partial\varphi(g_0)}\mathrm{Re}f\left(R\cdot\frac{g-g_0}{\|g-g_0\|}\right)>a$$

即

$$K_{g_0}(\varphi,G)\geqslant\frac{a}{R}$$

$\Rightarrow$

$\forall\ g\in G\setminus\{g_0\}$，$\alpha\in R^+$，若

$$\|\alpha(g-g_0)\|\geqslant\frac{2a}{K_{g_0}(\varphi,G)}$$

则由

$$\sup_{f\in\partial\varphi(g_0)}\mathrm{Re}f\left(\frac{g-g_0}{\|g-g_0\|}\right)\geqslant K_{g_0}(\varphi,G)>0$$

知，存在 $f_0\in\partial\varphi(g_0)$，使

$$\mathrm{Re}f_0\left(\frac{g-g_0}{\|g-g_0\|}\right)>\frac{1}{2}K_{g_0}(\varphi,G)$$

所以

$$\mathrm{Re}f_0(\alpha(g-g_0))>\frac{\alpha}{2}K_{g_0}(\varphi,G)\|g-g_0\|\geqslant a$$

即 $\alpha(g-g_0)\overline{\in}J_{g_0}(\varphi)$. 所以

$$J_{g_0}(\varphi)\cap\mathrm{Con}(G-g_0)\subset B\left(O,\frac{2a}{K_{g_0}(\varphi,G)}\right)$$

证毕.

定理 1.11 设 G 是 X 的线性子空间，φ 是 X 上的凸函数，若 φ 在 g_0 处是 Gateaux 可微，则 $S_{g_0}(\varphi,G)\leqslant 0$.

证 因 G 是线性子空间，从而由推论 1.4 知

$$K_{g_0}(\varphi,G) = S_{g_0}(\varphi,G)$$

而由 φ 在 g_0 处 Gateaux 可微得 $\partial\varphi(g_0)$ 为单点集，不妨设为 f_0. 从而

$$S_{g_0}(\varphi,G) = \inf_{\substack{g\in G\\ g\neq g_0}} \mathrm{Re} f_0\left(\frac{g-g_0}{\|g-g_0\|}\right)$$

若 $S_{g_0}(\varphi,G)>0$，则有

$$\mathrm{Re} f_0(g-g_0) > 0, \qquad \forall\, g\in G\backslash\{g_0\}$$

但当 $g\in G$ 时，$g_0\pm g\in G$，于是有

$$\mathrm{Re} f_0(\pm g) > 0$$

矛盾. 证毕.

注 1.2 定理 1.11 说明，若 φ 在 g_0 处 Gateaux 可微，且 G 是子空间，则 g_0 不可能是（φ，G）的强唯一最优解.

注 1.3 在赋范线性空间中，$\forall\, x\in X$，取 $\varphi_x(y)=\|x-y\|$，则 $\varphi_x(\cdot)$ 是 X 上的凸连续泛函，且优化问题等价于 G 对 x 的最佳逼近问题. 此时，我们不难证明下面的两个论断：

i) $\partial\varphi_x(g_0)=-M_{x-g_0}$

ii) g_0 是 G 的 φ_x 一太阳点$\Longleftrightarrow g_0$ 是 G 关于 x 的太阳点，即

$$g_0\in P_G(x)\Rightarrow g_0\in P_G(g_0+\alpha(x-g_0)),\forall\, \alpha\geqslant 0$$

这样，最佳逼近问题中许多基本的结果是本节定理的特例，读者不妨将本节的结果应用于 φ_x，并与前几章的相关结果作一比较. 另一方面，我们对最佳逼近的强唯一常数没有作深入的讨论，而将本节关于强唯一常数的结论应用于泛函 φ_x，可得许多关于强唯一常数的较为深刻的结果.

第二节　非线性联合逼近

在第二章中，我们已讨论了联合逼近的特征问题. 本节将作为非线性优化问题来再次研究 l_p-联合逼近问题.

设 X 是赋范线性空间，$1\leqslant N\leqslant+\infty$，$\lambda_i>0$，满足 $\sum_{i=1}^{N}\lambda_i=1$. 对

$p \geqslant 1$，沿用第二章的记号

$$\mathscr{F}_p(X) = \{(x_1, \cdots, x_N): x_i \in X; i = 1, 2 \cdots, N,$$
$$\sum_{i=1}^{N} \lambda_i \| x_i \|^p < \infty\}$$

对 $G \subset X$，$g_0 \in G$，若

$$\sum_{i=1}^{N} \lambda_i \| x_i - g_0 \|^p = \inf_{g \in G} \sum_{i=1}^{N} \lambda_i \| x_i - g \|^p$$

则称 g_0 是 $\{x_i\}$ 的 l_p-联合最佳逼近，其全体记为 $P_G(\{x_i\})$.

对 $\{x_i\} \in \mathscr{F}_p(X)$，定义

$$\varphi_{\{x_i\}}(y) = \sum_{i=1}^{N} \lambda_i \| x_i - y \|^p, \qquad \forall\, y \in X$$

则 $\varphi_{\{x_i\}}$ 是 X 上的连续凸函数，且 $g_0 \in G$ 是 $\{x_i\}$ 的 l_p-联合最佳逼近$\Leftrightarrow g_0$ 是优化问题$(\varphi_{\{x_i\}}, G)$的最优解.

引理 2.1 设 G 是 X 的子集，$g_0 \in G$，则下述论断等价：

i) g_0 是 G 的 $\varphi_{\{x_i\}}$ 太阳点，

ii) g_0 是 G 关于 $\{x_i\}$ 的 p 阶联合太阳点，即 $g_0 \in P_G(\{x_i\}) \Rightarrow g_0 \in P_G(\{x_i\}_\alpha)$，$\forall\, \alpha \geqslant 0$，其中

$$\{x_i\}_\alpha = \{g_0 + \alpha(x_i - g_0)\}, \qquad \alpha \geqslant 0$$

证 i)$\Rightarrow$ii).

由 i)知，若 $g_0 \in P_G(\{x_i\})$，则 $g_0 \in P_{\tilde{G}_{g_0}}(\{x_i\})$. 从而对$\forall\, g \in G$，$g_0 \in P_{[g_0, g]}(\{x_i\})$，所以

$$\sum_{i=1}^{N} \lambda_i \| x_i - g_0 \|^p \leqslant \sum_{i=1}^{N} \lambda_i \| x_i - g_0 - \frac{1}{t}(g - g_0) \|^p,$$
$$\forall\, t \geqslant 1$$

即

$$\sum_{i=1}^{N} \lambda_i \| g_0 + t(x_i - g_0) - g_0 \|^p$$
$$\leqslant \sum_{i=1}^{N} \lambda_i \| g_0 + t(x_i - g_0) - g \|^p, \quad \forall\, t \geqslant 1$$

由于上式对$\forall\, g \in G$ 成立，故 $g_0 \in P_G(\{x_i\}_\alpha)$，$\forall\, \alpha \geqslant 1$，即 ii)成立.

ii)$\Rightarrow$i).

若 g_0 是$(\varphi_{\{x_i\}},G)$的最优解，即 $g_0\in P_G(\{x_i\})$，从而由 ii)知，$\forall\ t\geqslant 1,g\in G$ 有

$$\sum_{i=1}^{N}\lambda_i\|g_0+t(x_i-g_0)-g_0\|^p$$
$$\leqslant\sum_{i=1}^{N}\lambda_i\|g_0+t(x_i-g_0)-g\|^p,\quad\forall\ t\geqslant 1,g\in G$$

即

$$\sum_{i=1}^{N}\lambda_i\|x_i-g_0\|^p\leqslant\sum_{i=1}^{N}\lambda_i\left\|x_i-g_0-\frac{1}{t}(g-g_0)\right\|^p$$

故 $g_0\in P_{\widetilde{G}_{g_0}}(\{x_i\})$，即 g_0 是 G 的 $\varphi_{\{x_i\}}$ 太阳点. 证毕.

引理 2.2 $\forall\ g_0\in X,h\in X$

$$\varphi'_{\{x_i\}}(g_0,h)=-p\sum_{i=1}^{N}\lambda_i\|x_i-g_0\|^{p-1}\min_{f\in M_{x_i-g_0}}\mathrm{Re}f(h)$$

证

$$\varphi'_{\{x_i\}}(g_0,h)=\lim_{t\to 0+}\frac{\varphi_{\{x_i\}}(g_0+th)-\varphi_{\{x_i\}}(g_0)}{t}$$
$$=\lim_{t\to 0+}\sum_{i=1}^{N}\lambda_i\frac{\|x_i-g_0-th\|^p-\|x_i-g_0\|^p}{t}$$

令

$$F_i(t)=\|x_i-g_0-th\|^p,t\in[0,1],i=1,2,\cdots,N$$

由于 $F_i(\cdot)$是凸函数，所以，当 $t\downarrow 0$ 时

$$\frac{F_i(t)-F_i(0)}{t}\downarrow -p\|x_i-g_0\|^{p-1}\min_{f\in M_{x_i-g_0}}\mathrm{Re}f(h).$$

从而，当 $t\in(0,1]$时

$$\left|\frac{F_i(t)-F_i(0)}{t}\right|\leqslant\max\{|F_i(1)-F_i(0)|,|F'_{i+}(0)|\}$$

由于

$$|F'_{i,+}(0)|\leqslant p\|x_i-g_0\|^{p-1}\|h\|$$

故由 Hölder 不等式知

$$\sum_{i=1}^{N}\lambda_i|F'_{i,+}(0)|\leqslant\sum_{i=1}^{N}\lambda_i p\|x_i-g_0\|^{p-1}\|h\|$$

收敛．而

$$\sum_{i=1}^{N}\lambda_i|F_i(1)-F_i(0)|$$

$$=\sum_{i=1}^{N}\lambda_i|\,\|x_i-g_0-h\|^p-\|x_i-g_0\|^p|$$

收敛是显然的．由于

$$\sum_{i=1}^{N}\lambda_i\left|\frac{\|x_i-g_o-th\|^p-\|x_i-g_0\|^p}{t}\right|$$

$$\leqslant\sum_{i=1}^{N}\lambda_i\max\{|F_i(1)-F_i(0)|,|F'_{i,+}(0)|\}$$

$$\leqslant\sum_{i=1}^{N}\lambda_i|F_i(1)-F_i(0)|+\sum_{i=1}^{N}\lambda_i|F'_{i,+}(0)|$$

从而

$$\sum_{i=1}^{N}\lambda_i\left|\frac{\|x_i-g_o-th\|^p-\|x_i-g_o\|^p}{t}\right|$$

关于 $t\in(0,1]$ 是一致收敛的，逐项取极限得

$$\varphi'_{\{x_i\}}(g_o,h)=-p\sum_{i=1}^{N}\lambda_i\|x_i-g_0\|^{p-1}\min_{f\in M_{x_i-g_0}}\operatorname{Re}f(h)$$

证毕．

由定理 1.2 立即可得

定理 2.1 设 X 是赋范线性空间，$p\geqslant1$，$\{x_i\}\in\mathscr{F}_p(X)$，$G$ 是 X 的子集，$g_0\in G$，则下述论断等价：

i) g_0 是 G 关于 $\{x_i\}$ 的 p 阶联合太阳点；

ii) $g_0\in P_G(\{x_i\})\Longleftrightarrow\forall\ g\in G$，存在 $f_i\in M_{x_i-g_0}$，使

$$\operatorname{Re}\sum_{i=1}^{N}\lambda_i\|x_i-g_0\|^{p-1}f_i(g-g_0)\leqslant0$$

iii) $g_0\in P_G(\{x_i\})\Longleftrightarrow\forall\ g\in G$，存在 $f_i\in\varepsilon(M_{x_i-g_0})$，使

$$\operatorname{Re}\sum_{i=1}^{N}\lambda_i\|x_i-g_0\|^{p-1}f_i(g-g_0)\leqslant0$$

由定理 1.4，我们可得 l_p 联合逼近的存在性．

定理 2.2 设 G 是 X 的有界弱序列紧子集，则

$$\forall \{x_i\} \in \mathscr{F}_p(X), P_G(\{x_i\}) \neq \varnothing$$

由定理1.5，有下面的唯一性定理.

定理2.3 设G是X中的p阶联合太阳，X关于G严格凸，$p>1$，则$\forall \{x_i\} \in \mathscr{F}_p(X), P_G(\{x_i\})$至多有一个元.

证 由定理1.5，我只需证明$\varphi_{\{x_i\}}$关于G严格凸.

反设$g_1, g_2 \in G, g_1 \neq g_2$，使

$$\varphi_{\{x_i\}}(g_1) = \varphi_{\{x_i\}}(g_2)$$

$$\varphi_{\{x_i\}}\left(\frac{1}{2}(g_1 + g_2)\right) = \varphi_{\{x_i\}}(g_1) = \varphi_{\{x_i\}}(g_2)$$

则

$$\begin{aligned}\varphi_{\{x_i\}}\left(\frac{1}{2}(g_1 + g_2)\right) &= \sum_{i=1}^{N} \lambda_i \left\| x_i - \frac{1}{2}g_1 - \frac{1}{2}g_2 \right\|^p \\ &\leqslant \sum_{i=1}^{N} \lambda_i \left[\frac{1}{2}\| x_i - g_1 \| + \frac{1}{2}\| x_i - g_2 \|\right]^p \\ &\leqslant \sum_{i=1}^{N} \lambda_i \left[\frac{1}{2}\| x_i - g_1 \|^p + \frac{1}{2}\| x_i - g_2 \|^p\right] \\ &= \frac{1}{2}\varphi_{\{x_i\}}(g_1) + \frac{1}{2}\varphi_{\{x_i\}}(g_2)\end{aligned}$$

上述不等式中，若存在i_0，使

$$\| x_{i_0} - g_1 \| = \| x_{i_0} - g_2 \|$$

则由X关于G严格凸，且$(x_{i_0} - g_1) - (x_{i_0} - g_2) \in G - G$知

$$\left\| x_{i_0} - \frac{1}{2}(g_1 + g_2) \right\| < \frac{1}{2}\| x_{i_0} - g_1 \| + \frac{1}{2}\| x_{i_0} - g_2 \|$$

从而与

$$\varphi_{\{x_i\}}\left(\frac{1}{2}(g_1 + g_2)\right) = \frac{1}{2}\varphi_{\{x_i\}}(g_1) + \frac{1}{2}\varphi_{\{x_i\}}(g_2)$$

矛盾. 这样

$$\| x_i - g_1 \| \neq \| x_i - g_2 \|, \qquad i = 1, 2, \cdots, N$$

但此时

$$\left(\frac{1}{2}\| x_i - g_1 \| + \frac{1}{2}\| x_i - g_2 \|\right)^p$$

$$< \frac{1}{2}\| x_i - g_1 \|^p + \frac{1}{2}\| x_i - g_2 \|^p$$

又得

$$\varphi_{\{x_i\}}\left(\frac{1}{2}(g_1 + g_2)\right) < \frac{1}{2}\varphi_{\{x_i\}}(g_1) + \frac{1}{2}\varphi_{\{x_i\}}(g_2)$$

矛盾，所以 $\varphi_{\{x_i\}}$ 关于 G 严格凸. 证毕.

为给出 l_p 联合逼近的 p 阶强唯一性，我们需要下面命题，它在第三节中将再次被运用.

命题 2.1 设 X 是 Banach 空间，$p \geqslant 2$，则下述论断等价.

i) X 具有 p 阶凸性模；

ii) $\varphi(x) = \| x \|^p$ 是 X 上的 p 一致凸泛函.

首先来证下面的引理.

引理 2.3 设 X 是一致凸空间，$x, y \in S, \varepsilon' = \| x - y \|$，则 $\forall\, t \in [0,1]$

$$\left\| \frac{1}{2}(x + ty) \right\| \leqslant \frac{1+t}{2} - t\delta(\varepsilon')$$

证 设 z 是线段$[x,y]$和射线$\left\{\lambda \frac{x+ty}{2} : \lambda \geqslant 0\right\}$的交. 由

$$z = \lambda \frac{x + ty}{2} = \mu x + (1 - \mu) \frac{x + y}{2}$$

得

$$\left[\frac{\lambda}{2} - \mu - \frac{1-\mu}{2}\right]x = \left[\frac{1-\mu}{2} - \frac{t\lambda}{2}\right]y$$

因此

$$\frac{\lambda}{2} - \mu - \frac{1-\mu}{2} = 0, \quad \frac{1-\mu}{2} - \frac{t\lambda}{2} = 0$$

解之得

$$\lambda = \frac{2}{1+t}, \quad \mu = \frac{1-t}{1+t}$$

由 $Z = \mu x + (1-\mu)\frac{x+y}{2}$ 得

$$\| z \| \leqslant \frac{1-t}{1+t} + \left(1 - \frac{1-t}{1+t}\right)[1 - \delta(\varepsilon')]$$

$$= 1 - \frac{2t}{1+t}\delta(\varepsilon')$$

故

$$\left\| \frac{x + ty}{2} \right\| = \lambda^{-1} \| z \| \leqslant \frac{1+t}{2} - t\delta(\varepsilon')$$

证毕.

命题 2.1 之证明:

i)⇒ii).

由引理 2.3, $\forall\, x, \tilde{y} \in X$, $\| x \| = \| \tilde{y} \| = 1$, $\| x - \tilde{y} \| = \varepsilon'$ 有

$$\frac{\| x + t\tilde{y} \|}{2} \leqslant \frac{1+t}{2} - t\delta(\varepsilon'), \quad \forall\, t \in [0,1]$$

从而$\forall\, y, x \in B$. 首先设$\| y \| = t \leqslant \| x \| = 1$,并记$\varepsilon = \| x - y \|$, $\tilde{y} = \frac{y}{t}$, $\varepsilon' = \| x - \tilde{y} \|$,则

$$\frac{\left\| \frac{x+y}{2} \right\|^p}{\frac{1}{2}(\| x \|^p + \| y \|^p)} \leqslant \frac{\left[\frac{1+t}{2} - t\delta(\varepsilon') \right]^p}{\frac{1}{2}(1+t^p)}$$

令

$$h(t) = \frac{\left[\frac{1+t}{2} - t\delta(\varepsilon') \right]^p}{\frac{1}{2}(1+t^p)}$$

$$h_1(t) = \frac{\left(\frac{1+t}{2} \right)^p}{\frac{1}{2}(1+t^p)}$$

$$h_2(t) = \frac{\left[\frac{1+t}{2} - t\delta\left(\frac{\varepsilon}{2} \right) \right]^p}{\frac{1}{2}(1+t^p)}$$

若 $\varepsilon' \leqslant \frac{\varepsilon}{2}$,则$\| x - \tilde{y} \| < \frac{\varepsilon}{2}$,于是

$$1 - t = \| y - \tilde{y} \| \geqslant \| y - x \| - \| x - \tilde{y} \| = \varepsilon - \varepsilon'$$

$$\geqslant \frac{\varepsilon}{2}$$

故

$$t \leqslant 1 - \frac{\varepsilon}{2}$$

由于 $h_1(t)$ 在 $[0,1]$ 上是严格增，故有

$$h(t) \leqslant h_1(t) \leqslant \frac{\left(1-\frac{\varepsilon}{4}\right)^p}{\frac{1}{2}\left[1+\left(1-\frac{\varepsilon}{2}\right)^p\right]}$$

从而

$$1-h(t) \geqslant 1 - \frac{\left(1-\frac{\varepsilon}{4}\right)^p}{\frac{1}{2}\left[1+\left(1-\frac{\varepsilon}{2}\right)^p\right]}$$

若 $\varepsilon' > \frac{\varepsilon}{2}$，则 $\delta(\varepsilon') \geqslant \delta\left(\frac{\varepsilon}{2}\right)$，从而

$$h(t) \leqslant h_2(t)$$

而 $h_2(t)$ 在 $t_0 = \left[1-2\delta\left(\frac{\varepsilon}{2}\right)\right]^{\frac{1}{p-1}}$ 处取到最大值，且

$$h_2\left(\left[1-2\delta\left(\frac{\varepsilon}{2}\right)\right]^{\frac{1}{p-1}}\right)$$

$$\leqslant \frac{\left[\frac{1+\left(1-\delta\left(\frac{\varepsilon}{2}\right)\right)^{\frac{1}{p-1}}}{2} - \left(1-2\delta\left(\frac{\varepsilon}{2}\right)\right)^{\frac{1}{p-1}}\delta\left(\frac{\varepsilon}{2}\right)\right]^p}{\frac{1}{2}\left[1+\left(1-2\delta\left(\frac{\varepsilon}{2}\right)\right)^{p/p-1}\right]}$$

从而

$$1-h(t) \geqslant \min\left\{1 - \frac{\left(1-\frac{\varepsilon}{4}\right)^p}{\frac{1}{2}\left[1+\left(1-\frac{\varepsilon}{2}\right)^p\right]},\right.$$

$$\left.\frac{\left[\dfrac{1+\left(1-\delta\left(\dfrac{\varepsilon}{2}\right)\right)^{\frac{1}{p-1}}}{2}-\left(1-2\delta\left(\dfrac{\varepsilon}{2}\right)\right)^{\frac{1}{p-1}}\delta\left(\dfrac{\varepsilon}{2}\right)\right]^{p}}{\dfrac{1}{2}\left[1+\left(1-2\delta\left(\dfrac{\varepsilon}{2}\right)\right)^{p/p-1}\right]}\right\}$$

当 $\varepsilon\to 0$ 时，上式右端中第一项等价于 $\dfrac{p(p-1)}{32}\varepsilon^2$，第二项等价于 $p\delta\left(\dfrac{\varepsilon}{2}\right)$，由 X 具有 p 阶凸性模所以存在 $C_p>0$，使

$$1-h(t)\geqslant C_p\varepsilon^p$$

从而

$$\frac{\dfrac{1}{2}\|x\|^p+\dfrac{1}{2}\|y\|^p-\left\|\dfrac{x+y}{2}\right\|^p}{\dfrac{1}{2}(\|x\|^p+\|y\|^p)}\geqslant C_p\varepsilon^p$$

即

$$\begin{aligned}\left(\frac{\|x+y\|}{2}\right)^p\leqslant{}&\frac{1}{2}\|x\|^p+\frac{1}{2}\|y\|^p\\&-\frac{1}{2}(\|x\|^p+\|y\|^p)C_p\|x-y\|^p\end{aligned}$$

所以

$$\begin{aligned}\left\|\frac{x+y}{2}\right\|^p\leqslant{}&\frac{1}{2}\|x\|^p+\frac{1}{2}\|y\|^p\\&-\frac{1}{2}C_p\|x-y\|^p\end{aligned}\qquad(*)$$

这样，对 $\forall\ x,y\in X$，令

$$r=\max\{\|x\|,\|y\|\}$$

则由

$$\left\|\frac{\dfrac{x}{r}+\dfrac{y}{r}}{2}\right\|^p\leqslant\frac{1}{2}\left\|\frac{x}{r}\right\|^p+\frac{1}{2}\left\|\frac{y}{r}\right\|^p-\frac{1}{2}C_p\left\|\frac{x}{r}-\frac{y}{r}\right\|^p$$

知 $(*)$ 式对一切 $x,y\in X$ 成立.

现对 $\forall\ 0\leqslant\lambda\leqslant 1$，不妨设 $\lambda<\dfrac{1}{2}$，从而

$$\|\lambda x+(1-\lambda)y\|^p=\left\|2\lambda\frac{x+y}{2}+(1-2\lambda)y\right\|^p$$

$$\leqslant 2\lambda\left\|\frac{x+y}{2}\right\|^p+(1-2\lambda)\|y\|^p$$

$$\leqslant 2\lambda\left[\frac{1}{2}\|x\|^p+\frac{1}{2}\|y\|^p-\frac{1}{2}C_p\|x-y\|^p\right]$$

$$+(1-2\lambda)\|y\|^p$$

$$=\lambda\|x\|^p+(1-\lambda)\|y\|^p-\lambda C_p\|x-y\|^p$$

$$\leqslant\lambda\|x\|^p+(1-\lambda)\|y\|^p$$

$$-\lambda(1-\lambda)C_p\|x-y\|^p$$

所以 ii)成立.

ii)⇒i).

设 $\|x\|^p$ 是 X 上的 p 一致凸泛函，则对$\forall\ x,y\in X$，$\|x\|=\|y\|=1$，$\|x-y\|=\varepsilon$，. 有

$$\left\|\frac{x+y}{2}\right\|^p\leqslant 1-\frac{1}{4}C_p\varepsilon^p$$

故

$$\delta(\varepsilon)\geqslant 1-\left(1-\frac{1}{4}C_p\varepsilon^p\right)^{\frac{1}{p}}\geqslant\frac{1}{4}p^{-1}C_p\varepsilon^p$$

即 X 具有 p 阶凸性模，证毕.

定理 2.4 设 X 具有 p 阶凸性模，$p\geqslant 2$，G 是 p 阶联合太阳集，$\{x_i\}\in\mathscr{F}_p(X)$，$g_0\in P_G(\{x_i\})$，则 g_0 是$\{x_i\}$的 p 阶强唯一最佳联合逼近，即存在 $d_p>0$，使$\forall\ g\in G$ 有

$$\sum_{i=1}^N\lambda_i\|x_i-g_0\|^p\leqslant\sum_{i=1}^N\lambda_i\|x_i-g\|^p-d_p\|g-g_0\|^p$$

证 由于 X 具有 p 阶凸性模，从而由命题 2.1 知，$\forall\ \lambda\in[0,1]$，$\bar{g},g\in G$，有

$$\sum_{i=1}^N\lambda_i\|x_i-(\lambda\bar{g}+(1-\lambda)g)\|^p$$

$$\leqslant\sum_{i=1}^N\lambda_i[\lambda\|x_i-\bar{g}\|^p+(1-\lambda)\|x_i-g\|^p$$

$$-\lambda(1-\lambda)C_p\|g-\bar{g}\|^p]$$

$$=\lambda\sum_{i=1}^{N}\lambda_i\|x_i-\bar{g}\|^p+(1-\lambda)\sum_{i=1}^{N}\lambda_i\|x_i-g\|^p$$

$$-\lambda(1-\lambda)C_p\|g-\bar{g}\|^p$$

即

$$\varphi_{\{x_i\}}(\lambda\bar{g}+(1-\lambda)g)$$

$$\leqslant\lambda\varphi_{\{x_i\}}(\bar{g})+(1-\lambda)\varphi_{\{x_i\}}(g)-\lambda(1-\lambda)C_p\|g-\bar{g}\|^p$$

故 $\varphi_{\{x_i\}}$关于 G 是 p 一致凸. 这样由定理 1.6 或推论 1.2 立即可得定理 2.4，证毕.

将优化问题($\varphi_{\{x_i\}}$,G)的强唯一常数的结果应用于 l_p 联合逼近问题，我们可得 l_p 联合逼近强唯一性的结果，下面举一例，其余读者可自行推之.

定理 2.5 设 G 是 X 的子集，$\{x_i\}\in F_p(X)$，g_0，$\in P_g(\{x_i\})$，则下述论断等价：

i) 存在常数 $S_{g_0}>0$，使

$$\sum_{i=1}^{N}\lambda_i\|x_i-g\|^p$$

$$\geqslant\sum_{i=1}^{N}\lambda_i\|x_i-g_0\|^p+S_{g_0}\|g-g_0\|,\forall g\in G$$

(即 g_0 是$\{x_i\}$的强唯一最佳 l_p 联合逼近) $\Longleftrightarrow$

$$\inf_{\substack{g\in G\\ g\neq g_0}}\sum_{i=1}^{N}\lambda_i\|x_i-g_0\|^{p-1}\max_{f\in M_{x_i-g_0}}\mathrm{Re}f\left(\frac{g_0-g}{\|g-g_0\|}\right)>0,$$

ii) g_0 是$\{x_i\}$的强唯一最佳联合逼近，则存在常数 $C>0$，使 $\forall\ \alpha\geqslant1$ 有

$$\sum_{i=1}^{N}\lambda_i\|x_i^\alpha-g\|^p\geqslant\sum_{i=1}^{N}\lambda_i\|x_i^\alpha-g_0\|^p+\alpha^{p-1}C\|g-g_0\|,$$

$$\forall\ g\in G$$

其中

$$x_i^\alpha=g_0+\alpha(x_i-g_0),\alpha>0,\quad i=1,2,\cdots,N$$

证 由于 i)是定理 1.8 中当 $\varphi=\varphi_{\{x_i\}}$时的条件 ii)，因此，由定

理 1.8，我们只需证明，当 $\varphi=\varphi_{\{x_i\}}$ 时，ii）与定理 1.8 中的条件 i）等价.

事实上，对 $\forall\ \alpha\geqslant 1$，　$\forall\ g\in G$

$$\sum_{i=1}^{N}\lambda_i\|x_i^{\alpha}-g\|^{p}\geqslant\sum_{i=1}^{N}\lambda_i\|x_i^{\alpha}-g_0\|^{p}+\alpha^{p-1}c\|g-g_0\|$$

等价于

$$\alpha^{p}\sum_{i=1}^{N}\lambda_i\left\|x_i-\left(\frac{1}{\alpha}g+\left(1-\frac{1}{\alpha}\right)g_0\right)\right\|^{p}$$
$$\geqslant\alpha^{p}\sum_{i=1}^{N}\lambda_i\|x_i-g_0\|^{p}+\alpha^{p-1}c\|g-g_0\|$$

而

$$\left\|\frac{1}{\alpha}g+\left(1-\frac{1}{\alpha}\right)g_0-g_0\right\|=\frac{1}{\alpha}\|g-g_0\|$$

故又等价于

$$\sum_{i=1}^{N}\lambda_i\left\|x_i-\left(\frac{1}{\alpha}g+\left(1-\frac{1}{\alpha}\right)g_0\right)\right\|^{p}$$
$$\geqslant\sum_{i=1}^{N}\lambda_i\|x_i-g_0\|^{p}+c\left\|\frac{1}{\alpha}g+\left(1-\frac{1}{\alpha}\right)g_0-g_0\right\|$$

因此，条件 ii）等价于定理 1.8 中当 $\varphi=\varphi_{\{x_i\}}$ 时的条件 i），从而定理 2.5 成立，证毕.

注 2.1　若将定理 1.8 应用下述泛函

$$\bar{\varphi}_{\{x_i\}}(y)=\left\{\sum_{i=1}^{N}\lambda_i\|x_i-y\|^{p}\right\}^{\frac{1}{p}}$$

则可得下述论断等价.

i）存在常数 $\bar{S}_{g_0}>0$，使

$$\left\{\sum_{i=1}^{N}\lambda_i\|x_i-g\|^{p}\right\}^{\frac{1}{p}}$$
$$\geqslant\left\{\sum_{i=1}^{N}\lambda_i\|x_i-g_0\|^{p}\right\}^{\frac{1}{p}}+\bar{S}_{g_0}\|g-g_0\|,\forall\ g\in G$$

$\Longleftrightarrow$

$$\inf_{\substack{g\in G\\ g\neq g_0}}\sum_{i=1}^{N}\lambda_i\|x_i-g_0\|^{p-1}\max_{f\in M_{x_i-g_0}}\operatorname{Re}f\left(\frac{g_0-g}{\|g-g_0\|}\right)>0$$

ii) 若$\exists\ \overline{S}_g>0$，使

$$\left\{\sum_{i=1}^{N}\lambda_i\|x_i-g\|^p\right\}^{\frac{1}{p}}$$

$$\geqslant\left\{\sum_{i=1}^{N}\lambda_i\|x_i-g_0\|^p\right\}^{\frac{1}{p}}+\overline{S}_{g_0}\|g-g_0\|,\forall\ g\in G$$

则存在常数$C_p>0$，使$\forall\ \alpha\geqslant 1$有

$$\left\{\sum_{i=1}^{N}\lambda_i\|x_i^{\alpha}-g\|^p\right\}^{\frac{1}{p}}$$

$$\geqslant\left\{\sum_{i=1}^{N}\lambda_i\|x_i^{\alpha}-g_0\|^p\right\}^{\frac{1}{p}}+C_p\|g-g_0\|,\forall\ g\in G$$

值得注意的是，虽然g_0是$\{x_i\}$的l_p联合最佳逼近也等价于g_0是优化问题$(\overline{\varphi}_{\{x_i\}},G)$的最优解，且可以证明，$g_0$是$\{x_i\}$的强唯一最佳$l_p$联合逼近也等价于$g_0$是优化问题$(\overline{\varphi}_{\{x_i\}},G)$的强唯一最优解，但考虑对$\{x_i^{\alpha}\}$的一致强唯一最佳$l_p$联合逼近时，它们却有本质的不同. 这一点，可从定理 2.5 及注 2.1 中体会到.

注 2.2 从定理 2.4 可以很容易地得到最佳l_p联合逼近的连续性结果.

第三节 非线性同时逼近

在第二章，利用单元逼近的特征理论，我们给出了G对紧集F的最佳同时逼近的特征. 显而易见，对一般有界集F，第二章的技巧不再有效. 事实上，对一般有界集，这一问题的研究要复杂得多. 本节首先利用非线性优化理论讨论最佳同时逼近的特征，并给出更明确的形式. 然后，我们研究一般有界集的最佳同时逼近的唯一性和存在性问题，最后给出G对F的最佳同时逼近的连续性结果.

我们先来重述一下有关的概念，设F是赋范线性空间X的有界子集，G是X的任一子集，若$g_0\in G$满足

$$\sup_{f\in F}\|f-g_0\|=\inf_{g\in G}\sup_{f\in F}\|f-g\|$$

则称 g_0 是 G 对 F 的最佳同时逼近或相对 Chebyshev 中心，其全体记为 $P_G(F)$. 而 $r_G(F)=\inf\limits_{g\in G}\sup\limits_{f\in F}\|f-g\|$ 称为 G 对 F 的相对 Chebyshev 半径.

令

$$\varphi_F(g)=\sup_{f\in F}\|f-g\|,\forall g\in X$$

则 φ_F 是 X 上的连续凸函数，且 $g_0\in G$ 是 G 对 F 的最佳同时逼近等价于 g_0 是优化问题(φ_F,G)的最优解，即 $P(\varphi_F,G)=P_G(F)$.

一、同时逼近的特征定理

定义 3.1 设 G 是 X 的子集，F 是 X 的有界子集，$g_0\in G$. 若

$$g_0\in P_G(F)\Rightarrow g_0\in P_G(F_\alpha),\quad\forall\alpha>1$$

其中

$$F_\alpha=\{f_\alpha=g_0+\alpha(f-g_0):\ f\in F\}$$

则称 g_0 是 G 关于 F 的同时太阳点. 若对 X 的任何有界集 F，g_0 都是 G 关于 F 的同时太阳点. 则称 g_0 是 G 的同时太阳点. 若 G 中任一点都是 G 的同时太阳点，则称 G 是同时太阳集.

显然，G 是同时太阳集$\Rightarrow G$ 是紧同时太阳集$\Rightarrow G$ 是太阳集.

引理 3.1 设 $G\subset X$，F 是 X 的有界集，$g_0\in G$，则下述论断等价：

i) g_0 是 G 的 φ_F 太阳点，

ii) g_0 是 G 关于 F 的同时太阳点.

其证明类似于引理 2.1.

为给出 $\varphi_F'(g_0,h)$的更明确的表示，我们需要几个引理.

设 $K=\overline{\varepsilon(B^*)}^*$ 为 X^* 的闭单位球的端点全体的弱*闭包，则 K 是弱*紧集，且$\forall f\in X$ 有

$$\max_{x^*\in K}\mathrm{Re}x^*(f)=\max_{x^*\in B^*}\mathrm{Re}x^*(f)=\|f\|$$

对 X 的有界集 F，定义

$$U_F(x^*)=\sup_{f\in F}\mathrm{Re}x^*(f),\quad\forall x^*\in K$$

$$U_F^+(x^*) = \inf_{O\in N(x^*)} \sup_{w\in O} U_F(W), \quad \forall\ x^* \in K$$

其中$N(x^*)$表示x^*在K上的弱*开邻域全体.

对$\forall\ g\in G$，记

$$M_{F-g} = \{x^* \in K: U_F^+(x^*) - \mathrm{Re}x^*(g) = \| F - g \| \}$$

其中

$$\| F - g \| = \sup_{x^*\in K} [U_F^+(x^*) - \mathrm{Re}x^*(g)]$$

引理 3.2 $U_F^+(\cdot)$是K上的上半连续函数.

证 $\forall\ r$定义

$$K(r) = \{x^* \in K:\ U_F^+(x^*) < r\}$$

对$\forall\ x_0^*\in K\ (r)$，则

$U_F^+(x_0^*)<r$,从而存在$O\in N(x_0^*)$,使

$$\sup_{w\in O} U_F(w) < r$$

所以$\forall\ x^*\in O$,因$O\in N(x^*)$，故

$$U_F^+(x^*) \leqslant \sup_{w\in O} U_F(w) < r$$

即$O\subset K(r)$,而$x_0^*\in O$，故$K(r)$是K上的开集. 证毕.

引理 3.3 $\forall\ g\in X$

i) $U_F^+(x^*)-\mathrm{Re}x^*(g)=[U_F(y^*)-\mathrm{Re}y^*(g)]^+|_{y^*=x^*}$

ii) $\sup\limits_{x^*\in K}[U_F^+(x^*)-\mathrm{Re}x^*(g)]=\sup\limits_{x^*\in K}[U_F(x^*)-\mathrm{Re}x^*(g)]$

证

i) $\forall\ \varepsilon>0, x_0^*\in K$,存在$O_1,O_2\in N(x_0^*)$，使

$$U_F(x^*) - \mathrm{Re}x^*(g) < [U_F(y^*) - \mathrm{Re}y^*(g)]^+|_{y^*=x_0^*} + \varepsilon,$$

$$\forall\ x^* \in O_1$$

$$\mathrm{Re}x^*(g) < \mathrm{Re}x_0^*(g) + \varepsilon, \qquad \forall\ x^* \in O_2$$

对$O=O_1\cap O_2\in N(x_0^*)$,有

$$U_F(x^*) \leqslant [U_F(y^*) - \mathrm{Re}y^*(g)]^+|_{y^*=x_0^*} + \mathrm{Re}x_0^*(g) + 2\varepsilon, \qquad \forall\ x^* \in O$$

故

$$U_F^+(x_0^*) \leqslant [U_F(y^*) - \mathrm{Re}y^*(g)]^+ |_{y^*=x_0^*} + \mathrm{Re}x_0^*(g) + 2\varepsilon$$

由 $\varepsilon > 0$ 的任意性知

$$U_F^+(x_0^*) - \mathrm{Re}x_0^*(g) \leqslant [U_F(y^*) - \mathrm{Re}y^*(g)]^+ |_{y^*=x_0^*}$$

反之，取 $O \in N(x_0^*)$，使

$$U_F(x^*) < U_F^+(x_0^*) + \varepsilon, \quad \forall\, x^* \in O$$

$$-\mathrm{Re}x^*(g) < -\mathrm{Re}x_0^*(g) + \varepsilon, \quad \forall\, x^* \in O$$

则如上所证立即可得

$$[U_F(y^*) - \mathrm{Re}y^*(g)]^+ |_{y^*=x_0^*} \leqslant U_F^+(x_0^*) - \mathrm{Re}x_0^*(g)$$

故 i)成立

ii) 由 i)及 U_F^+ 的定义，显然有

$$\sup_{x^* \in K} [U_F(x^*) - \mathrm{Re}x^*(g)] \leqslant \sup_{x^* \in K} [U_F^+(x^*) - \mathrm{Re}x^*(g)]$$

反之，为方便起见，简记

$$[U_F(x_0^*) - \mathrm{Re}x_0^*(g)]^+ = [U_F(y^*) - \mathrm{Re}y^*(g)]^+ |_{y^*=x_0^*}$$

这样，$\forall\, x_0^* \in K, \forall\, O \in N(x_0^*)$，使

$$\begin{aligned} U_F^+(x_0^*) - \mathrm{Re}x_0^*(g) &= [U_F(x_0^*) - \mathrm{Re}x_0^*(g)]^+ \\ &\leqslant \sup_{x^* \in O} [U_F(x^*) - \mathrm{Re}x^*(g)] \\ &\leqslant \sup_{x^* \in K} [U_F(x^*) - \mathrm{Re}x^*(g)] \end{aligned}$$

故 ii)成立. 证毕.

注 3.1 由引理 3.3，知

$$\|F - g\| = \sup_{x^* \in K} [U_F^+(x^*) - \mathrm{Re}x^*(g)] = \sup_{f \in F} \|f - g\|$$

引理 3.4 $\forall\, g_0, h \in X$

$$\varphi_F'(g_0, h) = \max_{x^* \in M_{F-g_0}} \mathrm{Re}x^*(-h)$$

证 首先，由于 K 是弱*紧，$U_F^+(x^*) - \mathrm{Re}x^*(g_0)$是 K 上的上半连续函数，故 M_{F-g_0}是非空弱*紧集，由于$\forall\, x_0^* \in M_{F-g_0}$.

$$\varphi_F(g_0 + th) - \varphi_F(g_0)$$

$$= \sup_{x^* \in K} [U_F^+(x^*) - \mathrm{Re}x^*(g_0 + th)]$$
$$- \sup_{x^* \in K} [U_F^+(x^*) - \mathrm{Re}x^*(g_0)]$$
$$\geqslant U_F^+(x_0^*) - \mathrm{Re}x_0^*(g_0 + th)$$
$$- U_F^+(x_0^*) + \mathrm{Re}x_0^*(g_0)$$
$$= t\mathrm{Re}x_0^*(-h)$$

所以

$$\varphi_F'(g_0,h) = \lim_{t\to 0+} \frac{\varphi_F(g_0 + th) - \varphi_F(g_0)}{t}$$
$$\geqslant \mathrm{Re}x_0^*(-h)$$

故

$$\varphi_F'(g_0,h) \geqslant \max_{x^* \in M_{F-g_0}} \mathrm{Re}x^*(-h)$$

反之，$\forall\ t>0$，取 $x_t^* \in M_{F-g_0-th}$，则有

$\varphi_F\ (g_0+th)\ -\varphi_F\ (g_0)$

$\leqslant [U_F^+\ (x_t^*)\ -\mathrm{Re}x_t^*\ (g_0+th)] - [U_F^+\ (x_t^*)\ -\mathrm{Re}x_t^*\ (g_0)]$

$= t\mathrm{Re}x_t^*\ (-h)$

故

$$\varphi_F'(g_0,h) \leqslant \varliminf_{t\to 0+} \mathrm{Re}x_t^*(-h)$$

由于 $x_t^* \in K$，K 弱 * 紧，故可设子链 $t_\alpha \to 0+$，使 $x_{t_\alpha}^* \xrightarrow{w^*} x_0^*$，这样

$$\varphi_F'(g_0,h) \leqslant \mathrm{Re}x_0^*(-h)$$

下证 $x_0^* \in M_{F-g_0}$，由于

$$U_F^+(x_{t_\alpha}^*) - \mathrm{Re}x_{t_\alpha}^*(g_0 + t_\alpha h) = \sup_{f\in F} \| f - g_0 - t_\alpha h \|$$

且 $U_F^+(x^*)$ 上半连续，故

$$\varlimsup_{t_\alpha \to 0} U_F^+(x_{t_\alpha}^*) \leqslant U_F^+(x_0^*)$$

$$U_F^+(x_0^*) - \mathrm{Re}x_0^*(g_0) \geqslant \varlimsup_{t_\alpha \to 0} [U_F^+(x_{t_\alpha}^*) - \mathrm{Re}x_{t_\alpha}^*(g_0 + t_\alpha h)]$$
$$= \lim_{t_\alpha \to 0} \sup_{f\in F} \| f - g_0 - t_\alpha h \| = \| F - g_0 \|$$

即 $x_0^* \in M_{F-g_0}$. 从而

$$\varphi'_F(g_0,h) \leqslant \max_{x^* \in M_{F-g_0}} \operatorname{Re} x^*(-h)$$

证毕.

由引理 3.4 及定理 1.2 立即可得

定理 3.1 设 G 是 X 的子集，$F \subset X$ 是有界子集，$g_0 \in G$，则下述论断等价：

i) g_0 是 G 关于 F 的同时太阳点，

ii) $g_0 \in P_G(F) \Longleftrightarrow$

$$\max_{x^* \in M_{F-g_0}} \operatorname{Re} x^*(g_0 - g) \geqslant 0, \qquad \forall g \in G$$

注 3.2 定理 3.1 的条件 ii) 中 $\max\limits_{x^* \in M_{F-g_0}} \operatorname{Re} x^*(g_0 - g) \geqslant 0$ 不能代以 $\max\limits_{x^* \in M_{F-g_0} \cap \varepsilon(K)} \operatorname{Re} x^*(g_0 - g) \geqslant 0$.

例 3.1 $X = \{x \in C[-1,1]: x(0) = \frac{1}{2}(x(1) + x(-1))\}$

$$y_0(t) = t, \forall t \in [-1,1]$$

$$G = \operatorname{span}\{y_0\}$$

由于

$$\varepsilon(B^*) = \{\pm e_t: 0 < |t| \leqslant 1\}$$

故

$$K = \overline{\varepsilon(B^*)}^* = \{\pm e_t; t \in [-1,1]\}$$

对 $q \in [-1,0)$，令

$$f_q(t) = \begin{cases} 1 + t, & t \in [-1,q] \\ \left(1 + \dfrac{1}{q}\right)t, & t \in (q,0] \\ 0, & t \in (0,1] \end{cases}$$

$$F = \{f_q: q \in [-1,0)\}$$

则 F 是 X 的有界集，且易知 $g_0 = 0 \in P_G(F)$. 又

$$U_F^+(e_t) = [\sup_{f \in F} f(t)]^+ = \begin{cases} 1 + t, & t \in [-1,0] \\ 0, & t \in (0,1] \end{cases}$$

$$U_F^+(-e_t) = [-\inf_{f \in F} f(t)]^+ = 0, \quad \forall t \in [-1,1]$$

且

$$\|F-g_0\|=\|F-0\|=\sup_{f\in F}\|f\|=1$$

$$M_{F-g_0}=\{e_0\}$$

而 $e_0\overline{\in}\varepsilon(K)$. 故此例说明，$g_0=0\in P_G(F)$，但$\forall\ g\in G$，不存在 $x^*\in\varepsilon(K), x^*\in M_{F-g_0}$，使

$$x^*(g_0-g)\geqslant 0$$

推论 3.1 设$G\subset X$，F 是 X 的全有界集，$g_0\in G$，则下述论断等价：

i) g_0 是 G 关于 F 的同时太阳点；

ii) $g_0\in P_G(F)\Longleftrightarrow\forall\ g\in G$，存在 $x^*\in K$，使

$$\sup_{f\in F}\mathrm{Re}x^*(f)-\mathrm{Re}x^*(g_0)=\|F-g_0\|$$

$$\mathrm{Re}x^*(g_0-g)\geqslant 0$$

证 由于若$U_F(\cdot)$连续，则

$$U_F^+(x^*)-\mathrm{Re}x^*(g_0)=U_F(x^*)-\mathrm{Re}x^*(g_0),\forall\ x^*\in K$$

故我们只需证明，若 F 是全有界，则 $U_F(\cdot)$是连续的.

$\forall\ \varepsilon>0$，设$\{x_1,\cdots,x_m\}\subset F$ 是 F 的有限$\frac{\varepsilon}{3}$-网，则$\forall\ x^*,\in K$，存在 x^* 的弱*开邻域$U(x^*)$，使

$$|x^*(x_i)-y^*(x_i)|<\frac{\varepsilon}{3},\forall\ y^*\in U(x^*),i=1,2,\cdots,m$$

且

$$|U_F(y^*)-U_F(x^*)|=|\sup_{f\in F}\mathrm{Re}y^*(f)-\sup_{f\in F}\mathrm{Re}x^*(f)|$$
$$\leqslant\sup_{f\in F}|\mathrm{Re}[y^*(f)-x^*(f)]|$$

对$\forall\ f\in F$，取 $x_f\in\{x_1,\cdots,x_m\}$，使

$$\|x_f-f\|<\varepsilon/3$$

这样$\forall\ y^*\in U(x^*)$

$$|U_F(y^*)-U_F(x^*)|\leqslant\sup_{f\in F}|y^*(f)-x^*(f)|$$
$$\leqslant\sup_{f\in F}[|y^*(f-x_f)|+|y^*(x_f)-x^*(x_f)|$$
$$+|x^*(x_f-f)|]$$

$$\leqslant \frac{\varepsilon}{3} + \frac{\varepsilon}{3} + \frac{\varepsilon}{3} = \varepsilon$$

故 $U_F(\cdot)$ 是 K 上的连续函数，从而由定理 3.1，立即可得推论 3.1 的证明，证毕.

注 3.3 由推论 3.1 也能较易地得到第二章中紧集的同时逼近的特征定理.

推论 3.2 设 G 是 X 的子集，则下述论断等价：

i）G 是同时太阳集（紧同时太阳集）；

ii）对 X 中的任何有界集（紧子集）F，$g_0 \in G$，则 $g_0 \in P_G(F)$ $\Longleftrightarrow \forall\, g \in G$，存在 $x^* \in K$，使

$$U_F^+(x^*) - \mathrm{Re}x^*(g_0) = \|F - g_0\|$$

$$\left(\sup_{f\in F}\mathrm{Re}x^*(f) - \mathrm{Re}x^*(g_0) = \|F - g_0\|\right)$$

且

$$\mathrm{Re}x^*(g_0 - g) \geqslant 0$$

为给出同时太阳集的另一特征，我们引入下述概念.

定义 3.2 $F \subset X$ 是有界集，设 $G \subset X$，$g_0 \in G$，若对 $\forall\, g \in G$，及满足

$$M_{F-g_0} \subset A \subset K$$

和

$$\min_{x^* \in A}\mathrm{Re}x^*(g - g_0) > 0$$

的弱 * 闭子集 A，必存在 $g_n \in G$，使 $\|g_n - g_0\| \to 0$，

且

$$\mathrm{Re}x^*(g_n - g_0) > U_F^+(x^*) - \mathrm{Re}x^*(g_0) - \|F - g_0\|,$$

$$\forall\, x^* \in A$$

则称 g_0 是 G 关于 F 的同时正则点. 类似于同时太阳点和同时太阳集的定义，我们也可定义同时正则点和同时正则集.

显然，G 有弱中间性质 $\Rightarrow G$ 是同时正则集 $\Rightarrow G$ 是正则集.

定理 3.2 设 G 是 X 的子集，$g_0 \in G$，则下述论断等价：

i）g_0 是 G 的同时太阳点；

ii）g_0 是 G 的同时正则点.

证 ii)$\Longleftrightarrow$i).

由定理 3.1，我们只需证明，若ii）成立，则 $g_0\in P_G(F)\Longleftrightarrow$ $\forall\, g\in G$，存在 $x^*\in M_{F-g_0}$，使

$$\mathrm{Re}x^*(g_0-g)\geqslant 0$$

由于"$\Leftarrow$"部分显然，故只需证"$\Rightarrow$"部分.

设 $g_0\in P_G(F)$，但存在 $g\in G$，使

$$\max_{x^*\in M_{F-g_0}} \mathrm{Re}x^*(g_0-g)=-\varepsilon<0$$

令

$$O=\left\{x^*\in K:\mathrm{Re}x^*(g_0-g)<-\frac{\varepsilon}{2}\right\}$$

$$A=\overline{O}$$

则

$$M_{F-g_0}\subset A\subset K$$

且

$$\min_{x^*\in A}\mathrm{Re}x^*(g-g_0)>0$$

这样，由 ii)知，存在 $g_n\in G$，使 $\|g_n-g\|\to 0$ 且

$$\mathrm{Re}x^*(g_n-g_0)>U_F^+(x^*)-\mathrm{Re}x^*(g_0)-\|F-g_0\|,$$

$$\forall\, x^*\in A$$

因此，当 $x^*\in\overline{O}$ 时，有

$$U_F^+(x^*)-\mathrm{Re}x^*(g_n)<\|F-g_0\|$$

而当 $x^*\in K\backslash O$ 时，由于 $K\backslash O$ 是弱*紧，且 $(K\backslash O)\cap M_{F-g_0}=\varnothing$，从而存在 $\delta>0$，使

$$U_F^+(x^*)-\mathrm{Re}x^*(g_0)<\|F-g_0\|-\delta,\forall\, x^*\in K\backslash O$$

故当 n 充分大时，有 $\|g_n-g_0\|<\frac{1}{2}\delta$. 从而

$$\sup_{x^*\in K\backslash O}[U_F^+(x^*)-\mathrm{Re}x^*(g_n)]\leqslant\|F-g_0\|-\delta+\|g_n-g_0\|$$

$$<\|F-g_0\|-\frac{1}{2}\delta$$

因此，当 n 充分大时

$$\| F - g_n \| = \sup_{x^* \in K} [U_F^+(x^*) - \mathrm{Re}x^*(g_n)] < \| F - g_0 \|$$

即

$$\sup_{f \in F} \| f - g_n \| < \sup_{f \in F} \| f - g_0 \|$$

与 $g_0 \in P_G(F)$ 矛盾，故 i)成立.

i)⇒ii).

$\forall g \in G$,及满足

$$M_{F-g_0} \subset A \subset K \text{ 和} \min_{x^* \in A} \mathrm{Re}x^*(g - g_0) > 0$$

的弱*闭子集 A，由 i)及定理 3.1 知，$g_0 \overline{\in} P_G(F)$. 记

$$B_n(G) = \{g \in G: \| g - g_0 \| < \frac{2}{n} \| F - g_0 \| \}$$

若能证明，对$\forall n>1, g_0 \overline{\in} P_{B_n(G)}(F)$，则存在 $g_n \in G$，$\| g_n - g_0 \| < \frac{2}{n} \| F - g_0 \|$，且

$$\| F - g_n \| < \| F - g_0 \|$$

从而 $\| g_n - g_0 \| \to 0$，且

$$\mathrm{Re}x^*(g_n - g_0) > U_F^+(x^*) - \mathrm{Re}x^*(g_0) - \| F - g_0 \|, \quad \forall x^* \in A$$

即 g_0 是 G 的同时正则点，故 ii)成立.

反设存在 $n_0>1$，使 $g_0 \in P_{B_{n_0}(G)}(F)$. 由于

$$U_{F_{\frac{1}{n_0}}}^+(x^*) = \frac{1}{n_0} U_F^+(x^*) + \left(1 - \frac{1}{n_0}\right) \mathrm{Re}x^*(g_0), \forall x^* \in K$$

故

$$U_F^+(x^*) - U_{F_{\frac{1}{n_0}}}^+(x^*) = \left(1 - \frac{1}{n_0}\right) [U_F^+(x^*) - \mathrm{Re}x^*(g_0)]$$

从而

$$\sup_{x^* \in K} \left[U_F^+(x^*) - U_{F_{\frac{1}{n_0}}}^+(x^*)\right] = \left(1 - \frac{1}{n_0}\right) \| F - g_0 \|$$

又因为

$$U^+_{F_{\frac{1}{n_0}}}(x^*) - \mathrm{Re}x^*(g_0) = \frac{1}{n_0}\left[U^+_F(x^*) - \mathrm{Re}x^*(g_0)\right],$$

$$\forall\, x^* \in K$$

故

$$\left\|F_{\frac{1}{n_0}} - g_0\right\| = \frac{1}{n_0}\|F - g_0\|$$

这样，当 $g\in B_{n_0}(G)$时

$$\begin{aligned}\|F_{\frac{1}{n_0}} - g\| &= \sup_{x^*\in K}\left[U^+_F(x^*) - \mathrm{Re}x^*(g) - \left(U^+_F(x^*) - U^+_{F_{\frac{1}{n_0}}}(x^*)\right)\right] \\ &\geqslant \|F - g\| - \left(1 - \frac{1}{n_0}\right)\|F - g_0\| \\ &\geqslant \frac{1}{n_0}\|F - g_0\| = \|F_{\frac{1}{n_0}} - g_0\|\end{aligned}$$

当 $g\in B_n(G)$时

$$\begin{aligned}\|F_{\frac{1}{n_0}} - g\| &= \sup_{x^*\in K}\left[U^+_{F_{\frac{1}{n_0}}}(x^*) - \mathrm{Re}x^*(g_0) + \mathrm{Re}x^*(g_0 - g)\right] \\ &\geqslant \|g - g_0\| - \|F_{\frac{1}{n_0}} - g_0\| \\ &\geqslant \frac{2}{n_0}\|F - g_0\| - \frac{1}{n_0}\|F - g_0\| \\ &= \frac{1}{n_0}\|F - g_0\| = \|F_{\frac{1}{n_0}} - g_0\|\end{aligned}$$

所以 $g_0\in P_G(F_{\frac{1}{n_0}})$，由于 g_0 是 G 的同时太阳点，且

$$F = g_0 + n_0\left(F_{\frac{1}{n_0}} - g_0\right)$$

故 $g_0\in P_G(F)$，矛盾．因此，ii)成立．证毕.

将定理 3.2 应用于 $C_R(\Omega)$空间和光滑空间则有：

推论 3.3 G 是 $C_R(\Omega)$中的同时太阳集$\Longleftrightarrow G$ 是 $C_R(\Omega)$的紧同时太阳集$\Longleftrightarrow G$ 有弱中间性质.

推论 3.4 设 G 是 X 中的近迫集，X 是光滑空间，则 G 是 X 中的同时太阳集$\Longleftrightarrow G$ 是 X 中的紧同时太阳集$\Longleftrightarrow G$ 是闭凸集.

二、同时逼近的存在性与唯一性

首先，由第一节中的结果，立即可得下面的存在性定理.

定理 3.3 设G是X中的有界弱序列紧子集，则$\forall$ 有界集$F\subset X$，$P_G(F)\neq\varnothing$.

下面给出同时逼近的唯一性定理.

定理 3.4 设G是X的紧同时太阳集，则对$\forall$ 紧子集$F\subset X$，$P_G(F)$至多有一元$\Longleftrightarrow X$关于G严格凸.

证 “$\Leftarrow$”

由定理 1.5，我们只需证明φ_F关于G是严格凸，对$\forall$ $g_1,g_2\in G$，$g_1\neq g_2$，且

$$\varphi_F(g_1)=\varphi_F(g_2)$$

若

$$\varphi_F\left(\frac{1}{2}(g_1+g_2)\right)=\frac{1}{2}\varphi_F(g_1)+\frac{1}{2}\varphi_F(g_2)$$

取$f_o\in F$，使

$$\sup_{f\in F}\left\|f-\frac{1}{2}(g_1+g_2)\right\|=\left\|f_0-\frac{1}{2}(g_1+g_2)\right\|$$

从而

$$\begin{aligned}\sup_{f\in F}\left\|f-\frac{1}{2}(g_1+g_2)\right\|&=\left\|f_0-\frac{1}{2}(g_1+g_2)\right\|\\&\leqslant\frac{1}{2}\|f_0-g_1\|+\frac{1}{2}\|f_0-g_2\|\\&\leqslant\frac{1}{2}\sup_{f\in F}\|f-g_1\|+\frac{1}{2}\sup_{f\in F}\|f-g_2\|\\&=\sup_{f\in F}\left\|f-\frac{1}{2}(g_1+g_2)\right\|\end{aligned}$$

故

$$\|f_0-g_1+f_0-g_2\|=\|f_0-g_1\|+\|f_0-g_2\|$$
$$\|f_0-g_1\|=\|f_0-g_2\|$$

但

$$(f_0-g_1)-(f_0-g_2)=g_2-g_1\in G-G$$

与 X 关于 G 严格凸矛盾. 所以 φ_F 是关于 G 严格凸.

"⇒"

反设 X 关于 G 不严格凸，则存在 $x,y\in X$，$\|x\|=\|y\|=\left\|\frac{1}{2}(x+y)\right\|=\lambda>0$，$x-y\in G-G$，但 $x\neq y$. 设 g_1，$g_2\in G$，使 $x-y=g_1-g_2$. 令

$$g_0=\frac{1}{2}(g_1+g_2)$$

$$F=\left\{g_0-\frac{1}{2}(x+y),g_0+\frac{1}{2}(x+y)\right\}$$

则 $r_G(F)=\lambda$，且 $g_1,g_2\in P_G(F)$.

事实上，若存在 $g\in G$，使 $\left\|g_0-\frac{1}{2}(x+y)-g\right\|<\lambda$

则

$$\begin{aligned}&\left\|g_0+\frac{1}{2}(x+y)-g\right\|\\&=\left\|x+y-\frac{1}{2}(x+y)+g_0-g\right\|\\&\geqslant 2\lambda-\left\|g_0-\frac{1}{2}(x+y)-g\right\|>\lambda\end{aligned}$$

故 $r_G(F)\geqslant\lambda$. 而由

$$\left\|g_0-\frac{1}{2}(x+y)-g_i\right\|=\lambda,\quad i=1,2$$

$$\left\|g_0+\frac{1}{2}(x+y)-g_i\right\|=\lambda,\quad i=1,2$$

知 $g_1,g_2\in P_G(F)$. 矛盾，故 X 关于 G 严格凸，证毕.

定理 3.5 设 G 是 X 的同时太阳集，则对任何有界集 F，$P_G(F)$ 至多有一元 $\Longleftrightarrow$ X 关于 G 各向一致凸.

证 "⇐"

同定理 3.4 的证明一样，我们只需证明 φ_F 是关于 G 严格凸.

反设存在 $g_1, g_2 \in G, g_1 \neq g_2$，使

$$\varphi_F(g_1) = \varphi_F(g_2)$$

$$\varphi_F\left(\frac{1}{2}(g_1 + g_2)\right) = \frac{1}{2}\varphi_F(g_1) + \frac{1}{2}\varphi_F(g_2)$$

取 $f_n \in F$，使

$$\sup_{f \in F}\left\| f - \frac{1}{2}(g_1 + g_2)\right\| = \lim_n \left\| f_n - \frac{1}{2}(g_1 + g_2)\right\|$$

则

$$\begin{aligned}
\sup_{f \in F}\left\| f - \frac{1}{2}(g_1 + g_2)\right\| &= \lim_n \left\| f_n - \frac{1}{2}(g_1 + g_2)\right\| \\
&\leqslant \frac{1}{2}\lim_n [\| f_n - g_1 \| + \| f_n - g_2 \|] \\
&\leqslant \frac{1}{2}\lim_n \| f_n - g_1 \| + \frac{1}{2}\lim_n \| f_n - g_2 \| \\
&\leqslant \frac{1}{2}\sup_{f \in F} \| f - g_1 \| + \frac{1}{2}\sup_{f \in F} \| f - g_2 \| \\
&= \sup_{f \in F}\left\| f - \frac{1}{2}(g_1 + g_2)\right\|
\end{aligned}$$

从而，如有必要用子列代替 f_n，可认为

$$\begin{aligned}
\lim_n \left\| \frac{1}{2}(f_n - g_1 + f_n - g_2)\right\| &= \lim_n \| f_n - g_1 \| \\
= \lim_n \| f_n - g_2 \| &= \sup_{f \in F}\left\| f - \frac{1}{2}(g_1 + g_2)\right\|
\end{aligned}$$

这样由第六章引理 2.7 的证明可得，$g_1 = g_2$，矛盾，所以 φ_F 是关于 G 严格凸.

"⇒"反设 X 关于 G 不各向一致凸，则存在 $x_n, y_n \in X$，$\| x_n \| = \| y_n \| = 1, g_1, g_2 \in G, \lambda_n, \lambda > 0$，使 $\inf_n |\lambda_n| = \lambda$，且

$$\| x_n + y_n \| \to 2, \qquad x_n - y_n = \lambda_n(g_1 - g_2)$$

取

$$g_0 = \frac{1}{2}(g_1 + g_2), u_n = \frac{1}{2\lambda}(x_n + y_n), n = 1, 2, \cdots$$

$$F = \{g_0 \pm u_n, n = 1, 2, \cdots\}$$

则类似于定理 3.4 的证明可得

$$r_G(F)=\frac{1}{\lambda},\quad g_1,g_2\in P_G(F)$$

矛盾，故 X 关于 G 各向一致凸．证毕．

注 3.4 在第三章中已看到，对于单元最佳逼近问题，X 关于 G 严格凸，则 G 是半 Chebysher 集，但其逆不真．但对同时逼近，则其逆也成立，所以单元逼近的唯一性与最佳同时逼近的唯一性问题有本质的区别．

三、同时逼近的强唯一性与连续性

首先将定理 1.8 和定理 1.6（或推论 1.2）应用于泛函 φ_F，则可得下面的定理．

定理 3.6 设 G 是 X 的子集，$F\subset X$ 是有界集，$g_0\in G$，则下述论断等价

i）存在常数 $S_{g_0}(F)>0$，使

$$\sup_{f\in F}\|f-g\|\geqslant\sup_{f\in F}\|f-g_0\|+S_{g_0}(F)\|g-g_0\|,\quad\forall g\in G$$

$\Longleftrightarrow$

$$\inf_{\substack{g\in G\\ g\neq g_0}}\max_{x^*\in M_{F-g_0}}\operatorname{Re}x^*\left(\frac{g_0-g}{\|g-g_0\|}\right)>0$$

ii）存在常数 $S_{g_0}(F)>0$，使

$$\sup_{f\in F}\|f-g\|\geqslant\sup_{f\in F}\|f-g_0\|+S_{g_0}(F)\|g-g_0\|,\quad\forall g\in G$$

则存在常数 $C_F>0$，使对一切 $\alpha\geqslant1$ 有

$$\sup_{f\in F_\alpha}\|f-g\|\geqslant\sup_{f\in F_\alpha}\|f-g_0\|+C_F\|g-g_0\|,\quad\forall g\in G$$

其中

$$F_\alpha = \{g_0 + \alpha(f - g_0) : f \in F\}$$

证 类似于定理 2.5 的证明，证毕.

定理 3.7 设 X 是具有 p 阶凸性模的 Banach 空间，F 是 X 的有界子集，$G \subset X, g_0 \in P_G(F)$ 是 G 关于 F 的同时太阳点，则存在常数 $C_p > 0$，使

$$\sup_{f\in F} \| f - g \|^p \geqslant \sup_{f\in F} \| f - g_0 \|^p + C_p \| g - g_0 \|^p, \quad \forall g \in G$$

其中 C_p 与 F 无关，而仅与 X 有关.

证 令

$$\varphi_F^p(g) = \sup_{f\in F} \| f - g \|^p, \qquad \forall g \in X$$

则易见，$g_0 \in P_G(F)$ 当且仅当 g_0 是优化问题(φ_F^p, G)的最优解. 这样，由定理 1.6，我们只需证明 φ_F^p 是 p 一致凸的. 由命题 2.1，存在常数 $C_p > 0$，使对$\forall\ t \in [0,1], \forall\ x, y \in X$ 有

$$\| tx + (1-t)y \|^p \leqslant t \| x \|^p + (1-t) \| y \|^p - C_p(1-t).t \| x - y \|^p$$

从而$\forall\ g_1, g_2 \in X$，$\forall\ t \in [0, 1]$ 有

$$\begin{aligned}
\varphi_F^p(tg_1 + (1-t)g_2) &= \sup_{f\in F} \| f - tg_1 - (1-t)g_2 \|^p \\
&= \sup_{f\in F} \| t(f - g_1) + (1-t)(f - g_2) \|^p \\
&\leqslant \sup_{f\in F} [t \| f - g_1 \|^p + (1-t) \| f - g_2 \|^p \\
&\quad - C_p t(1-t) \| g_1 - g_2 \|^p] \\
&\leqslant t \sup_{f\in F} \| f - g_1 \|^p + (1-t) \sup_{f\in F} \| f - g_2 \|^p \\
&\quad - C_p t \cdot (1-t) \| g_1 - g_2 \|^p \\
&= t\varphi_F^p(g_1) + (1-t)\varphi_F^p(g_2) \\
&\quad - C_p t(1-t) \| g_1 - g_2 \|^p
\end{aligned}$$

即 φ_F^p 是 p 一致凸的. 证毕.

若 X 是 Hilbert 空间 H，直接计算易知，对 $t \in [0,1], x, y \in H$ 有

$$\| tx + (1-t)y \|^2 = t \| x \|^2 + (1-t) \| y \|^2$$

$$-t(1-t)\|x-y\|^2$$

从而有

推论 3.5 设 G 是 Hilbert 空 H 中的子集，F 是 H 的有界子集，$g_0\in P_G(F)$，若 g_0 是 G 关于 F 的同时太阳点，则有

$$\sup_{f\in F}\|f-g\|^2\geqslant\sup_{f\in F}\|f-g_0\|^2+\|g-g_0\|^2,\forall g\in G$$

下面给出最佳同时逼近的连续性结果，为此先定义集合的 Hausdorff 距离. 设 F，E 是 X 的两个有界集，令

$$h(F,E)=\max\{\sup_{f\in F}d_E(f),\sup_{f\in E}d_F(f)\}$$

则 $h(F,E)$ 称为 F 与 E 的 Hausdorff 距离. X 的所有有界子集全体在 Hausdorff 距离下形成一距离空间.

定理 3.8 设 G 是 X 的同时太阳集，若 X 具有 p 阶凸性模，$P\geqslant 2$ 则对 X 的任何有界集 $F,E,g_F=P_G(F),g_E=P_G(E)$，有

$$\|g_E-g_F\|^p\leqslant\frac{p}{2C_p}[h(E,F)+r_G(F)+r_G(E)]^{p-1}h(E,F)$$

其中 C_p 同定理 3.7.

证 由定理 3.7 知

$$C_p\|g_E-g_F\|^p\leqslant\sup_{f\in F}\|f-g_E\|^p-r_G^p(F)$$

由于

$$\begin{aligned}\sup_{f\in F}\|f-g_E\|&\leqslant\sup_{f\in F}[d_E(f)+r_G(E)]\\&\leqslant h(F,E)+r_G(E)\end{aligned}$$

故由 Cauchy 中值定理得

$$\begin{aligned}&C_p\|g_E-g_F\|^p\leqslant[h(F,E)+r_G(E)]^p-r_G^p(F)\\=&\frac{[h(F,E)+r_G(E)]^p-r_G^p(F)}{[h(F,E)+r_G(E)]^2-r_G^2(F)}\{[h(F,E)+r_G(E)]^2-r_G^2(F)\}\\&\leqslant\frac{p}{2}[h(F,E)+r_G(E)]^{p-2}[h(F,E)+r_G(E)+r_G(F)]\\&\quad\cdot[h(E,F)+r_G(E)-r_G(F)]\\&\leqslant\frac{p}{2}[h(F,E)+r_G(E)+r_G(F)]^{p-1}\\&\quad[h(F,E)+r_G(E)-r_G(F)]\end{aligned}$$

类似地可得

$$C_p \| g_E - g_F \|^p \leqslant \frac{p}{2}[h(E,F)$$

$$+ r_G(E) + r_G(F)]^{p-1}[h(E,F) + r_G(F) - r_G(E)]$$

将上面两式相加，则得

$$2C_p \| g_E - g_F \|^p \leqslant p[h(E,F) + r_G(E) + r_G(F)]^{p-1}h(E,F)$$

所以

$$\| g_E - g_F \|^p \leqslant \frac{p}{2C_p}[h(E,F) + r_G(E) + r_G(F)]^{p-1}h(E,F)$$

证毕.

特别地，若 X 是 Hilbert 空间 H，则由推论 3.5 知，$C_p=1$，$p=2$，因此我们得：

推论 3.6 设 G 是 Hilbert 空间 H 中的同时太阳集，则对 H 中的任何有界集 E，F 有

$$\| g_E - g_F \|^2 \leqslant [h(E,F) + r_G(E) + r_G(F)]h(E,F)$$

第四节 评注与参考文献

在第一节中，当 X 是局部凸线性拓扑空间，G 为凸集时，优化问题（φ, G）的特征由 Singer[10]所研究，而此时的强唯一常数则被徐士英[14]讨论，这里的非线性优化问题（φ, G）的结果基本上取自徐士英[15]. 关于非线性逼近的强唯一常数的研究可参看文献[11].

第二节中的命题 2.1 取自 Beauzamy[2]，其余则基本上取自徐士英[15,17].

第三节中的有界集的最佳同时逼近，即相对 Chebyshev 中心已有大量的研究，读者可参看杂志（如 J. Approx Theory）上的文章. 当 G 是实赋范空间中的凸集时，Freilich，Mclaughlin 首先给出了一般有界集的 Kolmogorov 型特征定理，但其结果却存在错误. 徐士英和李冲[16]改正了其错误，并刻划了使其Kolmogorov

型特征定理成立的 G 的特征．G 为子空间时的唯一性定理属于 Amir，Ziegler[1]．这里到非线性集的拓广取自李冲[7]．一致凸空间中的最佳同时逼近的强唯一性结果可看文献[9]及文献[19]．

关于最佳同时逼近的连续性，当 E，F 是紧子集时，推论 3.5 由 Szepty cki，Van Vleck[12]所证．一般情形的推论 3.5 属于李冲[5,6]．当 G 是子空间时，这一结果也被 Baronti，Papini 所证[4]．推论 3.5 也是对 Szeptycki，Van Vleck 所提问题的肯定回答．一致凸空间中的最佳同时逼近的连续性结果由 Wang，Yu[13]所研究．这也是对 Szeptycki Van Vleck 另一问题的回答．这些结果的证明，他们都依赖于最佳同时逼近的特征，这里更简洁的结果和证明则取自李冲和王兴华[8]．

参 考 文 献

[1] D. Amir and Z. Ziegler (1980), Relative Chebyshev centers in normed linear spaces, I., J. Approx. Theory, 29, 235—252.

[2] B. Beauzamy (1985), Introduction to Banach Spaces and Their Geometry, North-Holland, Amsterdam.

[3] J. H. Freilich and H. W. Mclaughlin (1982), Approximation of bounded sets, J. Approx. Theory, 34, 146—158.

[4] M. Baronti and P. L. Papini (1988), Nearby sets and centers. In "Approx. and Optim." (A. Gomez, F. Guerra, M. A. Jimenez, G. Lopez. Eds), Proceedings of the International Seminar held in Havana, Springer-Verlag.

[5] Li Chong (李冲) (1988), On a problem on Chebyshev centers, Adv. in Math., 17, 216—217.

[6] 李冲(1991)，关于 Chebyshev 中心的一个问题，数学年刊，12A 增刊，124—127.

[7] 李冲 (1994)，最佳同时逼近的特征与唯一性，杭州大学学报，21，365—373.

[8] 李冲，王兴华 (1994)，Chebyshev 中心的连续性，科学通报，39，1833—1836.

[9] B. Prus and R. Smarzewski(1987), Strongly unique best approximation and center in uniformly convex spaces, J., Math. Anal. Appl. 121, 10—21.

[10] I. Singer (1973), Theory of Best Approximation and Functional Analysis. S. I. M. A., Arrowsmith, Ltd.

[11] J. Sudolski and A. P. Wojcik (1990), Some remarks on strong uniqueness of best approximation, Approx. Theory and Appl., 6 (2), 44—78.

[12] P. Szeptycki and F. S. Van Vleck (1982), Centers and nearest points of sets, Proc. Amer. Math. Soc., 85, 27—31.

[13] J. P. Wang and X. T. Yu(王嘉平，俞鑫泰)(1989)，Chebyshev centers，ε－Chebyshev centers and the Hausdorff metric，Manusc.，Math.，63，115—128.
[14] 徐士英（1988），线性赋范空间中最佳逼近的强唯一性，浙江师范大学学报（自然），11（2），1—2.
[15] S. Y. Xu.（徐士英）(1993)，Characterization and strong uniqueness of nonlinear optimization，Advances in Applied Functional Analysis，International Academic Publishers，310—317.
[16] 徐士英，李冲（1987），最佳同时逼近的特征，数学学报，34，528—535.
[17] 徐士英（1993），非线性同时逼近的特征，浙江师范大学学报（自然），16（4），1—7.
[18] 李冲（1996），取值为Banach的集值映射的非线性逼近，数学学报，39，133—139.
[19] 徐士英（1996），关于非线性共同逼近的强唯一性，数学杂志，16，321—328.

《现代数学基础丛书》已出版书目

1 数理逻辑基础(上册) 1981.1 胡世华 陆钟万 著
2 数理逻辑基础(下册) 1982.8 胡世华 陆钟万 著
3 紧黎曼曲面引论 1981.3 伍鸿熙 吕以辇 陈志华 著
4 组合论(上册) 1981.10 柯 召 魏万迪 著
5 组合论(下册) 1987.12 魏万迪 著
6 数理统计引论 1981.11 陈希孺 著
7 多元统计分析引论 1982.6 张尧庭 方开泰 著
8 有限群构造(上册) 1982.11 张远达 著
9 有限群构造(下册) 1982.12 张远达 著
10 测度论基础 1983.9 朱成熹 著
11 分析概率论 1984.4 胡迪鹤 著
12 微分方程定性理论 1985.5 张芷芬 丁同仁 黄文灶 董镇喜 著
13 傅里叶积分算子理论及其应用 1985.9 仇庆久 陈恕行 是嘉鸿 刘景麟 蒋鲁敏 编
14 辛几何引论 1986.3 J.柯歇尔 邹异明 著
15 概率论基础和随机过程 1986.6 王寿仁 编著
16 算子代数 1986.6 李炳仁 著
17 线性偏微分算子引论(上册) 1986.8 齐民友 编著
18 线性偏微分算子引论(下册) 1992.1 齐民友 徐超江 编著
19 实用微分几何引论 1986.11 苏步青 华宣积 忻元龙 著
20 微分动力系统原理 1987.2 张筑生 著
21 线性代数群表示导论(上册) 1987.2 曹锡华 王建磐 著
22 模型论基础 1987.8 王世强 著
23 递归论 1987.11 莫绍揆 著
24 拟共形映射及其在黎曼曲面论中的应用 1988.1 李 忠 著
25 代数体函数与常微分方程 1988.2 何育赞 萧修治 著
26 同调代数 1988.2 周伯壎 著
27 近代调和分析方法及其应用 1988.6 韩永生 著
28 带有时滞的动力系统的稳定性 1989.10 秦元勋 刘永清 王 联 郑祖庥 著
29 代数拓扑与示性类 1989.11 [丹麦] I.马德森 著
30 非线性发展方程 1989.12 李大潜 陈韵梅 著

31　仿微分算子引论　1990.2　陈恕行　仇庆久　李成章　编
32　公理集合论导引　1991.1　张锦文　著
33　解析数论基础　1991.2　潘承洞　潘承彪　著
34　二阶椭圆型方程与椭圆型方程组　1991.4　陈亚浙　吴兰成　著
35　黎曼曲面　1991.4　吕以辇　张学莲　著
36　复变函数逼近论　1992.3　沈燮昌　著
37　Banach 代数　1992.11　李炳仁　著
38　随机点过程及其应用　1992.12　邓永录　梁之舜　著
39　丢番图逼近引论　1993.4　朱尧辰　王连祥　著
40　线性整数规划的数学基础　1995.2　马仲蕃　著
41　单复变函数论中的几个论题　1995.8　庄圻泰　杨重骏　何育赞　闻国椿　著
42　复解析动力系统　1995.10　吕以辇　著
43　组合矩阵论(第二版)　2005.1　柳柏濂　著
44　Banach 空间中的非线性逼近理论　1997.5　徐士英　李　冲　杨文善　著
45　实分析导论　1998.2　丁传松　李秉彝　布　伦　著
46　对称性分岔理论基础　1998.3　唐　云　著
47　Gel'fond-Baker 方法在丢番图方程中的应用　1998.10　乐茂华　著
48　随机模型的密度演化方法　1999.6　史定华　著
49　非线性偏微分复方程　1999.6　闻国椿　著
50　复合算子理论　1999.8　徐宪民　著
51　离散鞅及其应用　1999.9　史及民　编著
52　惯性流形与近似惯性流形　2000.1　戴正德　郭柏灵　著
53　数学规划导论　2000.6　徐增堃　著
54　拓扑空间中的反例　2000.6　汪　林　杨富春　编著
55　序半群引论　2001.1　谢祥云　著
56　动力系统的定性与分支理论　2001.2　罗定军　张　祥　董梅芳　著
57　随机分析学基础(第二版)　2001.3　黄志远　著
58　非线性动力系统分析引论　2001.9　盛昭瀚　马军海　著
59　高斯过程的样本轨道性质　2001.11　林正炎　陆传荣　张立新　著
60　光滑映射的奇点理论　2002.1　李养成　著
61　动力系统的周期解与分支理论　2002.4　韩茂安　著
62　神经动力学模型方法和应用　2002.4　阮　炯　顾凡及　蔡志杰　编著
63　同调论——代数拓扑之一　2002.7　沈信耀　著
64　金兹堡-朗道方程　2002.8　郭柏灵　黄海洋　蒋慕容　著

65 排队论基础 2002.10 孙荣恒 李建平 著
66 算子代数上线性映射引论 2002.12 侯晋川 崔建莲 著
67 微分方法中的变分方法 2003.2 陆文端 著
68 周期小波及其应用 2003.3 彭思龙 李登峰 谌秋辉 著
69 集值分析 2003.8 李 雷 吴从炘 著
70 强偏差定理与分析方法 2003.8 刘 文 著
71 椭圆与抛物型方程引论 2003.9 伍卓群 尹景学 王春朋 著
72 有限典型群子空间轨道生成的格(第二版) 2003.10 万哲先 霍元极 著
73 调和分析及其在偏微分方程中的应用(第二版) 2004.3 苗长兴 著
74 稳定性和单纯性理论 2004.6 史念东 著
75 发展方程数值计算方法 2004.6 黄明游 编著
76 传染病动力学的数学建模与研究 2004.8 马知恩 周义仓 王稳地 靳 祯 著
77 模李超代数 2004.9 张永正 刘文德 著
78 巴拿赫空间中算子广义逆理论及其应用 2005.1 王玉文 著
79 巴拿赫空间结构和算子理想 2005.3 钟怀杰 著
80 脉冲微分系统引论 2005.3 傅希林 闫宝强 刘衍胜 著
81 代数学中的 Frobenius 结构 2005.7 汪明义 著
82 生存数据统计分析 2005.12 王启华 著
83 数理逻辑引论与归结原理(第二版) 2006.3 王国俊 著
84 数据包络分析 2006.3 魏权龄 著
85 代数群引论 2006.9 黎景辉 陈志杰 赵春来 著
86 矩阵结合方案 2006.9 王仰贤 霍元极 麻常利 著
87 椭圆曲线公钥密码导引 2006.10 祝跃飞 张亚娟 著
88 椭圆与超椭圆曲线公钥密码的理论与实现 2006.12 王学理 裴定一 著
89 散乱数据拟合的模型、方法和理论 2007.1 吴宗敏 著
90 非线性演化方程的稳定性与分歧 2007.4 马 天 汪宁宏 著
91 正规族理论及其应用 2007.4 顾永兴 庞学诚 方明亮 著
92 组合网络理论 2007.5 徐俊明 著
93 矩阵的半张量积:理论与应用 2007.5 程代展 齐洪胜 著
94 鞅与 Banach 空间几何学 2007.5 刘培德 著
95 非线性常微分方程边值问题 2007.6 葛渭高 著
96 戴维-斯特瓦尔松方程 2007.5 戴正德 蒋慕蓉 李栋龙 著
97 广义哈密顿系统理论及其应用 2007.7 李继彬 赵晓华 刘正荣 著
98 Adams 谱序列和球面稳定同伦群 2007.7 林金坤 著

99 矩阵理论及其应用 2007.8 陈公宁 编著

100 集值随机过程引论 2007.8 张文修 李寿梅 汪振鹏 高 勇 著

101 偏微分方程的调和分析方法 2008.1 苗长兴 张 波 著

102 拓扑动力系统概论 2008.1 叶向东 黄 文 邵 松 著

103 线性微分方程的非线性扰动(第二版) 2008.3 徐登洲 马如云 著

104 数组合地图论(第二版) 2008.3 刘彦佩 著

105 半群的 S-系理论(第二版) 2008.3 刘仲奎 乔虎生 著

106 巴拿赫空间引论(第二版) 2008.4 定光桂 著

107 拓扑空间论(第二版) 2008.4 高国士 著

108 非经典数理逻辑与近似推理(第二版) 2008.5 王国俊 著

109 非参数蒙特卡罗检验及其应用 2008.8 朱力行 许王莉 著

110 Camassa-Holm 方程 2008.8 郭柏灵 田立新 杨灵娥 殷朝阳 著

111 环与代数(第二版) 2009.1 刘绍学 郭晋云 朱 彬 韩 阳 著

112 泛函微分方程的相空间理论及应用 2009.4 王 克 范 猛 著

113 概率论基础(第二版) 2009.8 严士健 王隽骧 刘秀芳 著

114 自相似集的结构 2010.1 周作领 瞿成勤 朱智伟 著

115 现代统计研究基础 2010.3 王启华 史宁中 耿 直 主编

116 图的可嵌入性理论(第二版) 2010.3 刘彦佩 著

117 非线性波动方程的现代方法(第二版) 2010.4 苗长兴 著

118 算子代数与非交换 L_p 空间引论 2010.5 许全华 吐尔德别克 陈泽乾 著

119 非线性椭圆型方程 2010.7 王明新 著

120 流形拓扑学 2010.8 马 天 著

121 局部域上的调和分析与分形分析及其应用 2011.4 苏维宜 著

122 Zakharov 方程及其孤立波解 2011.6 郭柏灵 甘在会 张景军 著

123 反应扩散方程引论(第二版) 2011.9 叶其孝 李正元 王明新 吴雅萍 著

124 代数模型论引论 2011.10 史念东 著

125 拓扑动力系统——从拓扑方法到遍历理论方法 2011.12 周作领 尹建东 许绍元 著

126 Littlewood-Paley 理论及其在流体动力学方程中的应用 2012.3 苗长兴 吴家宏 章志飞 著

127 有约束条件的统计推断及其应用 2012.3 王金德 著

128 混沌、Mel'nikov 方法及新发展 2012.6 李继彬 陈凤娟 著

129 现代统计模型 2012.6 薛留根 著

130 金融数学引论 2012.7 严加安 著

131 零过多数据的统计分析及其应用 2013.1 解锋昌 韦博成 林金官 著

132　分形分析引论　2013.6　胡家信　著

133　索伯列夫空间导论　2013.8　陈国旺　编著

134　广义估计方程估计方程　2013.8　周　勇　著

135　统计质量控制图理论与方法　2013.8　王兆军　邹长亮　李忠华　著

136　有限群初步　2014.1　徐明曜　著

137　拓扑群引论(第二版)　2014.3　黎景辉　冯绪宁　著

138　现代非参数统计　2015.1　薛留根　著